放射能除染の
原理とマニュアル

山田國廣

藤原書店

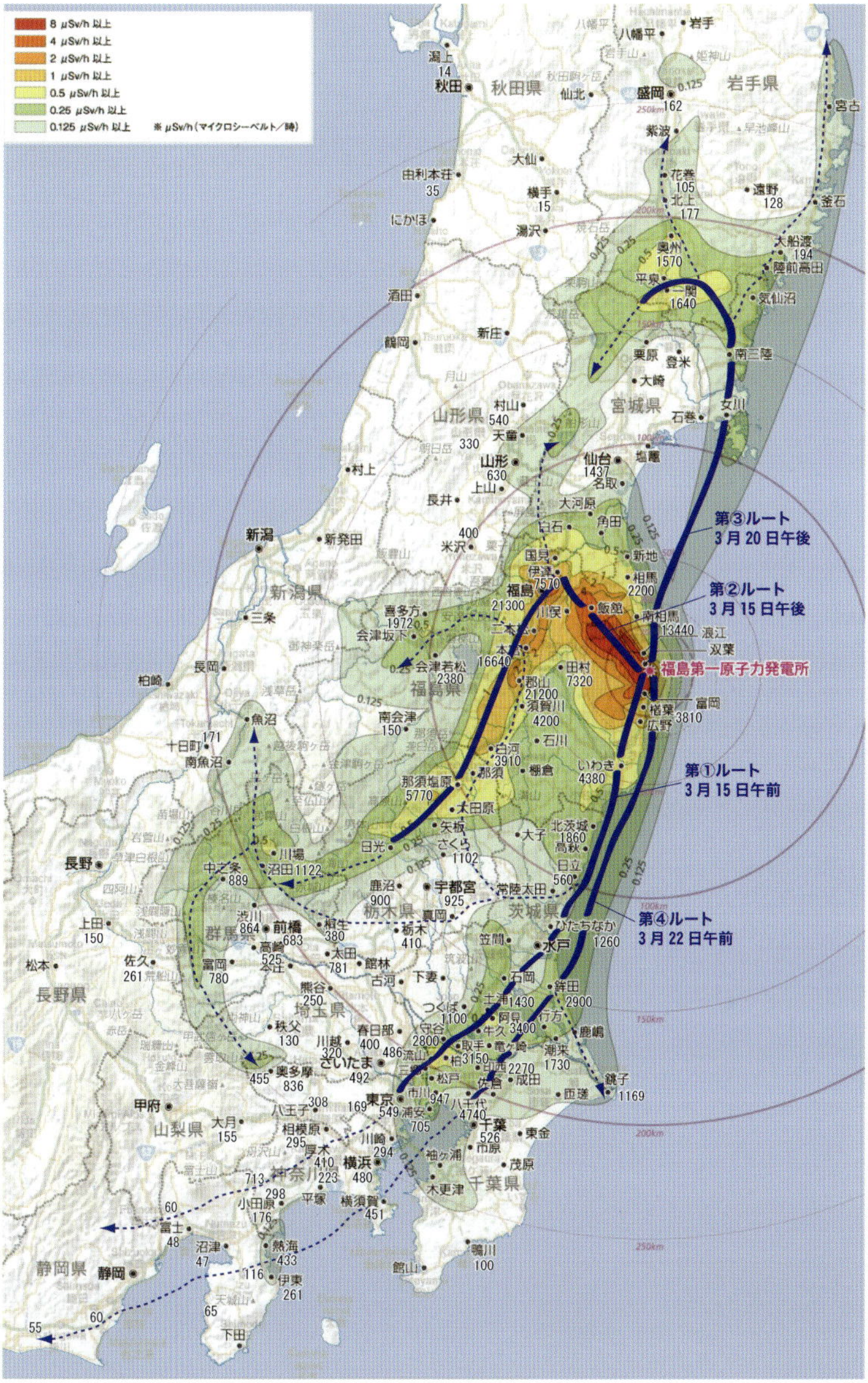

1　放射能およびごみ焼却灰汚染（主灰の Bq/kg）の広がりと汚染軌跡

・地名下などに記した数字は、ごみ焼却灰（主灰）汚染（Bq/kg）を表す。矢印は汚染軌跡を表す。
・汚染軌跡は3月15〜22日の間に、4回にわたり広がっている。
・3月15日と22日に福島第一原発から放出された放射能は、海岸線に沿って南下し、茨城県、千葉県を経て、東京都、神奈川県、静岡県にまで達している。
・放射線量（μSv/h）と、ごみ焼却灰汚染量（Bq/kg）は、よく似た分布をしているが、ごみ焼却灰汚染量（Bq/kg）の方が広く外側に広がっており、低濃度汚染もよくあらわしている。

文献1：早川由紀夫（群馬大学）ホームページの「福島第一原発から漏れた放射能の広がり（五訂版、2011年12月9日）」を下図として引用

文献2：主灰のBq/kg数値は、環境省ホームページ「16都県の一般廃棄物焼却施設における放射性セシウム濃度測定値一覧」より引用

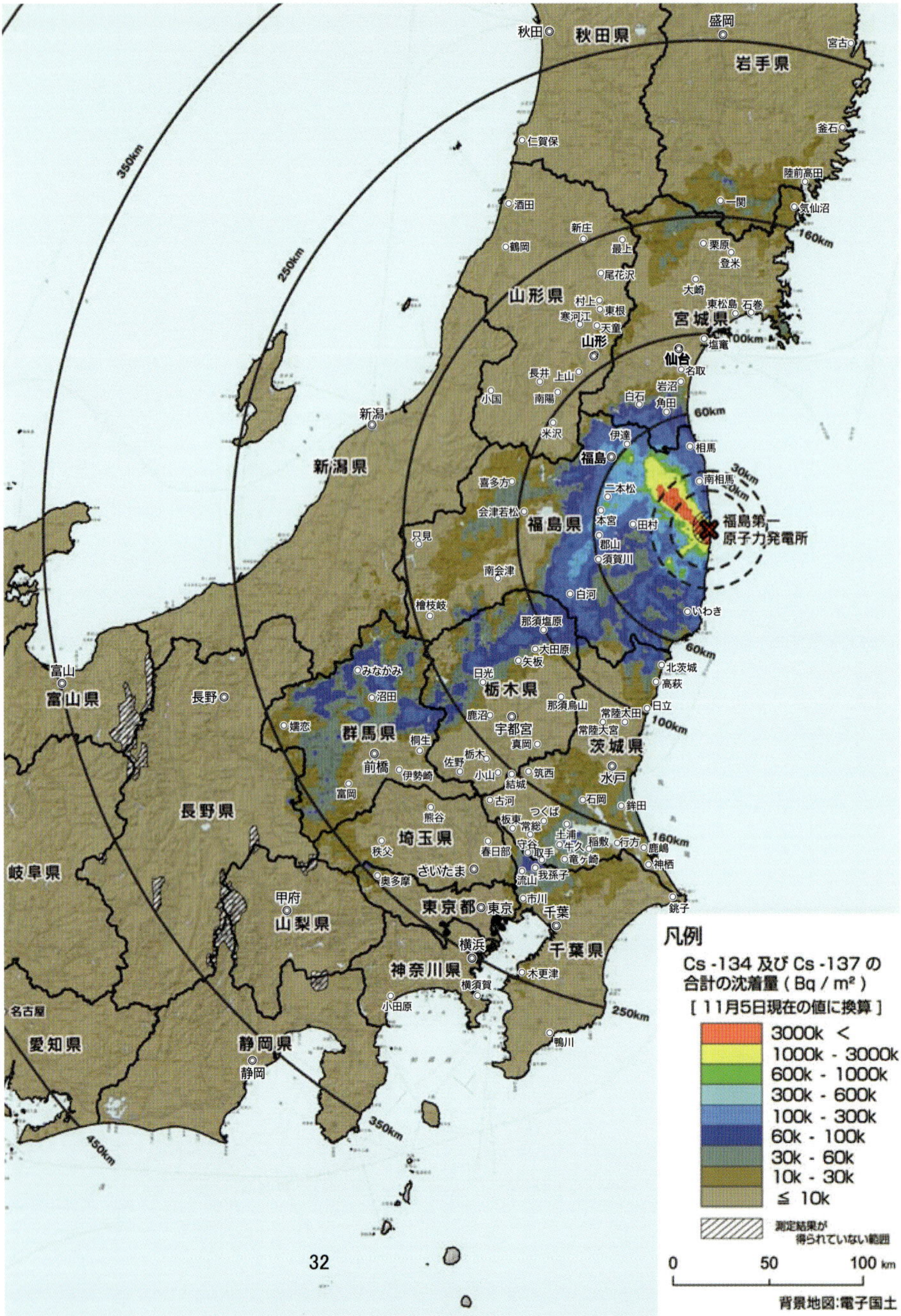

2　文部科学省による航空機モニタリングの測定結果

第4次航空機モニタリングの結果を反映した、東日本全域の地表面におけるセシウム134、137の沈着量の合計

文献：文部科学省ホームページ（平成23年12月16日）より転載

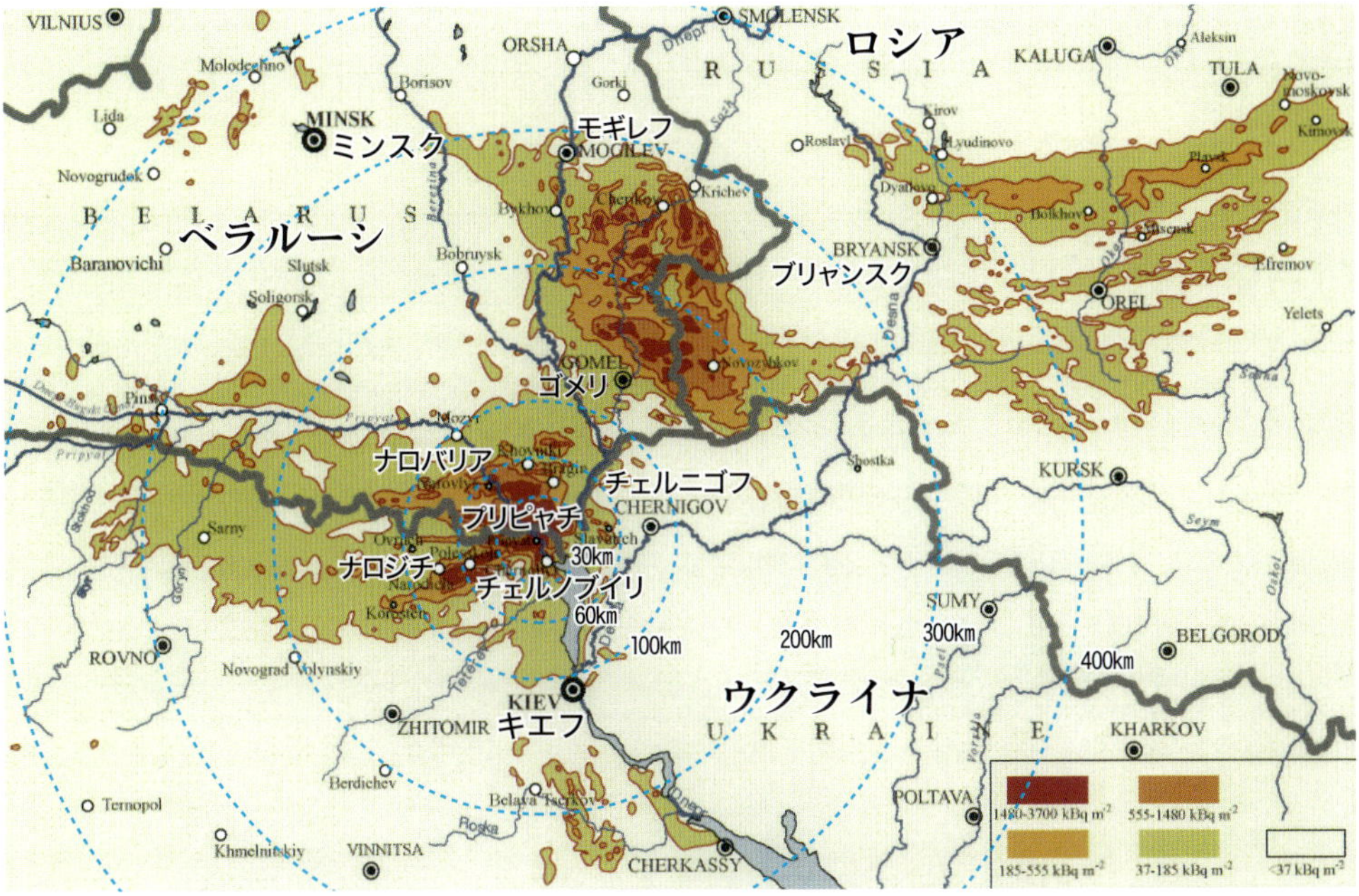

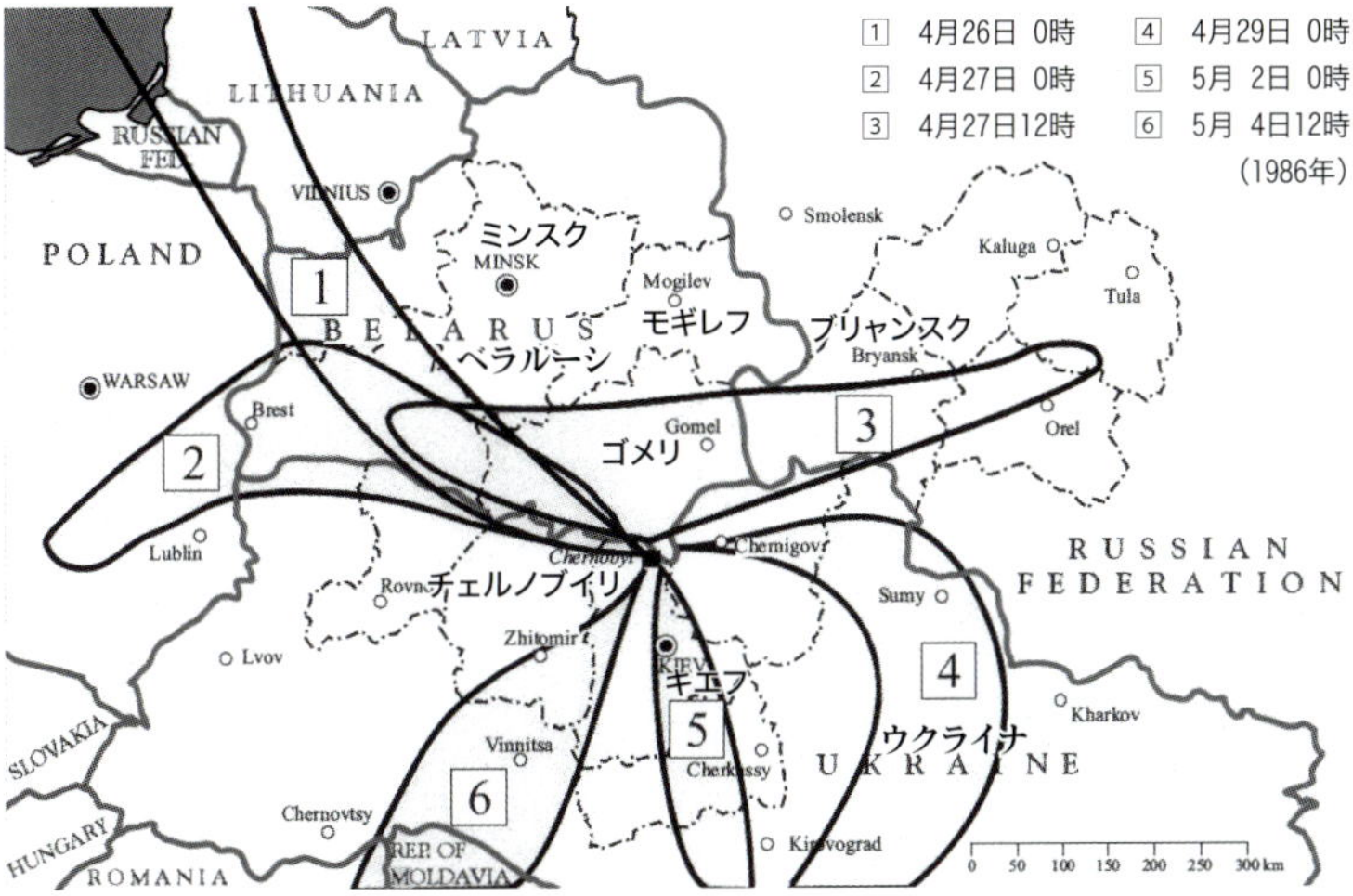

3　チェルノブイリ大惨事におけるセシウム137の表土堆積量（Bq/m^2）

文献：United Nations Scientific Committee on the Effects of Atomic Radiation, " Exposures and effects of the Chernobyl accident ", ANNEXJ, p453-566 より引用

4　セシウム原子の模型

電子最外殻に１個の電子が回っている（１価の陽イオン）
原子の大きさ（電子最外殻の直径）が原子の中で一番大きい

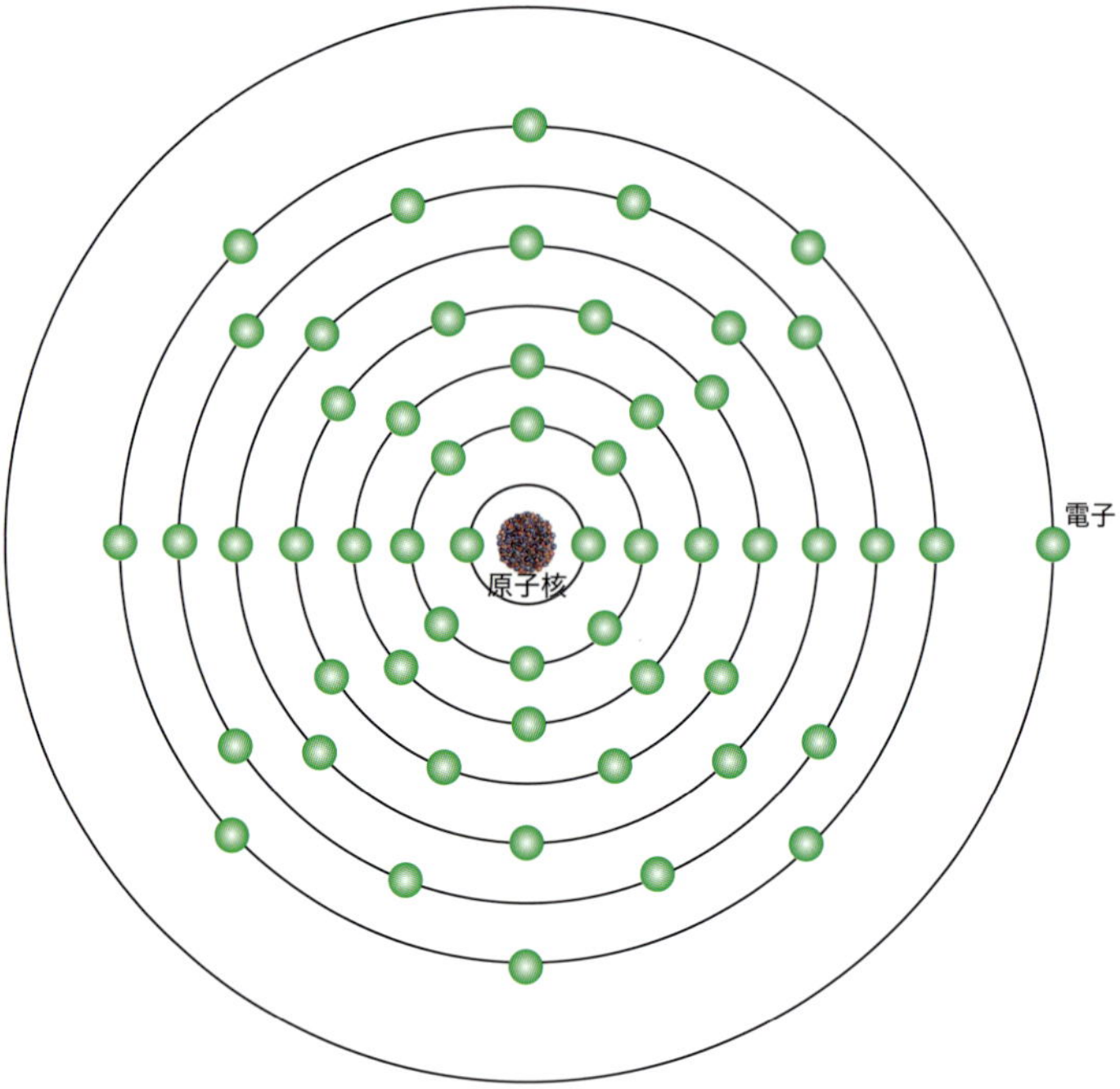

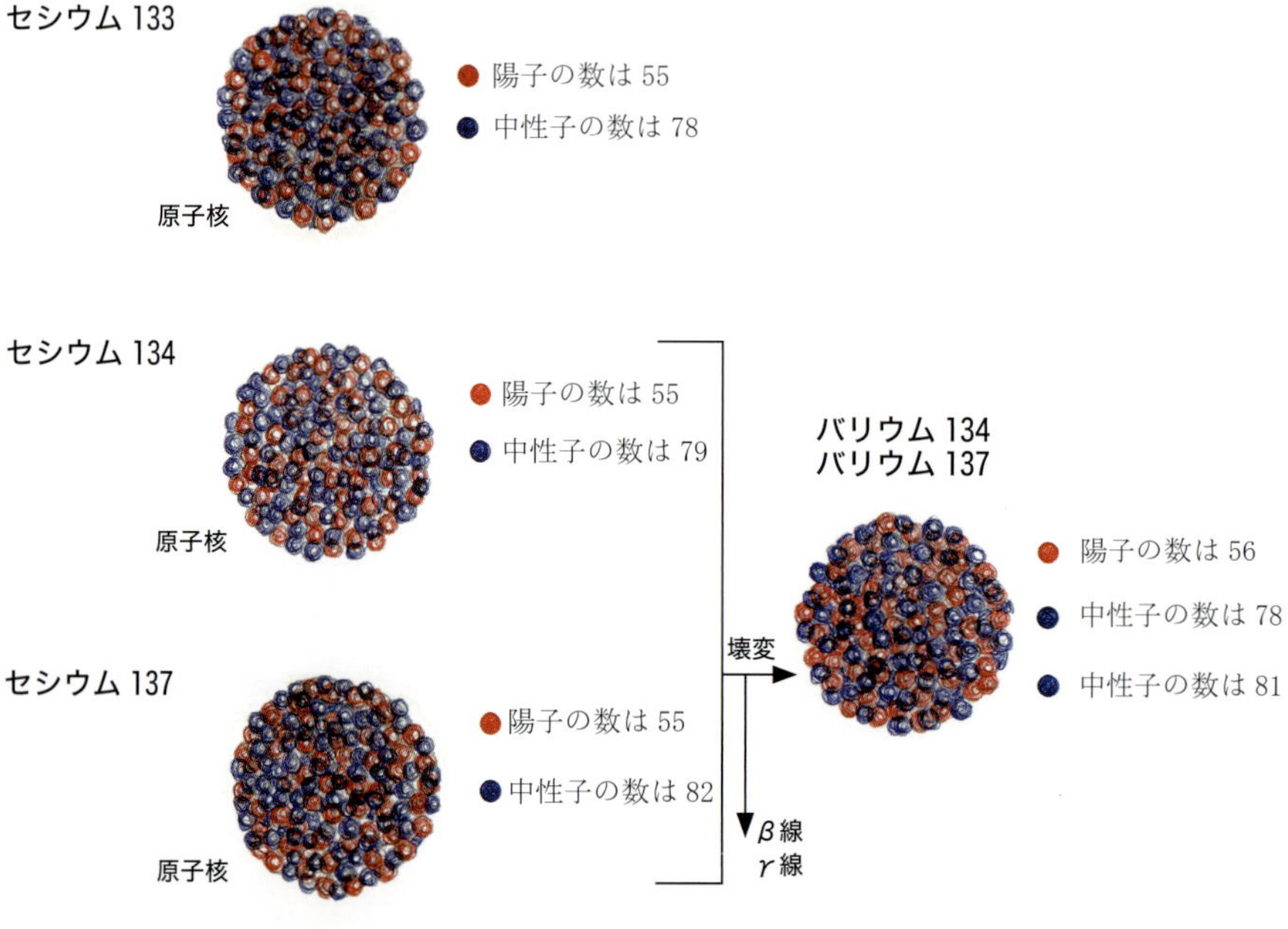

5　セシウム原子のイオン結合とイオン交換

塩化セシウムのイオン結合
原子核のプラスとマイナスが引き合ってイオン結合している

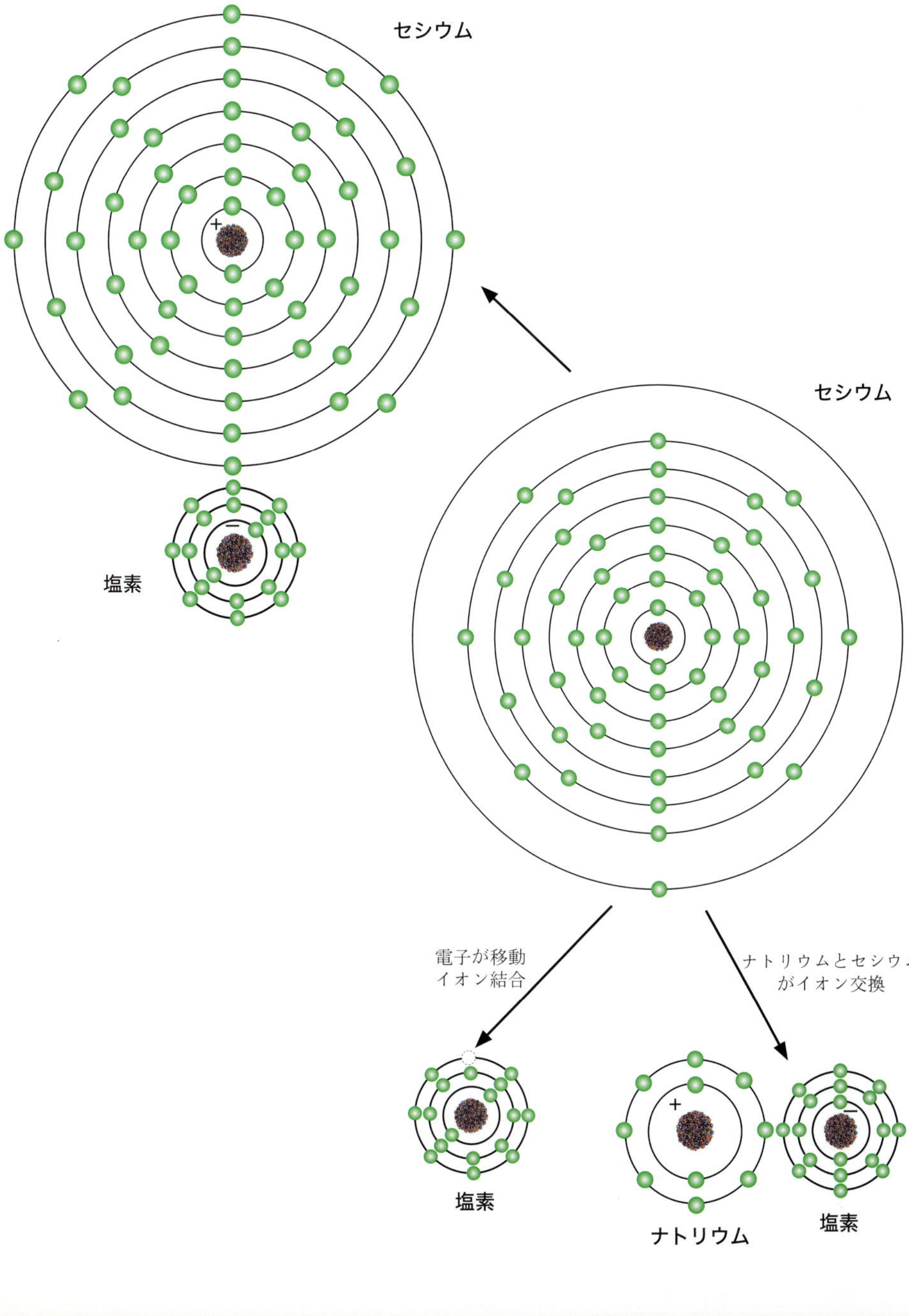

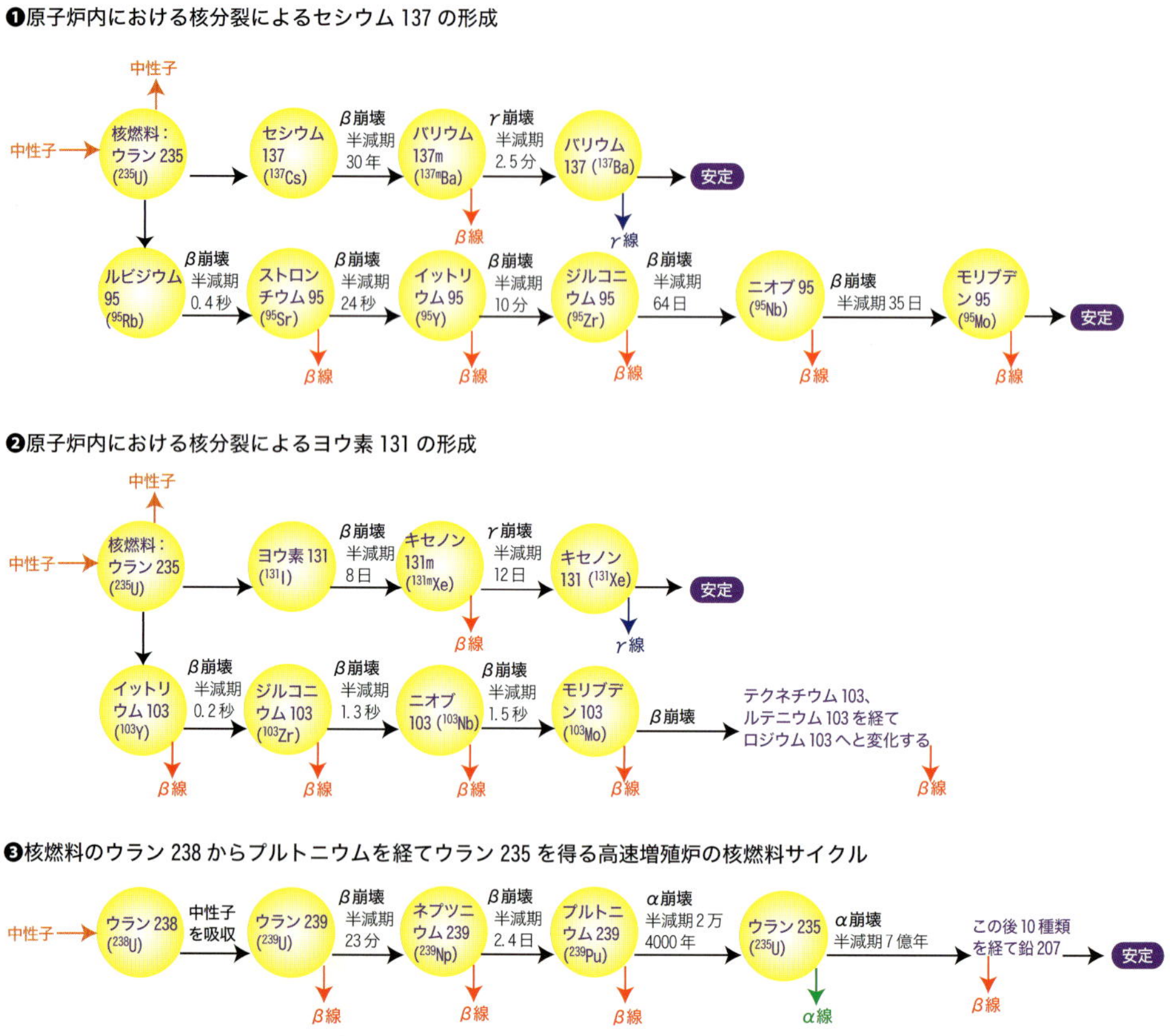

6　原子炉内の核分裂によってつくりだされる、代表的な放射性物質と放射線の種類

注：質量数に続いて m が書いてあるものは準安定態であり、核異性体転移により壊変することが多い。
文献：『別冊 Newton』ニュートンムック「原発のしくみと放射能」2011 年 8 月、104 ～ 105 頁の図を参考にして作図

[除染事例 1]　壁紙方式によるスレート葺き 2 階屋根の除染（京都の大力壁紙方式）

2011 年 8 月 23 日　福島市大波

[除染事例 2]　「少量水超高圧洗浄＋吸引＋ろ過」方式による
コンクリートの除染（名古屋のダイセイ方式）

2011 年 9 月 11 日　名古屋ダイセイ倉庫前のコンクリート

[除染事例 3]　農業用ネットによる雑草の除染

2011 年 8 月 4 日　福島市野田の果樹園内雑草地

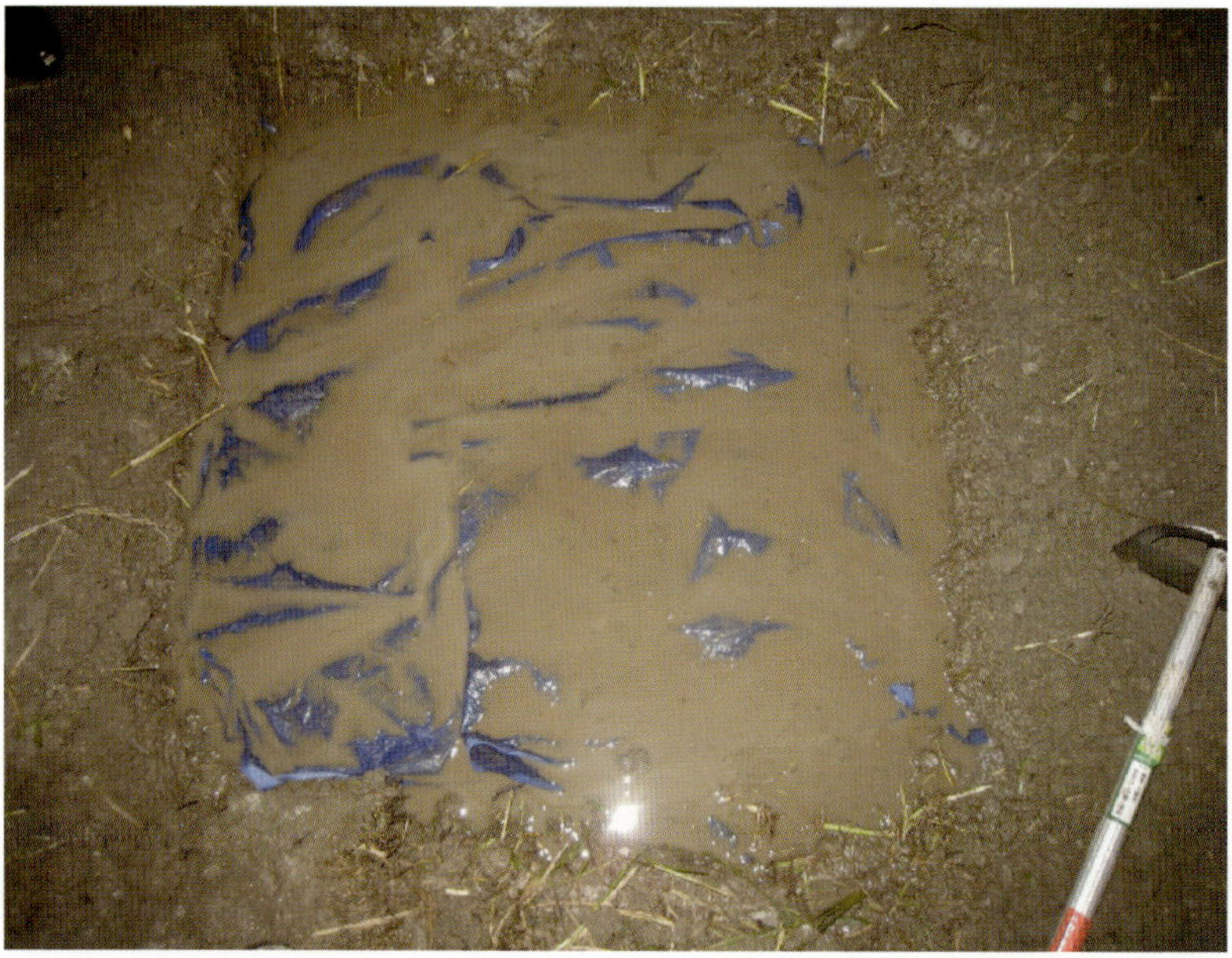

[除染事例 4]　プルシアンブルー布による水田の除染

水田の代かき後にプルシアンブルー付着布を敷きつめ、水を抜いてから引きあげ、浮遊泥を除去し同時に水に溶けた放射性セシウムを吸着

2011 年 12 月 9 日　福島市飯野町の水田

放射能除染の原理とマニュアル

目　次

I　放射能除染の原理と方法

1　「除染」という言葉の意味と基本認識　13

Ⅱ 放射能除染マニュアル【最新版】

イラスト／多田井善治
装丁／作間順子

放射能除染の原理とマニュアル

I　放射能除染の原理と方法

1　「除染」という言葉の意味と基本認識

放射能除染という短い言葉ですが、「放射能とは何か」「除染とは何か」という、言葉の持つ意味を理解しないと、専門知識を持ち合わせていない人にとっては、「何をどうするのか」がよくわかりません。

福島第一原発事故によって放出され広範囲に降りそそいだ放射性物質の除染となると、その中には大都市も含まれ、警戒区域を除いて多くの人々が、子どもたちを含めて、今もそこに生活をしています。このような場所の、生活空間を含めた除染、海や森林を含めた除染については、「人類史上はじめてのこと」です。はじめてのことに「専門家」などいるはずがありません。

2012年2月23日～26日、昨年5月から数えて7回目の福島入りをしました。そのときに、行政側が実施している除染にたいする地元住民から聞いた言葉は、不信感に満ち満ちていました。「除染するから避難しなくてもよい」、「除染するから騒ぎすぎないように」という行政側の言葉とは裏腹に、「圧力洗浄が主力だが効果が上がらない除染方法」、「期待して待っていてもなかなか来てくれない除染の順番」、「自主的に避難したくても補償額があまりにも少ない」など、強烈な拒否感がありました。

私は、1979年から瀬戸内海の環境汚染問題に取り組みました。1980年以後は、琵琶湖・淀川汚染問題、水道水のトリハロメタン問題、フロンガスによるオゾン層破壊、ゴルフ場の環境破壊、地球温暖化問題、廃棄物問題、環境マネジメントシステム構築、森林の生態系保全など、広い意味での「環境学」に取り組んできました。放射能や原発の専門家ではありませんが、環境学については40年以上の経験があります。本書は「汚染された環境から見た除染提案」になっています。

放射能除染については、言葉の定義もあいまいなまま、世間に「除染の話」がひろがりつつあります。これでは混乱をまねきます。「適切かつ着実に除染していくノウハウ」について、人力、組織力に加えて知恵、技術、資金を総結集すべきです。国、自治体はもとより、企業、研究機関、大学、研究者、そして農業、漁業、林業、畜産業者、そして住民も何らかの形で除染に関わっていく必要があります。何より、事故の第一義的責任を有する東京電力こそが除染の先頭に立つのが道理です。

本書では、「除染のための原理」を徹底的に説明するように努めています。放射性物質と放射線の違いは何か、放射性セシウムの物理的・化学的特徴は何か、放射性セシウムは環境中にどのような状態で存在しているのか、そのような原理を知って適切な除染方法をどのように選択すればいいのか、などです。

文中で「除染は原理的に可能」という言葉をよく使います。それとは別に、「一定期間内に子どもたちが安心して住める状態にできる除染」、「一定期間内に故郷へ安心して戻れる除染」という「被曝、被災している住民が真に望んでいる除染」があります。残念ながら「原理的に可能な除染」と「住民が望んでいる除染」の間には、まだ距離があり、多くの難儀な作業が必要です。このことはぜひご認識ください。

私の周りでも、立ちはだかる困難の前に「除染はできない」という話をする人が多くいます。しかし、「できない」とあきらめた先には希望がないのです。安心も帰郷も復興もありません。現に多くの子どもたち、妊産婦さん、住民が汚染地域に暮らしているのです。その人たちはどうなるのですか。

以上のような事情を踏まえたうえで、私は「どのような困難があろうとも除染は原理的に可能である」と主張しているのです。そうしないと、希望がなくなるからです。

多様な関係者が除染を実施する際に「放射能除染の原理と方法」および「放射能除染マニュアル」を真に理解するため、まず、言葉の意味と、除染を実施する際の基本的認識について説明します。

(1) 放射能除染の定義

「除染」とは、福島第一原発から放出され地上に降りそそいだ放射性物質およびその付着物を、物理的・化学的・生物的方法を用いて、収集・吸着・吸収・剥離・交換などの方法で取り除き、除去物を人体・生物や生態系・環境への影響がないと考えられる状態で保管・管理・処理することです。

この定義からは、政府が指導して実施されている主要な除染方法である「圧力洗浄」、「高濃度汚染水の希釈」、「(運動場の土の)天地返し」等の方法は「放射性物質の移動・拡散」であって除染ではありません。雨風による放射線減衰も、放射性物質の拡散であって除染ではありません。半減期による放射線減少も、物理的減衰であって除染ではありません。除染とは、正味に人的努力によって放射性物質を削減・管理・処理できた分を言います。

(2) 原発からどのような核種が降りそそぎ、どの核種を除染すべきなのか

口絵1に示すように、福島第一原発から2011年3月15日〜22日にかけて、大きくは4回の放射性物質(核種)放出があり、その後も少量の放出が続きました。それら放出された核種別の各地域における放射能密度測定値を**表1―1**に示します。

γ線、β線、α線という測定方法の相違により、3種類の核種に分類して表示します。γ

表 1—1　福島第一原発事故によって周辺地域に落下した放射性核種の種類、密度、半減期、日時、場所

γ線核種

元素名	核種	半減期（日）	福島市内（2011年3月16日）の放射能密度（Bq/m²）	飯舘村役場（2011年3月31日）の放射能密度（Bq/m²）	飯舘村全域（2011年7月2日）の放射能密度（Bq/m²）
ベリリウム	Be-7	53.3	397		
テルル	Te-129m	0.05	2234	15800	
ヨウ素	I-131	8.04	1208	1168800	
ヨウ素	I-132	0.1	19809	110100	
テルル	Te-132	3.25	23445	158700	
セシウム	Cs-134	752	2294	580500	1000000〜3000000
セシウム	Cs-136	13	471	35500	
セシウム	Cs-137	11023	2631	671000	1000000〜3000000
バリウム	Ba-140	12.8	101		
ランタン	La-140	1.68	ND		

注 1）福島市 3 月 16 日の放射能密度は京都大学原子炉実験所の小出裕章さん測定によるもので、放射性物質が降下しはじめた初期の貴重なデータです

注 2）飯舘村 3 月 31 日の放射能密度は飯舘村周辺放射能汚染調査チーム（代表：京都大学原子炉実験所今中哲二さん）の報告書「3 月 28 日と 29 日にかけて飯舘村周辺において実施した放射線サーベイ活動の暫定報告」から引用

注 3）飯舘村 7 月 2 日のセシウム 134、137 の測定値は、「文部科学省による第 3 次航空機モニタリングの測定結果（7 月 8 日）」より引用

注 4）測定上はγ線核種に分類されるが、セシウムやヨウ素の核種などはβ線も放出している

β線核種

元素名	核種	半減期（日）	原発から20km圏内の最大値（2011年6月14日）の放射能密度（Bq/m²）	原発から21kmから40km圏の最大値（2011年6月14日）の放射能密度（Bq/m²）	原発から41kmから60km圏の最大値（2011年6月14日）の放射能密度（Bq/m²）
ストロンチウム	Sr-89	50.5	17000	2100	500
ストロンチウム	Sr-90	10512	5700	500	130

注 1）「文部科学省による、プルトニウム、ストロンチウムの核種分析の結果について（2011 年 9 月 30 日）」のデータより引用

α線核種

元素名	核種	半減期（年）	原発から20km圏内の最大値（2011年6月14日）の放射能密度（Bq/m²）	原発から21kmから40km圏の最大値（2011年6月14日）の放射能密度（Bq/m²）	原発から41kmから60km圏の最大値（2011年6月14日）の放射能密度（Bq/m²）
プルトニウム	Pu-238	87.7	2.3	4	不検出
プルトニウム	Pu-239	24100	15	7.6	9.2
プルトニウム	Pu-240	6564	15	7.6	9.2

注 1）「文部科学省による、プルトニウム、ストロンチウムの核種分析の結果について（2011 年 9 月 30 日）」のデータより引用

注2）Pu-239、Pu-240の数値は、2種の核種の合計値である

線核種についての初期のデータはあまりありません。その意味で、京都大学原子炉実験所の小出裕章さんが測定された3月16日の福島市のデータ、同じく今中哲二さんたちのグループが測定された3月31日の飯舘村における測定値は大変貴重なデータで、勝手ながら引用させていただきました。

「放射能被曝を少なくする」、「どの核種を除染すべきなのか」ということを評価するためには、①放射能密度、②半減期、③放射線の種類と影響、という三つの項目から判断する必要があります。

3月12日に爆発を起こして以後、3月中から4月中旬までの事故直後の初期段階において降りそそいだ放射性核種の中で、放射能密度が大きかったのは、ヨウ素131、132、テルル132、そしてセシウム134、137でした。このような初期のγ線核種の被曝を避けるためには、「適切に遠くへ避難する」ということが最も大切です。福島第一原発事故の避難では、重病人や高齢者が過酷な避難中に亡くなるという悲劇がありました。半減期の短いγ線核種の放射線影響をやり過ごすため、1週間程度の短期間は避難せずに放射線を防御できるような避難施設とその維持体制（人的、物的支援）を確立しておくことも考える必要があります。「ヨウ素剤を人体投入する」という策は、放射性ヨウ素という一部の核種に対する影響軽減処置であり「部分策」であることを認識しておく必要があります。

ヨウ素131の半減期は8日、ヨウ素132は0.1日、テルル132は3・25日です。これらの核種は半減期が短いため1か月から2か月たつと放射性がかなり少なくなります。ただし、放射性物質が非放射性物質に変化するのであって、物質そのものがなくなるわけではありません。例えばヨウ素131の半減期8日で見ると、8日経過するごとに半分になるので、32日後には16分の1、64日後には256分の1に減るわけで、2か月後の5月半ばにはほとんど放射線の影響がなくなっています。

このように検討してくると、γ線核種で2011年6月以後にも放射線の影響が残っているのは、半減期が1万1023日（約30年）と長いセシウム137と、752日（約2年）のセシウム134の二つの核種です。そして、文部科学省による航空機モニタリング測定などでは、ほとんどこの2種の核種だけが測定され、除染範囲の評価データとされています。

β線核種のストロンチウム89、90については、原発から20km圏内で比較的放射能密度が高く、中でもストロンチウム90は半減期が1万512日（28・8年）と長いため、注意が必要です。ただし、文部科学省の測定ではストロンチウム90の放射能密度については平均的にみるとセシウム137の0・0026倍程度あると報告されています。この程度の密度であることは認識しておく必要があります。

ストロンチウム90については、内陸部の汚染だけでなく、海への影響が重大であると考えられます。福島第一原発から放出されたものは、汚染ルートとしては、事故原発炉格納容器内の収束のために使用された大量の冷却水が海に漏れ出しています。さらに、大気中への放出についても海へ落下した分があり、その中にどれくらいあるかはあまりよくわかっていません。

ストロンチウム90はβ線を出します。β線は薄いアルミ板程度で止まりますから、外部被曝としてはそれほど心配ないのですが、内部被曝的にはカルシウムとよく似て骨に蓄積して長期に放射線影響を与え続けるという人体毒性があります。その意味では、魚介類のストロンチウム90による影響について測定監視体制の強化と除染策が必要となります。

α線核種のプルトニウムについては、放射能密度は検出限界に近い程度に低い数値が測定されていますが、微量ながら福島第一原発から放出されたことは事実です。半減期が、プルトニウム239のように2万４１００年と長く、内部被曝の放射線影響の毒性も大きいことがわかっているので、低密度といえども、十分な監視測定体制と防御策が必要です。α線は紙程度で透過を防げますから外部被曝の心配はありません。しかし、内部被曝の影響は深刻です。プルトニウムの影響は、ストロンチウム90と同じように、「海へどれくらい放出されたのか」「魚貝類にどれくらい蓄積されていくのか」を早急に調査し、対策を講じる必要があります。

以上をまとめると、γ線核種としてヨウ素、テルル、セシウムなどについては初期の避難対策が重要であること、そして2か月以上が経過した後の除染すべき核種としてはセシウム134、セシウム137がほとんどを占めることになります。内陸部の除染についてβ線核種のストロンチウム90はある程度の放射線密度が測定されているので、除染時の内部被曝防止について注意する必要があります。そして、ストロンチウム90とプルトニウム核種については、海底への蓄積、食物連鎖による魚介類への蓄積という点について、調査確認がまず必要です。それを踏まえて、除染策を考えていく必要があり、原理的な除染策がないわけではありません。

(3) セシウムおよび放射性セシウムの特徴

セシウムは、周期表(**図2―1**参照)において一番左側にあるアルカリ金属第1族の仲間で、カリウム、ナトリウムなどと同じ族に入っています。原子核を取り巻く電子殻の最外殻に1個の電子が回っており、1価の陽イオンです。マイナスの電気を帯びた電子が1個取れると安定し、かつ最外殻の大きさは原子の中で最大であるため、あらゆる原子の中でも最も「反応性が強い」という性質があります。

このため、水とも爆発的に反応して結合するだけでなく、岩石、屋根材、コンクリート、アスファルトなどと反応して、材質表面から下部に浸透していきます。植物、腐植質などとも、有機物とも反応して付着します。セシウムが材質のどの深さまで浸透しているかを測定し、そこまでを確実に除染できる方法を採用するという除染方法が必要となります。

福島第一原発から放出され土壌・住宅・田畑・森林を汚染している放射性セシウムは、セシウム134、137が半々くらいです。放射性セシウムは崩壊過程でβ線、γ線という放射線を放出し、内部被曝、外部被曝の原因物質になります。セシウム134の半減期は約2年、セシウム137の半減期は約30年と、長期にわたります。

（4）どれくらいの質量を除染しなければならないのか？ ベクレルと質量の関係からわかること

官邸ホームページで公開された「ヨウ素131とセシウム137の大気放出量に関する試算」によると、福島第一原発事故によって２０１１年3月11日〜4月5日までに大気中に放出された代表的な核種として、ヨウ素131が1.5×10^{17} Bq、セシウム137が1.3×10^{16} Bqとされています。

これは、テラ＝10^{12}という単位で、1.5×10^{17} Bq＝15万テラBq、1.3×10^{16} Bq＝1万３０００テラBqと新聞などで「膨大な量」として紹介されます。漢字で「京《けい》＝1兆の1万倍」という単位を使用して、ヨウ素137が1.5×10^{17} Bq＝15京Bq、セシウム137が1.3京Bqなどとも表現されます。

その単位を見て、私たちは膨大な放射能が放出されたというイメージを持っています。放射性原子が1秒間に1個崩壊する場合の放射能の強さを表すBq（ベクレル）という単位でみると、確かに膨大な放射能の量になります。しかし、質量で見ると全く異なった話になります。

以下に放射能の強さ（単位時間に崩壊する核の個数）の単位であるBqと質量Wの換算式（川瀬雅也「改めて放射性物質を復習しよう」、『化学』Vol. 6 No. 6、２０１１年を参照）を説明します。この関係式の誘導過程で「ベクレルとは何か」、「半減期とは何か」が数式表現でスッキリと分かります。以下の関係の結果だけが知りたい方は読み飛ばしてください。

単位時間に核が崩壊する確率をλ（崩壊定数）とします。微小時間dtの間に崩壊する核の数dNは、今ある数に比例すると考えられるので、

$dN = -\lambda Ndt$

という関係が成り立ちます。ここで－がついているのは減少していくことを意味しています。これより、

$dN/dt = -\lambda N$

という微分方程式が出てきます。

この意味を説明すると、左辺は核が崩壊する速度を表しています。右辺は、いまある核の数Nと崩壊定数λに比例して減っていくことを意味しています。

この式を変形して積分すると、

$\int dN/N = -\lambda \int dt + c$

となります。cは積分定数です。

この式を初期条件、$t = 0$のとき$N = N_0$を入れて解くと、

$N = N_0 e^{-\lambda t}$となります。

すなわち、核崩壊は時間と共に「逆指数関数的に減少していく」という答えが出てきます。

つぎに、放射性核の個数が現在の半分になる時間（秒）すなわち半減期をTで表わすと、上式のN/N_0が半分の2分の1になる時間より、

$T = \log_e 2/\lambda$

で与えられます。この式は半減期の数学的表現です。

放射性物質の原子数がN個あるとすると、放射能の強さ（Bq）は、

Bq＝λN

で表わされます。この式はベクレルの数学的表現です。

ある場所に放射性物質がWグラムあるとすると、その放射能の強さBqは、

Bq＝λ×（W/M）×N

ここでMは原子1モル当たりの質量です。

この式に半減期Tとλの関係式を代入して変形すると、

W＝（Bq×T×M）／（$\log_e 2$×N）

となります。

この式から、セシウム137が1.3×10^{16}放出されたときの質量数Wを求めます。

各数値は、

Bq＝1.3×10^{16}

秒単位の半減期は、

T＝30.17年×365日×24時間×60分×60秒＝951441120秒

質量Mは、セシウム137の1モル当たりの質量が137gであるので、

M＝137g

$\log_e 2 = 0.6931$

原子の個数Nは、アボガドロの法則より1モルはあらゆる原子、分子において、

$N = 6.022 \times 10^{23}$

で表わされます。

これで全ての数値がわかりましたから、Wの式に数値を入れて計算することができます。

以上の計算式より、1.3×10^{16} Bq のセシウム137の質量Wは、

$W = 4060$ g

になります。

同様にヨウ素131を計算すると、

ヨウ素131が1.5×10^{17} Bq放出された場合、その質量はW＝32・7gとなります。

ヨウ素131は半減期が8日程度ですから、崩壊が進み放射性はなくなっています。セシウム137は半減期が30年ですからまだまだこれからです。今一つの核種である半減期が2年のセシウム134は、福島周辺のどの地域においてもセシウム137と同程度のBq数が測定されています。セシウム137と同程度の1.3×10^{16} Bqを放出量と想定すると半減期がセシウム137の15分の1ですから、放出された質量がおおむね273gです。この二つの核種を合計しても4332gです。この量が、膨大な面積にばらまかれたわけです。原発周辺の避難地域の浪江町におけるセシウム137、134合計量は300万Bq／m^2ですが、この場合に質量数は0・0000004998g

／m^2となります。福島市のばあいですと50万Bq／m^2ですから0・0000000814g／m^2となります。私たちはこれから、このような超微量の放射性セシウムを除染しなければならないのです。

　このような計算から、いろいろなことがわかってきます。①放出された全ての放射性セシウム原子だけを除染・回収した場合4332g程度の微量になること。②わずかに4332gの放出量がベクレルで換算すると膨大な放射線を放出して被害を与えること。③環境中の放射性セシウムは超微量であるため、塩素やカリウムなどとイオン結合、イオン交換する際には、放射性セシウムが圧倒的に少ない質量であることを知っておく必要があること。④放出された放射能よりはるかに多い量が福島第一原発にはまだまだ残っていること。⑤放射線測定とは超微量を測定する感度があること。⑥広大な面積にごく微量のセシウムがばらまかれ、それを回収するには膨大なエネルギーが必要であること、などです。

　除染方法を考えるときも重要な認識が出てきます。**図1－1**の柏市焼却炉の集塵機の中を見ると、飛灰のダストが1000gある場合、ダストの10％程度とされる塩素は100gあることになります。それに対して、1万Bq／kgの飛灰の中にセシウム134、137の混合原子の質量は0・0000000166gしかありません。

　超微量の放射性セシウムが雑草などに付着してごみ焼却炉に持ち込まれた結果です。その結果、放射性セシウムは圧倒的な塩素に取り囲まれる形で安定的に結合して塩化セシウムと

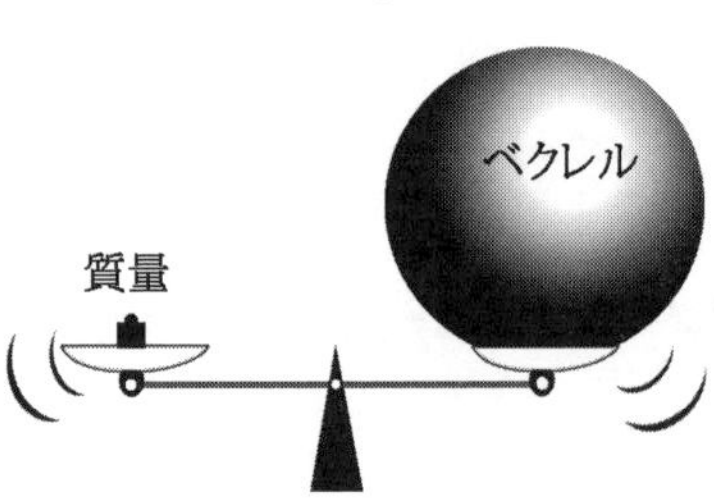

図1—1　柏市清掃工場（北部クリーンセンター）における放射性セシウム（Cs）のフロー

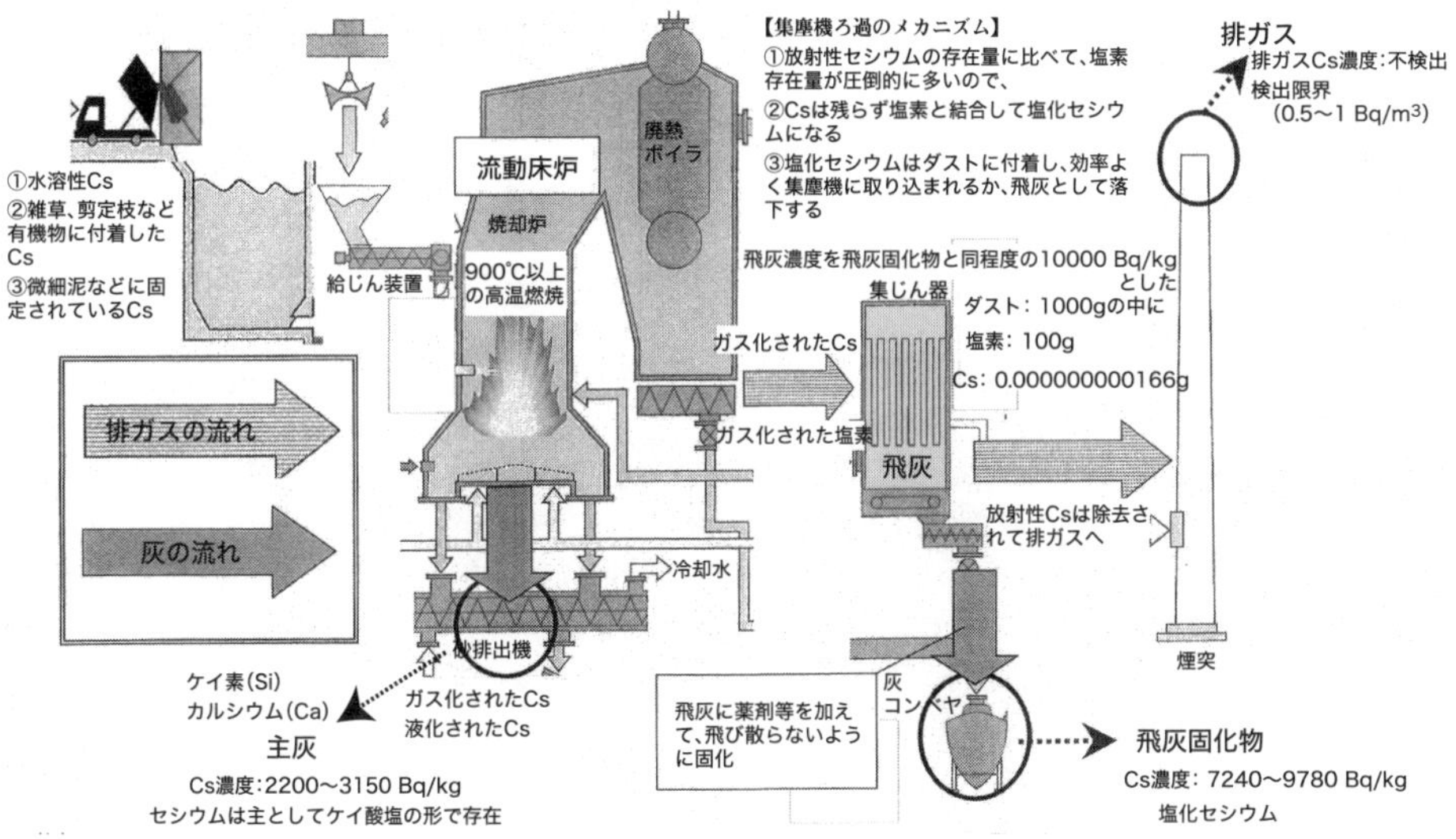

セシウム濃度の単位：セシウム134とセシウム137の合計量（Bq/kg）

注1）焼却炉を放射能除染システムとした場合、可燃性ごみの投入重量に対して、焼却灰重量は10分の1、体積では20分の1、排ガスの放射性セシウム濃度は不検出になり、抜群の除染効果がある。汚染された焼却灰が残るが、安全処理をした後に埋め立てればよい

注2）主灰は燃え殻、飛灰は排気をろ過した灰、通常はいずれも最終処分場に搬入される

引用文献）千葉市柏市「一般廃棄物焼却施設等における焼却灰等の放射能量の測定結果及び今後の対応について」2011年7月11日報道資料より作成

なり、ダスト（粉塵）の形で、効果的に集塵機、バグフィルター、スクラバーで除去できることになるのです。塩素とセシウムの質量差と反応力の強さを考えると、放射性セシウム濃度が100万Bq／kgとあと2ケタくらい高くなっても、十分に除去できると考えられます。ですから、避難地域における高濃度汚染可燃物についても、除去設備を完備すれば焼却炉処分が可能だと考えられるのです。

（5）放射性セシウムの三つの存在状態

放射性セシウムは、①水に溶けた水溶性（溶存態）、②有機物等にゆるく結合した非水溶性イオン交換態（非溶存性交換態）、③岩石成分に固く結合した固定態（固定態）、という三つの状態で存在しています。その様子を**図1―2**に示します。この三つの状態は時間とともに動的変化していきます。

通常は、水に溶けた状態から非溶存性交換態、固定態へと移っていきます。しかし、水溶性、非水溶性イオン交換態は、他の陽イオンとの交換が可能ですから、別の陽イオンが入ってくると、セシウムと別の陽イオンが置き換わるイオン交換が起こります。

田畑、山林、河川、池、海の除染では、イオン交換原理の動態をよく理解して除染の原理を考えていく必要があります。「イオン交換は確率的である」という原理を岩田進午さんの『土のはなし』（大月書店）から学びました。セシウム原子はイオン交換能力が大きい。それに

図1—2　環境中における放射性セシウム「三つの存在様式」の動的変化

3種類の動的変化を考慮して除染方法を選択する必要がある

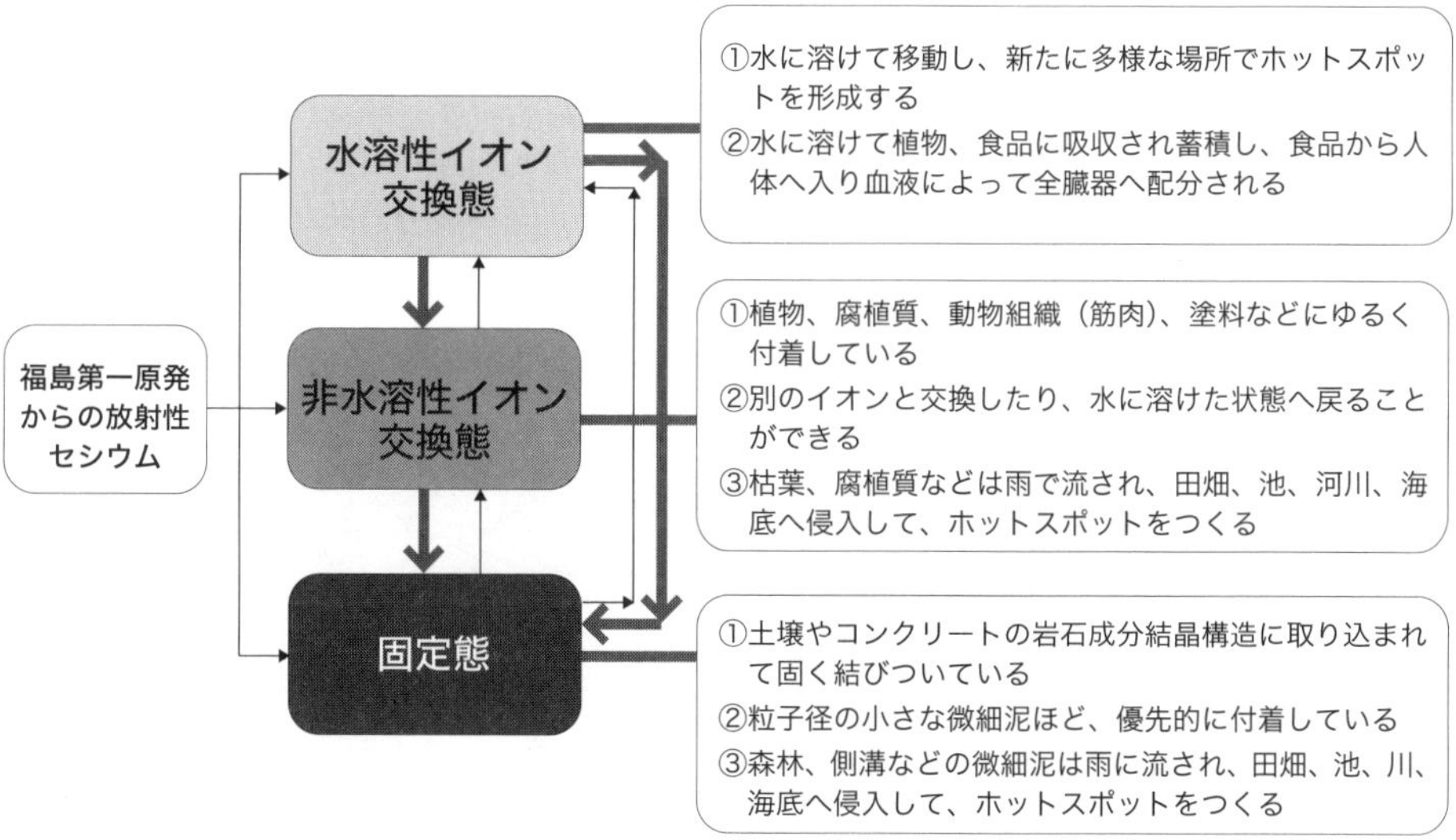
福島第一原発からの放射性セシウム
水溶性イオン交換態
非水溶性イオン交換態
固定態
①水に溶けて移動し、新たに多様な場所でホットスポットを形成する
②水に溶けて植物、食品に吸収され蓄積し、食品から人体へ入り血液によって全臓器へ配分される
①植物、腐植質、動物組織（筋肉）、塗料などにゆるく付着している
②別のイオンと交換したり、水に溶けた状態へ戻ることができる
③枯葉、腐植質などは雨で流され、田畑、池、河川、海底へ侵入して、ホットスポットをつくる
①土壌やコンクリートの岩石成分結晶構造に取り込まれて固く結びついている
②粒子径の小さな微細泥ほど、優先的に付着している
③森林、側溝などの微細泥は雨に流され、田畑、池、川、海底へ侵入して、ホットスポットをつくる

＊三つの様式は、通常は水溶性→非溶存→固定態、水溶性→固定態へと変化していく。しかし、新たな陽イオン（肥料成分のカリウムやアンモニウムなど）や酸（雨の中の酸など）が入ってくると、逆向きになることもあり動的な変化形態をとることに注意しておく必要がある

参考文献）津村昭人他「土壌及び土譲——植物系における放射性ストロンチウムとセシウムの挙動に関する研究」農技研報 B,36,57-113（1984）

Cs
水
有機物
岩石

比べてカリウム原子は比較的に小さい。そのような場合でも、セシウム原子の数が圧倒的に少なく、カリウム原子の数が多ければ、イオン交換は起こるのです。例えば、水田にカリウム肥料を投入しておくと、稲のセシウム吸収量を抑えることができるのは「イオン交換は確率的である」という原理のなせる技だと考えられます。

(6) 汚染された可燃物、不燃物の除染方法

①**可燃物**――放射性セシウムにより汚染されている可燃物、除染作業で作りだされた可燃性廃棄物については、ダイオキシンが除去できるバグフィルター、電気集塵機、スクラバーなどがついた焼却炉で適切に焼却処理を行えば、安定的に除染が実施できるという報告（大迫政浩、国立環境研究所、「震災による災害廃棄物の現状と課題」、日本分析化学会、第60回年会報告資料、2011年9月16日）があります。バグフィルター、電気集塵機内では、塩素の質量に比べて放射性セシウム質量は圧倒的に少なく、セシウムは反応力が強いので安定的に塩素と結合して飛灰内に取り込まれることが理論的にも想定できます。また、飛灰内のセシウム化合物（塩化セシウム）は水によく溶けることがわかっており、スクラバーでも効果的に除去できると、私は考えています。

②その際、排気ガス、放流水などから放射性物質が検出されていないことを連続的に監視・測定し、周辺住民に情報を公開することを原則とします。放射性セシウムが検出限界を超え

て出てきた場合は、即時に焼却を中止するのは当然です。可燃性ごみとしては、落葉、雑草、間伐材、剪定枝、稲わらなどが入ります。

③**口絵1**や**付表2**に示すように、16都県のごみ焼却場で、すでに低レベルの汚染ごみの焼却処理をしています。この焼却について問題なのは、十分な除去設備（バグフィルター、電気集塵機、スクラバーなど）が付いていない焼却炉もあると想定されることです。さらに、排煙から放射性セシウムの放出がないことを監視・測定していないことです。これについては、早急に実態調査をし、放射性セシウムが検出された焼却炉はいったん焼却を中止し、十分な除去設備を設置することが急務です。作業被曝防止策を十分に実施することも必要です。その後に、監視測定を行い、周辺住民へ情報を公開していく必要があります。

④汚染された除染除去物のうちの可燃物については、高濃度汚染が想定されるので、放射性セシウム除去設備を十分に備えた専用の焼却炉で処理します。そして、その焼却炉はまず福島第二原発内に設置すべきです。それ以外の適切な場所（その場所の選定は慎重になされるべきである）に、専用炉を設置することも考える必要があります。

⑤放射能汚染が濃縮された焼却灰のうち高濃度（８０００Bq／kg以上）のものは、コンクリートで固めて福島第二原発内に埋め立て処理をします。低濃度焼却灰については、やはり安全処理をした後に、当該市町村で埋め立て処理をします。

⑥汚染ガレキ問題に象徴されるように「放射性セシウム汚染ごみを燃やしていいかどうか」

はたいへん重要かつデリケートな問題です。私は、先に述べてきたような前提条件付きでありますが「燃やすことの可能性を徹底的に追究すべきである」と考えています。なぜなら、燃やすことによって汚染ごみは体積で20分の1、重量で10分の1程度に減少させることができるのです。これが燃やせないと、例えば雑草、落ち葉、森林の樹木などの放射性セシウムは枯れて土壌となり、周辺環境中に留まったまま人体・生態系に影響を与え続けるからです。そのリスクに比べれば、焼却灰が汚染されることは「処理可能問題」なのです。

「安易に焼却をしてよい」と言うつもりは、まったくありません。汚染ガレキ焼却についても多くの反対意見があることも十分に承知しています。それにもかかわらず、「焼却の可能性を追究すべき」と主張するのは「焼却ができないと除染が効果的に進まない」と実感しているからです。この問題については、政府、自治体、企業、住民そして東電も、逃げずに議論をトコトンすべきだと願っています。

⑦**不燃物**——汚染された土壌、コンクリート、アスファルト、焼却灰などの不燃物については、可能な限り、少ない除去物になる方法（土壌の中の微細泥、腐植質だけの選択的除染、イオン交換による吸着など）で除染し、除染物は体積減少、安全保管処理をした後、東京電力の福島第二原発、または第一原発へ引き渡します。ただし、途中の段階で、中間貯蔵地に保管する場合も出てきます。

(7)「閾値《しきいち》がない」の意味

1986年のチェルノブィリ大惨事のときの放射性セシウムによる人体影響の研究論文(文献2・7、巻末参照)によると、泌尿器系のがんの発生は1～2 Bq/l程度、心臓など多くの臓器への影響は10 Bq/kg程度で、長期に持続した場合に生じており、低レベル、長期被曝の実態が明らかになってきました。

放射性セシウムが遺伝子に与える影響は確率的であり、その影響は「閾値《しきいち》」がないと言えます。この認識により、放射能除染法についても「放射線被曝は合理的に達成できる限り低くしなければならない」というALARA(As low as reasonably achievable)の原則が適用される必要があります。

(8) 避難・疎開は、最も効果的な人体の除染および被曝予防対策である

チェルノブィリ大惨事のときに、フランス、ドイツ、イギリスなどのNGOが子どもを1か月程度疎開させる運動を展開しました。そのとき、子どもたちの体内の放射性物質蓄積量が22%も減少しました。避難・疎開は、子どもたちの体内蓄積量を短期間で減らすとともに、最も効果的な被曝予防措置です。「効果的でない除染」、「時間がかかり、いつ実施されるかわからない除染」という現実において、「除染するから避難、疎開はしなくてもよい」

という行政側の論理は誤りです。

(9) 誰の責任なのか

事故の第一義的責任は、東京電力にあります。国も、原発を推進してきた責任はありますが、国が除染を行うと言っても、その費用は国民の税金です。事故収束の責任だけでなく、除染、およびその損害賠償についても、東電に責任があります。ところが、国の除染ガイドラインにおいて、東電がほとんど出てきません。本来ならば、被曝住民が電話1本すれば、東電の除染部隊がかけつけて除染を実施するのが道理なのです。除染について、東電はどこへいったのでしょう。

除染に関係してより具体的必要性としては、福島第二原発に、高濃度汚染除去物の焼却炉を設置し、焼却処理をするとともに、自治体焼却炉から排出される高濃度焼却灰などの受け入れ業務を行う必要があります。

(10) 実際には誰が除染を行うか

現状の除染実施者として、警戒区域については政府が除染を行うことになっています。しかし、政府の官僚が計画を立て意見を言うことはできても、除染はできません。実際に除染を請け負っているのは、原子力研究開発機構、自衛隊、業務請負ゼネコンです。警戒区域以

外は地方自治体が計画などを担当することになっていますが、県や市町村にしても職員が除染をする箇所は限定されており、多くは地元業者などに委託されます。

現状はそういうことですが、この陣容だけで除染が成果を上げるとは考えられません。除染対象として食品を考えた場合、実際には生産者である農業・畜産業・果樹業・林業・漁業など、現場をよくわかっている人びとが除染に関わらないと成果はあがらないのです。除染の基本訓練さえ受ければ、これら第一次産業従事者の役割が大切です。被曝現地へ行って、何が一番困っているか、と質問すると「仕事がないこと」という答えが返ってきます。一日も早く本来の生業に復帰するためには、そのための基盤整備として除染を仕事として行う必要があります。当然、除染の経費や労働費は東電が支払うべきです。

住宅の除染については、屋根など高所作業の場合は専門家に委託する必要があります。また、高齢者など自分たちでは除染できない人も多いでしょう。ただし、自分たちでもできる部分は多くあります。その場合も、ボランティアで行うのではなく、やはり仕事として除染の訓練を受け、実施すべきだと考えます。

企業が保有している敷地・駐車場なども汚染されており、通学路などでは子どもたちがそこから被曝しています。ＪＲのような場合は、駅前広場や線路沿いも汚染されています。大企業には資源（人・物・金）があるので、経費などは東電が支払うとしても、独自に除染を実施できる可能性を持っています。一級河川の河川敷や国道なども汚染され放置されています。このような場合、国土交通省が管理者ですから管理責任者として除染を行うべきです。「除染は環境省の担当」などと言っているのは無責任です。

要は、除染を実施する人も、責任に応じた総動員なのです。ボランティアではなく「仕事」として実施すべきで、経費・人件費は東電の負担です。ただし、低線量地域において除染システムと責任体制が確立された後であれば、ボランティア参加による除染が行われるのは望ましいことです。

(11) どの範囲で行うのか

環境省のガイドラインによると、年間1mSv以上の地域について、「汚染状況重点調査地域」に指定しています。しかし、年間1mSv（0・23μSv／h）の線が地図に引いてあるわけではなく、実体はありません。実際、食品汚染（**付表1**）、ごみ焼却灰汚染（**付表2**）の原因である草木類の汚染は、年間1mSvの範囲をはるかに超えた地域に広がっており、埼玉県、山梨県、東京都、神奈川県、静岡県、山形県、新潟県、長野県なども、食品汚染、草木汚染、ホットスポット汚染などは除染の対象範囲に入ってきます。

(12) システム構築の必要性

放射能除染は長期にわたる可能性があり、効果的に実施するには除染システムを構築する必要があります。そうしないと、目標の着実な達成ができませんし、圧力洗浄のような不適切なプログラムが実施されても改善することができません。本書の放射能除染マニュアルでは、ISO14004（環境マネジメントシステムのガイドライン）を基本にして、計画（方針・目的・目標・プログラム策定）→実施（組織、運用）→監視・測定（記録、監査）→見直し（次年度への改善提案）というシステムを構築しています。

町内会単位とか中山間地の集落単位などの小さな地域において除染を実施するさいにも、「地域除染システム」の構築が必要です。例えば、地域内に仮置き場の設置などを考えるとき、「地域除染システム」の中に位置づけないと、設置反対運動が起こる可能性があります。「地域除染をする」ことの中に、仮置き場の設置も入れて、住民合意を得る必要があります。

ごみ収集・焼却システムのように既存のシステムを除染システムとして評価し、バグフィルターによる除去効果の拡充・監視をし、新たな資源（人材、資金、技術）を投入して、汚染された可燃物の除染と焼却灰の処理を進めていくことも大切です。

⒀ 中間貯蔵地はどこにつくるのか

環境省は、原発地元の福島県双葉郡に中間貯蔵地建設を要請しています。しかし、その前に決断すべきことがあります。「福島第二原発を中間貯蔵地として活用する」ことを政府が決断するのです。これは、東京電力は資本的に事実上国有化されるわけですから、政府が決断すればすむことです。既に、福島県は第二原発を再開させないことを決定しています。そうであるならば、これほど中間貯蔵地に適した場所はありません。遠くの放射性廃棄物は福島第二原発で受け入れ、将来は第一原発も真に収束・安定すれば中間貯蔵地として活用できます。双葉郡の各市町村に中間貯蔵地をつくるにしても、当該市町村の放射性廃棄物のみを受け入れるようにすれば、住民合意が得られやすいのではないでしょうか。すなわち、自分たちの地域の放射性廃棄物の貯蔵地を地元につくることになるからです。

(14) 仮置き場はどこにつくるのか

仮置き場の立地についても、遠くからの放射性廃棄物が持ち込まれる場合は、必ず地元住民の反対があるでしょう。そうではなくて、地元の除染で出てくる放射性廃棄物のみを受け入れる仮置き場にするのです。中山間地などの立地としては、国有林、公有林、私有林（この場合は国が買い取る）の山裾の20 m幅が考えられます。ここは、もともとその地域においては相対的に放射線量が高い場所ですから、田畑や住宅地に影響しないように徹底的に管理し除染を行う必要があります。そのような除染システムができた山裾20 m幅の土地を、仮置き場として活用するのです。

都市部で仮置き場が見つかりにくい場合も、放射性廃棄物は地域の中で短期に仮置きできる場所を見つけ、住民合意をとる必要があります。その場合、地域の除染システムを構築す

ることの重要性について情報を隠さず、徹底的に討論して合意をとる必要があります。仮置き場が長くならないためにも、中間貯蔵地建設がその担保となります。

⒂ 汚染ガレキはどう処理するのか

汚染ガレキの処理については、環境省が全国の地方自治体に呼びかけて、運搬・焼却処理の協力依頼をしています。しかし、地元住民の反対などがあり受け入れる自治体が少ないのが現状です。

実は、低線量の廃棄物については、16都県で既に焼却処分をしているのです。それは、既存の収集・焼却システムによって収集された草木などのごみです。これによって、焼却灰汚染が起こっているのですが、逆に見ればこれは除染実績とも言えます。

ただし、これら既存のごみ焼却炉に十分な放射性セシウム除去設備（バグフィルター、集塵機、スクラバーなど）が付いていない場合もあります。そして排煙の監視測定がなされていない場合も想定されるので、早急に十分な除去設備と測定体制をとり、住民に対して情報公開を行うべきです。

このような前提条件は付きますが、これら既に放射性廃棄物の処理を実施しているごみ焼却場を「既存の除染システム」として評価・位置づけして、人材・資源の投入を行い、積極的に活用していく必要があります。低レベル汚染ガレキについては現地で徹底的に分別して、

可燃物は周辺市町村のシステム化されたごみ焼却場で受け入れるように要請します。不燃物は現地で埋め立て処理します。低レベルの場合、山に積み上げ、土を被せて、木を植え、緑の山に返します。そうすれば遠くの放射性廃棄物処理に慣れていない自治体に要請しなくても済みます。遠くへ運ぶだけでも汚染物質は拡散します。周辺の既存システムを活用するための資源（人、物、金）投入の仕組みが必要です。

(16) 避難地域の除染方法

放射線量が高い避難地域の除染については、線量が低い地域に比べていくつかの特徴があります。それは、線量が高いので作業被曝のリスクが大きいこと、除染による除去廃棄物の線量も高いので事後の運搬・安全処理についても注意を要することです。一方で、人が避難して居住していないこと、田畑などは耕作されていないので汚染は土壌表面に留まっていることなど、除染実施がやりやすい点もあります。

除染方法を簡単化してしまうと、除去物を可燃物と不燃物に分けて考えます。汚染された草木などの可燃物については、避難地域内にあるごみ焼却場を「放射性セシウム除染システム」として除去設備（バグフィルター、集塵機、スクラバーなど）を付け、最大限に活用して焼却処理するのです。その際に煙突から放射性物質が排出されないようにバグフィルターの能力を高め監視・測定も行う必要あります。汚染土壌や固形物については、徹底的に体積圧縮処理をしたのちに、コンクリートで固めて埋め立て処理をします。この際に有利な点は、福島第二原発や中間貯蔵地が近いことです。除去後はすぐに中間貯蔵地へ運び込めばいいのです。

放射線量が高い地域と低い地域での除染方法については、基本的な相違はありません。いくつかあげた特徴に配慮しながら実施していけばいいわけで、除染原理から考えた場合、「線量が高いから除染できない」わけではありません。

(17) 政府のガイドラインのどこが問題なのか

政府は、２０１１年８月に「平成23年３月11日に発生した東北地方太平洋沖地震に伴う原子力発電所の事故により放出された放射性物質による環境への対処に関する特別措置法」を議員立法により可決・成立させました。特別措置法に関する「基本方針」は２０１１年11月11日に公表され、「ガイドライン」が同年12月に公開されました。これらの内容について検討した結果、多くの問題点が見つかりましたが、２点に絞って説明します。

①除染による放射性物質の削減目標設定です。「基本方針」によると「平成25年８月末までに、一般公衆の年間追加被曝線量を平成23年８月末に比べて、放射性物質の物理的減衰等を含めて50％減少した状態を実現すること」とされています。ここで物理的減衰とは、雨風による拡散や半減期による減衰をさしています。放射性セシウムの半減期による減衰だけで

も2年間で27％程度下がります。それに、雨風の拡散を入れると、40％近くがある地点で下がります。そうすると、残りの10％だけが正味の除染による減少になります。これでは、何もしなくても目標の80％は達成することになります。正味の除染による削減目標を2年間で50％とし、半減期等の減衰は＋αとするべきです。

②「ガイドライン」の中の除染方法として、「圧力洗浄」「天地返し」などが紹介されています。これらの方法は除染ではなく拡散です。これまで実施されてきた政府モデルによる除染がそれほど実績をあげていないのは、除染原理が理解されず、基本的な除染方法が不適切であるからです。田畑や森林の土壌についても「出来る限り少なく剥ぐ」とされています。避難地域の放射線量が高い土壌、ホットスポットを除き、「田畑や森林の土壌を剥ぐ」ことは大量の廃棄物が排出され、貯蔵地の確保、経費面でも、実際上は不可能です。より現実的な除染方法が提案されるべきです。

(18) 除染原理を基本として実施しながら改善していくしか、適切な除染方法は見つからない

２０１１年5月より、「放射能除染・回復プロジェクト」を結成し、福島市を中心にして「除染モデル構築」のための実証実験と測定調査を実施してきました。その経験と情報収集を踏まえて、本書の除染方法は提案されています。ただし、森林、河川、池、海等の除染方法については、まだ構想段階の提案になっています。それでも提案しているのは「除染方法は原理

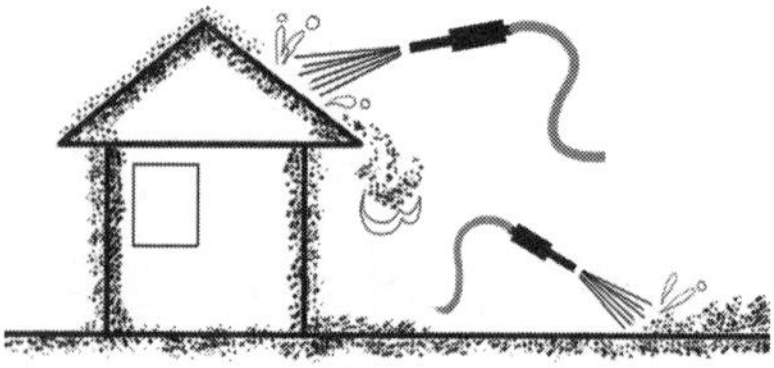

圧力洗浄では限界がある

を踏まえて実践しながら改善していくしかない」ということが経験的にわかったからです。「削減効果があり、簡単に実施でき、コストも安い」というような完璧な除染方法などありません。それぞれの除染方法は、かなり面倒で、作業被曝もいくらかあり、1回実施するだけでは削減効果もわずかである、というような技術がほとんどです。少しずつでも「着実に減っていく」ことが大切なのです。そのためには、放射性セシウムはどの深さまで浸透し、どのような形態で存在しているかという汚染形態を知り、それを除染できる適切な方法を選択することが大切です。比較的コストが安く、誰にでも実施できるような方法を選んで提案しています。

除染方法を実施してみて、問題点を見つけ、改善していく必要があるのです。除染を実施してみれば、必ず問題点や課題が見つかります。ですから、放射能除染マニュアルにおけるプログラムでは、「今後の課題」の欄を設定しています。1回で削減効果が少ないときは2回、3回と続けていく粘りが必要です。本書の除染方法について、問題点が見つかれば、ぜひお知らせください。改善に結びつけたいのです。

⒆ 除染を生業復帰と復興につなげる

私たち「放射能除染・回復プロジェクト」の除染目的は、当初から「子どもたちの被曝量を減らす」ことにありました。それは今も変わっていないのですが、より長期的には、被曝地の人々が本来の生業に復帰することにあります。

放射性物質は広く薄くばらまかれて、森林や田畑や住宅を汚染させました。汚染地域の70%程度の面積は森林です。除染にとって森林が最も厄介だと想定されます。しかし、森林は膨大な量のバイオマスエネルギー資源です。バグフィルター、集塵機、スクラバーなどが設置され、ダイオキシンが処理できる焼却炉で排煙を監視測定しながら適切に燃焼させれば、セシウム汚染は除去できると考えています。そうであるならば、森林の樹木や下草を除染しながら、それをエネルギー源にし、汚染地域の現有焼却炉をすべてバイオマス発電システムに変換するのです。それこそ「脱原発」であり「復興」です。高濃度汚染地域の田畑であっても、例えば菜の花を植えれば、菜種にはセシウムは検出限界以下程度の微量しか含まれないことがわかっています（河田昌東・藤井綾子編著『チェルノブィリの菜の花畑から』創林社）。そして、茎や葉は、バイオマスエネルギー源として燃焼させればいいのです。「放射性セシウム汚染可燃物を燃やせるか、燃やせないか」は、「復興できるか、できないか」にも大きく関わっているのです。

「燃やすことができる」のであれば「復興の絵」は書けます。福島県をバイオマス開発特区にする、自然エネルギー産業基地にするなど、いろいろな案があります。除染と復興を同時進行させるのです。まずは農業、畜産業、果樹園、林業、漁業などの第一次産業従事者が生業に復帰できる状態、都市で安全に生活や労働ができる状態、子どもを持つお母さんたちが安心できる食生活を取り戻し、同時に復興を目指し安定的な仕事をつくりだすべきです。

2　セシウムとは何か？

「除染は放射能との戦いである」と考えるならば「我々の当面の敵は放射性セシウム」です。短期戦に勝てる保証はありませんが、少なくとも「闘いに負けないようにがんばる」しかありません。そのためには、「敵であるセシウムの正体」を徹底的に知っておく必要があります。

「セシウムの正体は何か」――そのことを知るため、幾つかの文献を当たってみました。簡潔で分かりやすい資料を、文献1・8（巻末参照）の『元素111の新知識』（桜井弘著、講談社ブルーバックス）から引用し説明します。

◆セシウムはアルカリ金属第1族の仲間である◆

図2―1に、周期表を示します。周期表の番号は、横軸が「周期」、縦軸が「族」を表しています。グレーで示してあるCsは第6周期、第1族にあり、原子番号は55番です。原子番号の55という数字は、**口絵4**に示すように、原子核の中にある〈陽子の数＝電子の数〉を表しています。そうすると、自然界に存在するセシウム133の「133」という数字は、陽子と中性

子を足した値ですから、中性子の数は133－55＝78ということになります。すなわち、非放射性で私たちが自然界で接するセシウム133とは、原子核の中に＋《プラス》電荷をもつ陽子が55個、中性子が78個あり、そして原子核の周りに－《マイナス》電荷をもつ電子が55個回っており、電気的には陽子のプラスと電子のマイナスがバランスして、中性を保っていることになります。

表2―1に、セシウム原子（Cs133）の基本特性を示します。

『元素111の新知識』によると「セシウムはアルカリ金属の一つで、黄色がかった銀色でやわらかく展性に富む。反応性はアルカリ金属中最大で、空気中で常温でもただちに酸化され、高温では二酸化セシウム（CsO_2）となる。水とも爆発的に反応して水素を発生し、水酸化物となる。生じた水酸化セシウム（CsOH）は水酸化アルカリのうちでもっともアルカリ性が強い。セシウムは窒素、炭素、水素とも直接反応する」と説明されています。

この説明からすると、福島第一原発事故によって大量に放出された放射性セシウムも、放射能雲として大気中を移動する間に二酸化セシウムになり、雨や雪で地上に落下するときには水酸化セシウムになっていたのではないかと推測されます。

周期表の縦の列を見ると、セシウムは、リチウム（Li）、ナトリウム（Na）、カリウム（K）、ルビジウム（Rb）、セシウム（Cs）、フランシウム（Fr）というように第1族に位置しています。この族は「アルカリ金属第1族」と呼ばれています。

図 2―1　元素周期表

アルカリ金属第1族

	IA	IIA	IIIA	IVA	VA	VIA	VIIA	VIII			IB	IIB	IIIB	IVB	VB	VIB	VIIB	0
1	1 H 水素																	2 He ヘリウム
2	3 Li リチウム	4 Be ベリリウム											5 B ボロン	6 C 炭素	7 N 窒素	8 O 酸素	9 F フッ素	10 Ne ネオン
3	11 Na ナトリウム	12 Mg マグネシウム											13 Al アルミニウム	14 Si シリコン	15 P リン	16 S 硫黄	17 Cl 塩素	18 Ar アルゴン
4	19 K カリウム	20 Ca カルシウム	21 Sc スカンジウム	22 Ti チタン	23 V バナジウム	24 Cr クロム	25 Mn マンガン	26 Fe 鉄	27 Co コバルト	28 Ni ニッケル	29 Cu 銅	30 Zn 亜鉛	31 Ga ガリウム	32 Ge ゲルマニウム	33 As ヒ素	34 Se セレン	35 Br 臭素	36 Kr クリプトン
5	37 Rb ルビジウム	38 Sr ストロンチウム	39 Y イットリウム	40 Zr ジルコニウム	41 Nb ニオブ	42 Mo モリブデン	43 Tc テクネチウム	44 Ru ルテニウム	45 Rh ロジウム	46 Pd パラジウム	47 Ag 銀	48 Cd カドミニウム	49 In インジウム	50 Sn 錫	51 Sb アンチモン	52 Te テルル	53 I ヨウ素	54 Xe キセノン
6	55 Cs セシウム	56 Ba バリウム	57～71 *1	72 Hf ハフニウム	73 Ta タンタル	74 W タングステン	75 Re レニウム	76 Os オスミウム	77 Ir イリジウム	78 Pt 白金	79 Au 金	80 Hg 水銀	81 Tl タリウム	82 Pb 鉛	83 Bi ビスマス	84 Po ポロニウム	85 At アスタチン	86 Rn ラドン
7	87 Fr フランシウム	88 Ra ラジウム	89～103 *2															

*1 ランタノイド	57 La ランタン	58 Ce セリウム	59 Pr プラセオジム	60 Nd ネオジム	61 Pm プロメチウム	62 Sm サマリウム	63 Eu ユウロピウム	64 Gd ガドリニウム	65 Tb テルビウム	66 Dy ジスプロシウム	67 Ho ホルミウム	68 Er エルビウム	69 Tm ツリウム	70 Yb イッテルビウム	71 Lu ルテチウム
*2 アクチノイド	89 Ac アクチニウム	90 Th トリウム	91 Pa プロトアクチニウム	92 U ウラン	93 Np ネプツニウム	94 Pu プルトニウム	95 Am アメリシウム	96 Cm キュリウム	97 Bk バークリウム	98 Cf カリホルニウム	99 Es アインスタイニウム	100 Fm フェルミウム	101 Md メンデレビウム	102 No ノーベリウム	103 Lr ローレンシウム

金属元素　半導体元素

『徹底検証・21 世紀の全技術』（藤原書店、2010 年）より引用

表 2―1　セシウム原子の基本特性

原子番号（陽子の数＝電子の数）	55
原子量	132.9054
融点（℃）	28.4
沸点（℃）	678.4
密度（kg/m^3）	1873（固体）　1843（液体）
地殻濃度（ppm）	3
酸化数	＋1
化合物例	CsO_2　Cs_2O_2　CsOH　CsH　CsF　CsCl　Cs_2CO_3

（文献1.8より引用）

◆化学的反応力は元素の中で最も強い◆

アルカリとは、古くは「植物の灰」を意味しましたが、現在は「灰から抽出した物質」およびそれに似た物質で「つよい塩基性を示すもの」をアルカリと呼ぶようになっています。「アルカリ金属第1族」の特徴は、一番外側の電子核に1個の電子が回っていることです。そのため「1価の陽イオン」になる特徴があります。最外殻をまわっている1個の電子を放出すると、電子が閉殻となって安定するため、アルカリ金属第1族は反応力が強いという特徴があります。

例えば、ナトリウムは高速増殖炉「もんじゅ」の冷却材として使用されていましたが、1995年12月に金属ナトリウムがパイプから漏れ、火災が発生しました。この事故が原因で「もんじゅ」は運転停止を続けていますし、福島第一原発事故以後は、その存続が危うくなっています。カリウムやナトリウムは水と反応するため石油の中で保存されます。中でもセシウムは、アルカリ金属中でも最大の反応力があり、常温でもただちに酸化し、水とははげしく反応するため、密閉された容器に保存されます。

図2―2には、原子の第一イオン化エネルギーを示します。セシウムはイオン化エネルギーが最も小さい（イオンが奪われやすい）という特徴と、原子の大きさが全元素の中で最も大きいという特徴があります。この大きさが、他の物質との反応力に比例するため、全元素の

図 2—2　放射性セシウムは除染の強敵

A　イオン化エネルギー

最外殻電子の数値が小さいほどイオンになりやすい→原子番号 55 のセシウム（Cs：●印）はあらゆる原子の中で最もマイナスイオンと結合するイオン結合になりやすい。下部の実線はアリカリ金属のリチウム、ナトリウム、カリウム、ルビジウム、セシウム、フランシウムを結んだ線（参考文献：『化学便覧 改訂 5 版』より）

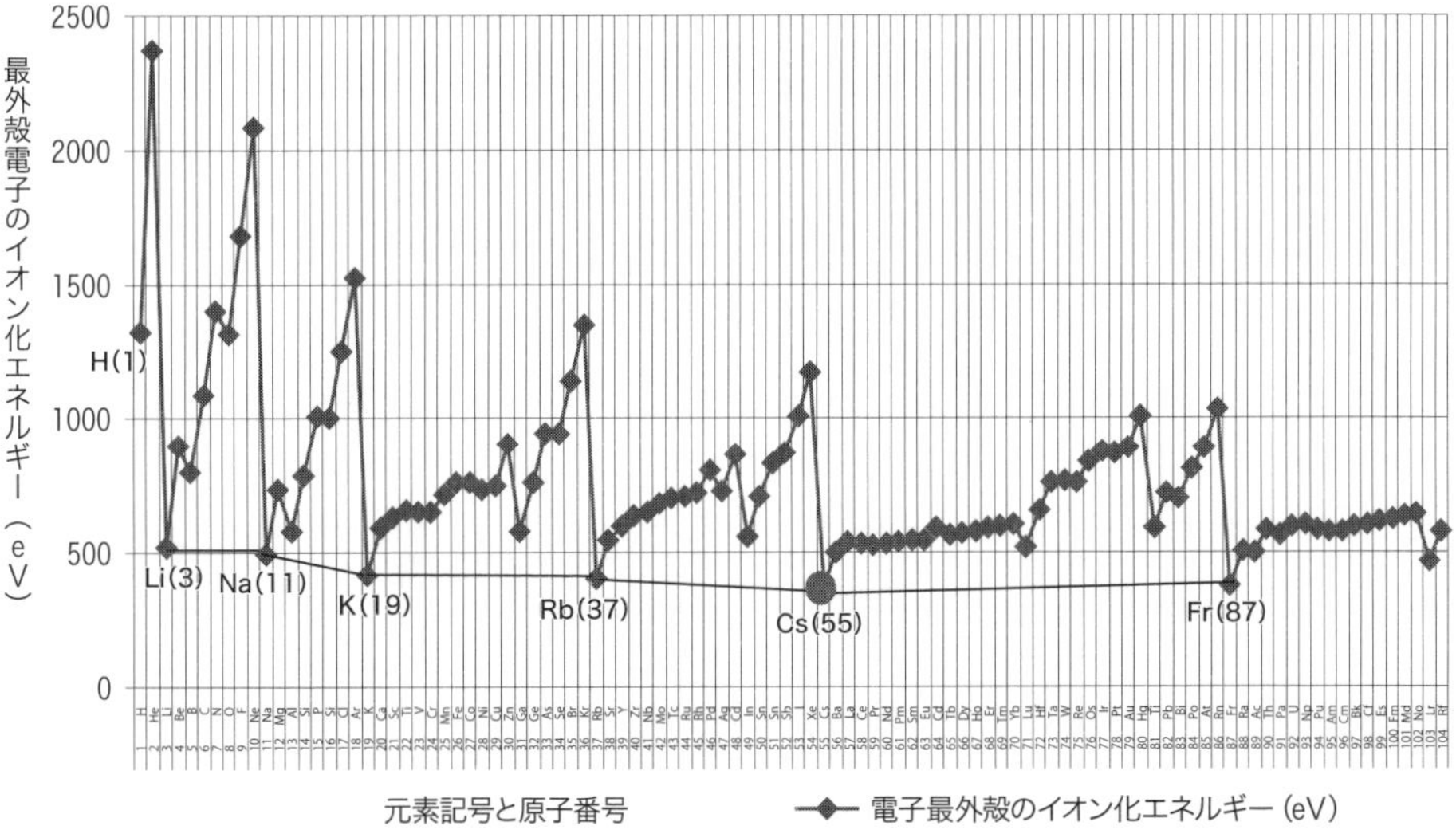

B　原子の大きさ——なぜ常温で水と爆発的に反応するのか

セシウムはあらゆる元素の中で最も電子最外殻直径が大きいので反応性が強い。上部のピークはアルカリ金属であるが、中でもセシウム（Cs:●印）が一番大きい。（参考文献:『化学便覧 改訂 5 版』、『別冊ニュートン』「完全図解周期表」2007 年 1 月より）

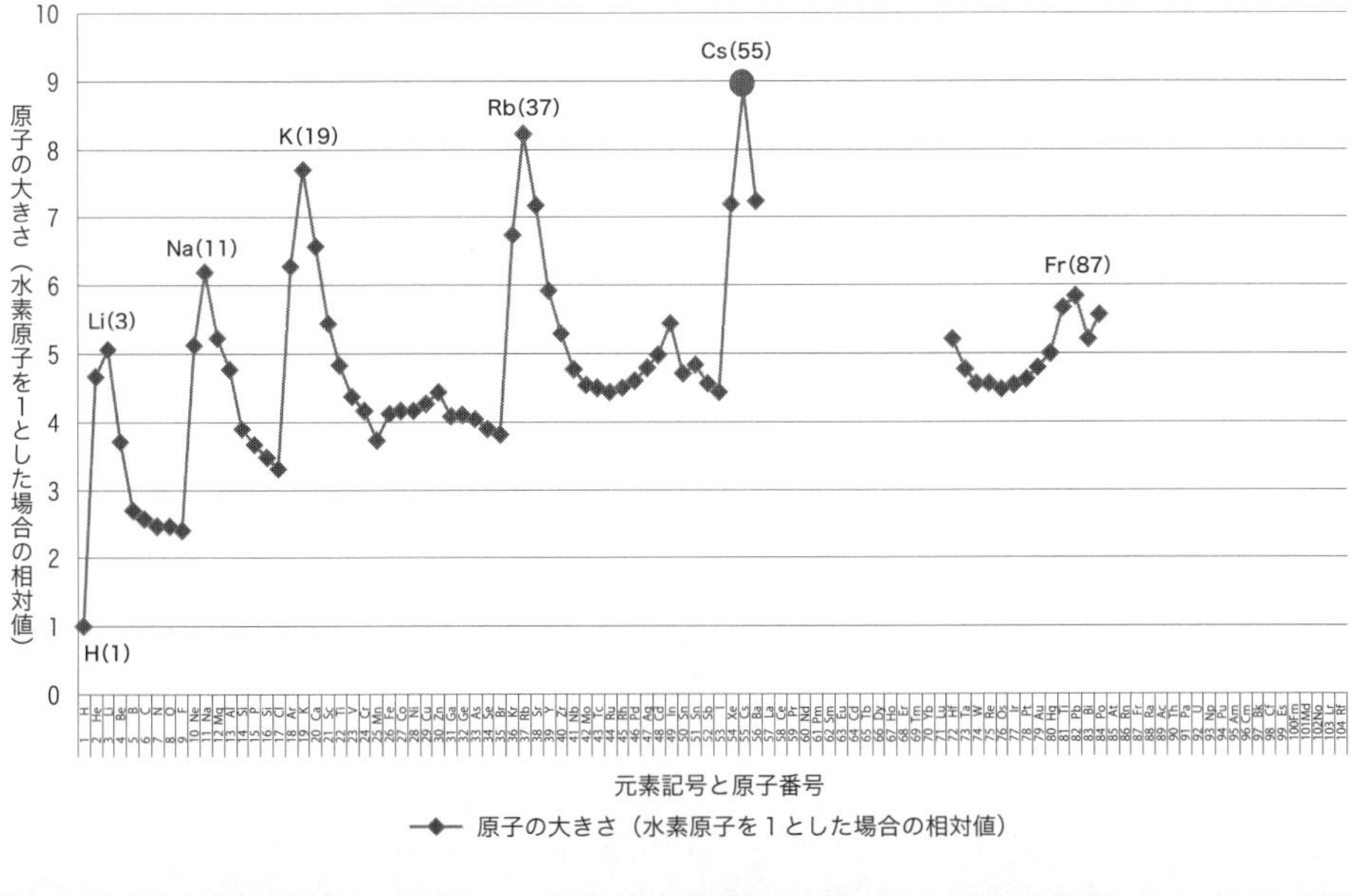

中で最も陽性が強い、すなわちイオン化エネルギーが小さい、すなわち1個の電子を放して他の物質と結合して陽イオンとなろうとする反応力が強いということになります。

「放射性セシウムの除染」を効果的に実施しようとするとき、この「反応性が強い」というセシウムの特性が「最大の強敵」となってきます。なにしろ、その反応力によって、土壌を構成している岩石成分と固く結合し、植物を構成しているセルロース、リグニンなどの細胞骨格とも強く結合し、瞬時に水に溶けては移動して別の物質に付着・結合するということになっているのです。

◆γ線、β線を放出し半減期が長い放射性セシウム◆

つぎに、放射性セシウムについて説明します（**表2—2**）。

自然界に存在するのは非放射性のセシウム133だけで、放射性セシウムは存在比が0％です。現在日本に存在する放射性セシウムのすべては、人間が原発や原爆から作り出したのです。福島第一原発事故によって周辺に撒き散らされたγ線核種には、3月、4月、5月段階では**表1—1**に示すようにヨウ素131などもありましたが、2012年に入り、除染対象となる核種は、ほとんどがセシウム134、137です。この同位体2種類は、これまでの土壌測定によるとほぼ半々で存在しています。

表2—2　セシウム（Cs）の同位体、存在比、放射線の種類、半減期

同位体	存在比（%）	放射線の種類	半減期（年）
Cs 133	100		
Cs 134	0	β、γ	2.065
Cs 135	0	β	3×10^6
Cs 137	0	β、γ	30.17

（文献1.8より引用）

図2―3にセシウム137の核分裂による崩壊の様子を示します。β線を出すβ壊変によって、93・5%はバリウム137mになります。ここで「m」とは、原子核がまだ高いエネルギーを持っている状態を表しています。バリウム137mは半減期が2・55分と短いためすぐにγ壊変してバリウム137（安定型）になります。残りの6.5%もバリウム137（安定型）になります。

このように、セシウム137はβ線とγ線を出しています。β線は電子そのものので、薄い紙くらいは通しますが皮膚は通さないので、外部被曝する分には問題がありませんが、食品などを通じて体内に取り込まれた場合は、至近距離ですから細胞組織はβ線で被曝します。γ線は短い波長の電磁波で、エネルギーが高く透過力があり、10cmの鉛板くらいで止まりますが、人体を透過するので外部被曝の原因にもなり、体内に取り込まれた場合は内部被曝もより問題となります。

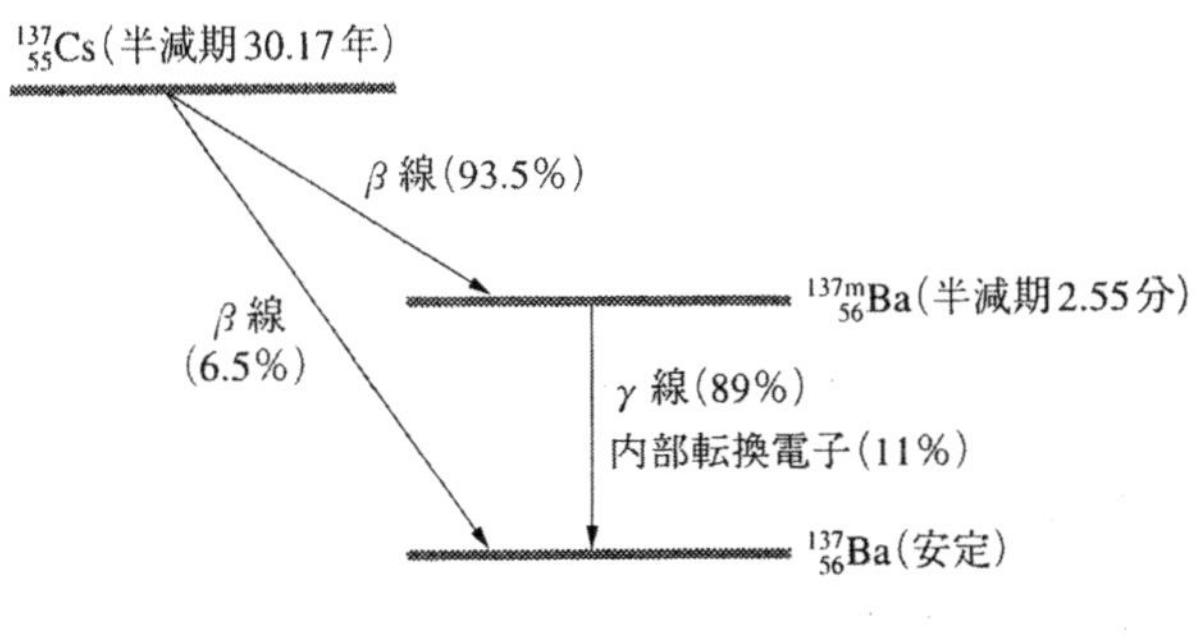

図2―3　セシウム137の崩壊

（文献1.8より引用）

3　放射能の低レベル長期被曝の健康影響をどう考えるか

◆「直線モデル」「確率的影響」「閾値《しきいち》論」について◆

福島第一原発事故の健康影響については、「放射能による低レベル長期被曝の影響はどのように解釈できるのか」ということが問題になります。これまで、このような影響については国際放射線防護委員会（ＩＣＲＰ）が採用する①「閾値《しきいち》がない直線モデル（ＬＮＴ仮説）」、数十mSv以下なら影響はないとする②「閾値あり仮説」、そして一定の低レベル線量までプラスの影響があるとする③「ホルミシス効果仮説」という、**図3―1**に示す3種類のモデルが提唱されてきました。

放射性物質の食品基準、避難範囲基準、除染範囲基準など、法律や政策で放射性物質を規制する線引きをする場合、常にこの基準に対する考え方が議論の的になってきました。これを報道するマスコミの論調も、「確定的影響、確率的影響も含めて100 mSvまで大丈夫とする閾値派」と、「閾値は存在しない派」があり、結論として「どちらかよくわからない」と報道

する場合が多かったのです。

このような議論がなされている最中、２０１１年7月27日の衆議院・厚生労働委員会で東京大学先端科学技術研究センター教授の児玉龍彦さんが、衝撃的な発言をされ、その発言ビデオはテレビやインターネットで紹介され、衝撃波は全国に広がっていきました。私は何回もビデオを見、大学の講義でも3回ほどそのビデオを使用して学生にコメントを書かせた

図 3—1　低線量被曝についての三つの仮説

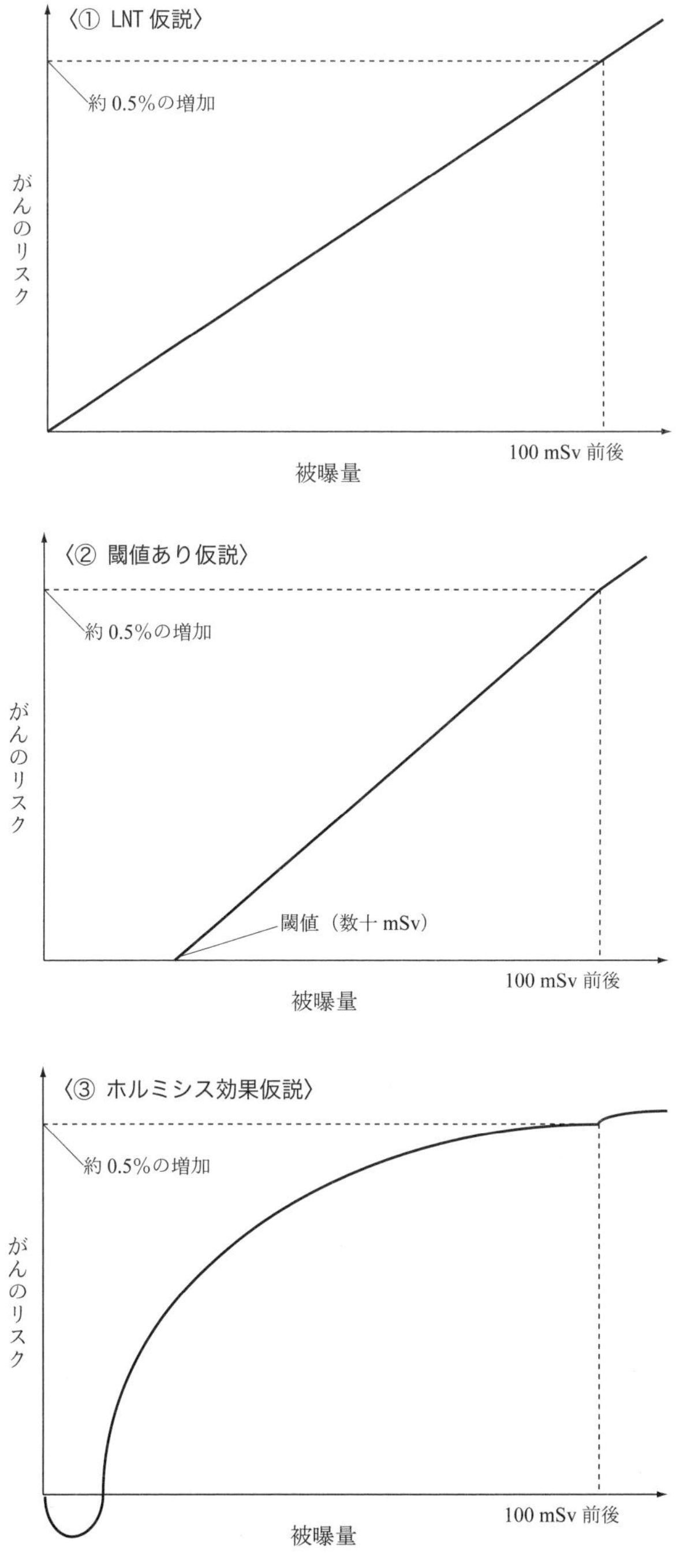

りしました。幸い、児玉さんの国会証言内容は別の討論内容も含めて『内部被曝の真実』(幻冬舎新書) というタイトルで出版されましたから、今では誰でもより正確な情報を入手することが可能です。

低レベル放射線の健康影響に関して最新医学的知識からどのような解釈がなされるのかについて『内部被曝の真実』を何度も読み返しました。その結果、以下の3点が極めて重要であると読み取りました。

(1)「われわれが放射線障害をみるときには総量をみます……」「総量が少ない場合には、ある人にかかる濃度だけをみればいいです。しかしながら総量が非常に膨大にありますと、これは粒子の問題になります。」「熱量からの計算では広島原爆の29・6個分に相当するものが漏出しております。ウラン換算では20個分のものが漏出していると換算されます。」「原爆による放射能の残存量と、原発から放出されたものの残存量を比較しますと、1年経って、原爆の場合は1000分の1程度に低下するのに対して、原発からの放射線汚染物は10分の1程度にしか減らない」……

(2)「内部被曝というのは、さきほどから何ミリシーベルトというかたちで言われていますが、そういうのはまったく意味がありません。ヨウ素131は甲状腺に集まります。トロトラスト(造影剤——山田注)は肝臓に集まります。セシウムは尿管上皮、膀胱に集まります。これら体内の集積点をみなければ、いくらホールボディカウンター(注:体内に取り込まれた放射性物質を体外から測定する装置）で全身をスキャンしても、まったく意味がありません。」「放射線の内部障害をみるときにも、どの遺伝子がやられて、どのような変化が起こっているかをみることが、原則的な考え方として大事です」……

（3）「放射線障害については、よく『100ミリシーベルト閾値論《しきいち》』ということが言われます。簡単に言ってしまうと、年間被曝量100ミリシーベルトまでは、生体は放射線に反応しない、放射線の影響はないという説です。もう一つ、ホルミシス論というのもあって、ある線量以下だと、細胞は反応するのだけれど、いい影響しか出ないという説です。私はどちらもおかしいと思います。」「膀胱の上皮についても、p38が活性化されると、最初は細胞が増えたりする。細胞が増えると、細胞が元気になった、ホルミシス効果じゃないかという研究者がいるのですが、増殖が長期に続けば腫瘍です。そのような増殖性病変が15年も続くと、それまでとは違った悪い変化が出てくるということを、福島先生たちは指摘されたわけです」。

以上の3点は、放射性物質を除染していく場合、①人体影響をどう考えるか、②除染の方法をどう考えるか、という基本原則の内容を提示しています。（1）の「総量でとらえるべきである」という説の重要性は「除染をする場合には、総量として減らしていくことが重要で、圧力洗浄、希釈、天地返しなどの方法は、放射性物質が移動するだけで総量を減らすことにならない」という解釈が出てくることを意味します。（2）の「ミリシーベルト、ホールボディカウンターは意味がない」ということは、福島県立医大を中心にして膨大な予算措置で現実に実施されている放射線影響調査手法である、ホールボディカウンター、フィルムバッジなどの「平均的なシーベルト測定には意味がない」ということです。(3)の「閾値論、ホルミシス効果もおかしい」ということは、現在、政府によって設定されている食品基準、避難基準、除染基準等の数値は、政治的判断によってその時の情勢を踏まえて適当に定められたものであり、とくに食品基準などは「それ以下なら安全な濃度」ということではないということです。

事故後、政府対応の説明者になっていた当時の枝野官房長官が「ただちに健康に影響はない」という言い方をしていました。しかし、私を含めてその説明を聞いた多くの人が安心するということになりませんでした。正解は「ただちに影響は出ないが、このような状態が長期に続けば、影響が出る可能性がある」ということでしょう。基準値を超えるか、それに近い食品が見つかった際に、テレビに放射線専門家と称する人が出てきて「これを食べても大した影響はありません」と解説をする場面がいまでもよくあります。正解は「これ一つでも影響がある確率はゼロではなく、ましてや基準以下であっても多くの種類を摂取し続ければ影響が出る可能性がある」ということでしょう。

◆放射性セシウムによる膀胱がんの発生メカニズム◆

東大の児玉さんが、放射性セシウムの人体影響の証拠として、福島昭治氏らのグループが長年にわたって取り組んできた研究成果の中から医学論文を紹介されました。「チェルノブィリ事故以後に継続的な低線量イオン化放射性物質の長期被曝によって引き起こされた泌尿器膀胱の発がん現象」という題名の論文です。福島さんたちは、２００４年に「チェルノブィリ膀胱炎」という概念を提唱されました。そして、継続的な研究の中で、長期汚染地域であるウクライナで「グループ① 5〜30キュリー（18万５０００〜111万 Bq／m²）」、「グループ② 0.5〜5キュリー（1万８５００〜18万５０００Bq／m²）」、「グループ③ ＮＣ（非汚染地域）」の三つの地域を選んで、前立腺肥大手術患者さんの尿中のセシウム濃度を調べました。その結果を**表3—1**に示します。注目すべき点は、グループ①の下限値の18万５０００Bq／m²は、福島第一原発の影響範囲としては100 km程度離れた地域にも広範囲に見られることです。そして尿中の濃度が6・47 Bq／lであったことです。児玉さんは「福島の7名の母親の母乳から、2〜13 Bq／lのセシウムが検出されている」として「私はこの量に愕然とした……」と表現されています。その後の種々の測定から、福島周辺被曝地の子どもたちの尿からもこの程度の濃度は検出されています。

福島さんたちは、高濃度、中濃度、非汚染地域という三つのグループにおいて「泌尿器膀胱における増殖性異形変化とがんの発生率」を調査しました。その結果を**表3—2**に示します。高濃度地域であるグループ①のがん発生率が、非汚染地域のグループ③に比べて、がんの発生場所にかかわらず高いことがわかります。

『内部被曝の真実』において児玉さんは紹介されていないのですが、私が注目したのは中濃度の第2グループです。ここでも、非汚染グループに比べて、上皮内がん、乳頭尿路上皮がんとも発生率がかなり高くなっています。そして、**表3―1**に戻ると、グループ②の尿中濃度は1・23 Bq／lという低濃度であることがわかります。尿中の放射性セシウム濃度が長期に持続するような内部被曝を受けている場合、この程度の低レベルでも影響があるということになります。これには驚きました。もちろん「長期に継続する場合」という条件は大切ですが。

つぎに福島さんたちが取り組んだ、膀胱がんの発がんメカニズムについて「私が理解できた範囲」で説明します。**図3―2**は「チェルノブィリ原発事故以後、ウクライナのセシウム137汚染地域に生活している人びとの泌尿器尿路が長期的低線量被曝によって引き起こされた組織や細胞の反応の系統図」です。この図は『内部被曝の真実』にも紹介されているのですが、英文論文の図がそのまま引用されているため、私が最初に読んだときには、さっぱりわかりませんでした。仕方がないので、原論文を取り寄せて、拙い翻訳を試み、自分なりに原論文と「よく似た図」を作成したのが**図3―2**です。

系統図は上から下へ、左から右へと流れています。全体として膀胱がんの発生メカニズムは、大きく以下の5段階に分けられています。

（1）泌尿器膀胱組織がセシウム137によって被曝する

表 3—1　チェルノブィリ周辺における前立腺肥大手術者患者の尿中セシウム 137 のレベル

項目	グループ①	グループ②	グループ③
患者の数(人)	55	53	12
土壌の汚染レベル(Ci/km^2)	5〜30	0.5〜5	NC(非汚染)
土壌の汚染レベル(Bq/m^2)	185000〜1110000	18500〜185000	NC(非汚染)
尿中セシウム137のレベル(Bq/ℓ)	6.47±14.3	1.23±1.01	0.29±0.03

注 1）以下の文献より「土壌の汚染レベル（Bq/m^2）」を補足追加して作成
　著者名；Romaneko A., Kakehashi A., Morimura K., Wanibuchi H., Wei M., Fukushima S.
　題 名：Urinary bladder carcinogenesis induced by chronic exposure to persistent low-dose ionizing radiation after Chernobyl accident
　題名翻訳：チェルノブィリ事故以後に継続的な低線量イオン化放射性物質の長期被曝によって引き起こされた泌尿器膀胱の発がん現象
　掲載雑誌名：Carcinogenesis, 30: 1821-1831, 2009.
注 2）上記元表は、児玉龍彦『内部被曝の真実』幻冬舎新書、97 頁に紹介されている

表 3—2　泌尿器膀胱における増殖性異形変化とがんの発生率

項目	グループ①	グループ②	グループ③
土壌の汚染レベル(Ci/km^2)	5〜30	0.5〜5	NC(非汚染)
土壌の汚染レベル(Bq/m^2)	185000〜1110000	18500〜185000	NC(非汚染)
発生件数(件)	73(100%)	58(100%)	33(100%)
増殖性異形変化の発生件数と比率(%)	71(97%)	48(83%)	9(27%)
がん発生件数と比率(%)	53(73%)	37(64%)	0(0%)
上皮内がん	47(64%)	34(59%)	0(0%)
乳頭尿路上皮がん	6(8%)	3(5%)	0(0%)

注 1）以下の文献の表 1 を補足・追加して作成
　著者名；Romaneko A., Kakehashi A., Morimura K., Wanibuchi H., Wei M., Fukushima S.
　題 名：Urinary bladder carcinogenesis induced by chronic exposure to persistent low-dose ionizing radiation after Chernobyl accident
　題名翻訳：チェルノブィリ事故以後に継続的な低線量イオン化放射性物質の長期被曝によって引き起こされた泌尿器膀胱の発がん現象
　掲載雑誌名：Carcinogenesis, 30: 1821-1831, 2009.

（2）ＤＮＡ損傷によるがんの初期化
（3）膀胱炎によるがんの促進
（4）チェルノブィリ膀胱炎（長期の増殖性膀胱炎）
（5）尿路上皮がんの発達

この中で新たな知見として重要なのは（3）の段階です。この段階の初期では①活性酸素、活性窒素の発生によりＤＮＡが損傷を受けます。

発がんのメカニズムについて、大枠の理論を知っておく必要があります。人間には約２万５０００の遺伝子があり、細胞分裂のときに様々な情報を伝達して形態形成の基本情報を与えています。遺伝子の中にはがん抑制遺伝子が存在することがわかってきました。代表的にはｐ53という遺伝子です。53は分子量５３０００を意味し、393個のアミノ酸から構成されています。ｐ53タンパク質は転写因子として働き、多くの遺伝子群の発現に役立ちます。例えば①損傷を受けたＤＮＡを修復するタンパク質を活性化させる、②細胞周期の制御、③ＤＮＡが修復不可能な損傷を受けた場合に、細胞のアポトーシス（自殺）を誘導するなどです。

ここで「放射性セシウムの影響が確率的である」という言葉の意味を考えてみましょう。２万５０００ある遺伝子のどれかが放射性セシウムによって損傷を受けても、ｐ53のよう

図 3—2　チェルノブィリ原発事故以後、ウクライナのセシウム 137 汚染地域に生活している人びとの泌尿器尿路が、長期的低線量被曝によって引き起こされた組織や細胞の反応の系統図

(1)泌尿器膀胱の尿路上皮、粘膜固有層がセシウム137によって長期低線量に被曝

(2)初期化

①γ線、β線によるDNAの損傷

②有効でないDNAの修復

③遺伝子の不安定化

(3)膀胱炎(マクロファージ、内皮細胞、白血球)　⇒がんの促進

①活性酸素(ROS)と活性窒素(RNS)の形成　②DNAのメチル化反応

①アミノ酸アルギニン→ ②誘導一酸化窒素(iNOS)→ ③NO、活性酸素、過酸化亜硝酸

↓

①活性酸素によるDNA損傷　→②8-ヒドロキシデオキシグアノシン
→③有効でないDNAの修復　→ p53の変異(変化)

①p38におけるマイトジェン活性化プロテイン酵素(p38MAPK)、核内遺伝子-kB(NF-kB)のシグナル分子のカスケード型活性化　→②rasの網様体賦活系遺伝子活性化、腫瘍の抑制、抑制遺伝子

①アラギドン酸　→②シクロオキシナーゼ2(Cox2)　→③プロスタグランジン(パラ分泌風)

↓

①周辺の腫瘍の増殖(Kinzher et al., 1998論文より)

①トランスフォーミング増殖因子(TGFβ1)、線維芽細胞増殖因子受容体3(FGFR3), EGFR1, 2の活性化　→②Raf1の活性化　→③MAPK

①予定外のユビキチン結合化(ユビキチン過程)　→②予定外のタンパク質分解(p53、サイクリン依存性キナーゼ阻害因子p27)

①細部外マトリックス、間質の再構築

↓

(4)①細胞の周期的遷移の予定外の整備、細胞増殖の誘導、細胞死の抑制　⇒②長期の増殖性膀胱炎(チェルノブィリ膀胱炎)　→③血管形成

↓

(5)尿路上皮がんの発達

注 1）p53、p28、p27 などの数値は分子量を表し、p53 は分子量 53000 を表す遺伝子名
注 2）(1) の段階が「がんの初期化」、(2) ～ (4) の段階が「がんの促進」、(5) の段階が「がんの発達」である
引用文献 1）Romanenko A. et al. Carcinogenesis 2009; 3-: 1821-1831 の Fig4 を翻訳して独自に作成

な修復遺伝子があり、修復されるのですぐにがんになったりはしません。しかし、p53のような修復遺伝子が初期の段階に損傷を受けると、遺伝子が修復されずに複製されていきます。そのような損傷過程が集積されると発がんが起こるとされています。ここで、p53がいつ損傷を受けるかどうかは確率的であることが理解されます。早い目に損傷を受けるとダメージが大きいわけです。

つぎに、細胞内に伝達されるシグナル応答について理解する必要があります。専門的には「プロテインキナーゼ・カスケードによるシグナル増幅」と呼ばれている現象です。

私はこの現象について『アメリカ版　大学生物学の教科書　第3巻　分子生物学』（D・サダヴァ著、講談社ブルーバックス）から学びました。ここで、プロテインはタンパク質、キナーゼは酵素、カスケードは連鎖のことですから「プロテインキナーゼ・カスケード」は「タンパク質酵素の連鎖反応」ということになります。

細胞に低線量の放射能が当たると、p38と呼ばれるシグナル系の分子が活性化されます。それが**図3―2**における「p38MAPK, NF―κBのシグナル分子カスケード活性化」ということです。MAPKは「分裂促進因子活性化タンパク質キナーゼ」のことで、がんに関してはこれらキナーゼの異常は、がん細胞の増殖、移動、アポトーシスに関係しています。NF―κBは「転写因子として働くタンパク質複合体」で、急性及び慢性炎症反応や細胞増殖、アポトーシスに関係し、とくに悪性腫瘍ではNF―κBの恒常的な活性化が認められています。

これらシグナル系の分子が活性化されると一時的に細胞が増えたり元気になったりすることが「ホルミシス効果」ではないかと、児玉さんは指摘しています。

膀胱がんの多くではRasというタンパク質が異常になることがわかっています。RafはRasのアダプター分子であり、Raf1はRasにより活性化されて、最終的にプロテインキナーゼであるMAPKは核内に移行して転写因子を促進させます。

そして、重要なことは、そのような活性化が続くと、腫瘍の増殖に繋がりチェルノブイリ膀胱炎を発症し、それが膀胱がんに繋がっていくというメカニズムになります。

発がんメカニズムとしてもう一つ大切なことを説明しておきます。DNAは二重らせんを形成しているときは比較的安定ですが、細胞分裂をするときに2本が1本ずつにわかれて、その1本が分裂して2本になって、それぞれ分裂する二つの細胞に組み込まれていきます。この1本のときにDNAが損傷を受けるとダメージが大きいのです。細胞分裂の回数が多い、乳幼児や胎芽期である妊娠初期に被曝すると影響が大きいとされるのは、そのためです。除染において、乳幼児や妊産婦さんの被曝防止を最優先しなければいけない理由がそこにあります。

チェルノブィリの放射能により、遠く離れたスウェーデン北部において発がん率が対象地域より増えているというトンデルさんの疫学的データ（Tondel M et al, "Increase of regional total cancer incidence in North Sweden due to the Chernobyl Accident", *J Epidemiol Community*

Health 58: 1011-1016, 2004）も報告されています。

ジェイ・マーティン・グールドさんはアメリカの原発周辺の低線量被曝とがん発生を関連づける長期かつ広範にわたる疫学的調査結果を報告（『低線量内部被曝の脅威——原子炉周辺の健康破壊と疫学的立証の記録』緑風出版、２０１１年４月発行）しています。原発からの放射能と発がんの関連については、このような疫学的データも十分に活用されるべきです。

◆がん以外の健康影響、とくに心臓に対する影響について◆

ここまでは、放射性セシウムによる発がんメカニズムの説明をしてきましたが、もう一つ重要な情報として、リトアニア、ベラルーシにあるミラコス・ロメリア大学のユーリ・バンダシェフスキー教授の「チェルノブィリ事故による放射性物質で汚染されたベラルーシの諸地域における非がん性疾患（Non-cancer illnesses and condition in areas of Belarus contaminated by radioactivity from the Chernobyl Accident）」（Proceedings of 2009 ECRR Conference Lesvos Greece）という論文の要点のみ以下に説明します。この論文についてはホームページ (http://peacephilosophy.blogspot.com/2011/09/non-cancer-illnesses-and-conditions-in.html) に翻訳文が掲載されています。

（１）２００８年におけるベラルーシの死因は、心臓病（52・7％）、悪性腫瘍（13・8％）が多い。

（2）１９８６年4月26日のチェルノブィリ原発事故以後、心臓病患者の絶対数、悪性腫瘍発生率は有意に増加している。

（3）ベラルーシにおける甲状腺がんの新規発生数も増えている。

（4）１９９７年、１９９８年に行われたゴメリ地方住民の死体解剖時の臓器別セシウム137含有量測定データによると、①心筋　②脳　③肝臓　④甲状腺　⑤腎臓　⑥脾臓　⑦骨格筋　⑧小腸、において子どもでは400 Bq／kgから１１００ Bq／kgの間で検出され、成人は検査された全ての臓器において子どもの半分くらいであった。

（5）１９８６年以後に生まれ、55万Bq／m^2以上のセシウム137が蓄積する地域で暮らしてきた人々には、心臓血管系の深刻な病理変異を反映する心電図異常が現れる。

（6）生体内のセシウム137蓄積量と、心電図に異常がない子どもの割合には明らかな関係があり、０～５ Bq／kgと蓄積がない子どもでは異変がない比率は80％以上であるが、12～26 Bq／kgになると異変がない比率は40％以下に低下している。

（7）子どもの臓器、および臓器系統では50 Bq／kg以上の取り込みで相当の病的変化がおきている。

（8）10 Bq／kg程度の蓄積でも、とくに心筋代謝異常が起きる。

などと報告されている。

◆まとめ◆

これまで述べてきたことから、放射能の長期低レベル被曝の健康影響について、以下にまとめて説明します。

（1）チェルノブィリ原発事故による長期低レベル被曝の健康影響について、膀胱がんの発生、その前段症状であるチェルノブィリ膀胱炎の発症などは、中レベル汚染地域（1万8500〜18万5000Bq／m^2）でも生じている。

（2）がん発生件数が増えている中レベル汚染地域における検査対象者の尿中のセシウム137濃度は平均1・23Bq／kg程度であり、尿中濃度が長期にこの程度の低レベルを持続する状態の健康影響が明らかになっている。

（3）日本における被曝地域の母親、子どもたちの、母乳、尿から既にこのレベルの放射性セシウムが検出されている。

（4）バンダシェフスキー教授の研究からは、10Bq／kg程度の臓器における蓄積で、心筋代謝異常などが起こり、50Bq／kg以上の取り込みがあると病的変化が起こることが分かる。

（5）福島第一原発からの土壌汚染データからすると、日本における中レベル汚染地域（1万8500〜18万5000Bq／m^2）は広範囲にわたっており、その地域の食品などからによる長期低レベル被曝に対して、避難、除染を含めて十分な対策をしなければならない。

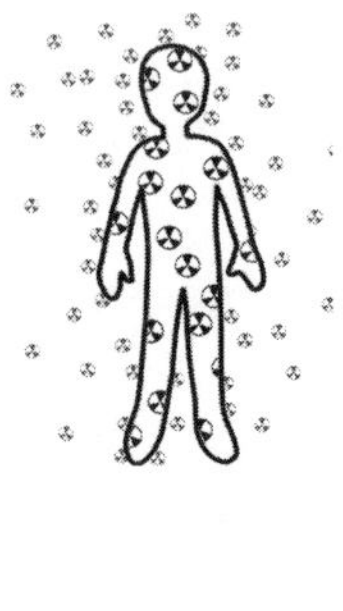

（6）日本における食品汚染の実態（本書に掲載した**付表1**を参照）は、現行食品基準値の500 Bq／kgを超えて、数千、数万Bq／kgの汚染食品も広範囲に見つかっており、これら食品に関しては２０１２年において「汚染ゼロ」を目指して除染をしなければならない。

（7）これまで説明してきた医学的データより、①影響は確率的である、②閾値はない、③直線モデルは妥当である、と言うことができるのではないか。

（8）内部被曝の健康影響評価は、核種ごと、臓器ごとの影響を検査・診断する必要があり、現在日本で実施されているホールボディカウンター、フィルムバッジなどの方法は「大したことはない」という理由づけに使用されており、あまり意味がない。チェルノブィリ事故対応で実施されたように、避難や人体除染がなされた前後でホールボディカウンターを使用するのは意味がある。基本的には臓器ごとのBq／kgで評価されるべきで、それをmSvに換算して平均化する手法にも意味がない。母乳、尿の放射性セシウム濃度検査、臓器ごとの精密検査・診断などを行うべきである。現行の診断方法を根本的に見直すべきである。

（9）政府の除染ガイドラインには、「食品汚染を削減するという目標設定」が入っていない。食品は厚生労働省、除染は環境省と縦割りになっていることが原因である。「食品汚染をゼロにする」という目標をたてて、省庁の壁を越えて除染を実施しなければならない。

（10）放射能は、圧力洗浄、希釈など単に放射性物質を移動・拡散させるだけの方法ではなく「総量で把握して総量を減らす」方法が採用されなければならない。

4 チェルノブィリ大惨事から学ぶ

――食品・人体汚染の実情と除染方法――

◆チェルノブィリの放射能汚染◆

この原稿を書いている２０１２年1月12日は、福島第一原発事故が起こってから10か月目になります。事故によって撒き散らされた放射性物質による食品汚染および健康影響と除染方法について知るには、まだ日が浅く日本における情報があまり多くありません。とくに放射能汚染食品が人体に対してどのように取り込まれ、蓄積していくのか、汚染を人体から排出する方法はあるのか、などの疑問について私たちが確かな情報を入手できるのは、１９８６年3月28日に起こったチェルノブィリ原発事故の、その後の調査データからです。

チェルノブィリの放射能汚染分布を**口絵3**に示します。チェルノブィリを起点にして、汚染はウクライナ、ベラルーシ、ロシアにまで広がっている様子がよくわかります。距離で見ると、チェルノブィリ（Chernobyl）からゴメリ（Gomel）までは130 km、モギレフ（Mogirev）までは280 kmあります。日本の汚染分布図（**口絵2**）と比較すると、福島第一原発から南西方向130 kmは、栃木県日光市あたりです。280 kmは群馬県と長野県の県境あたりですが、このあたりまで日本でもモギレフと同程度の土壌汚染があることがわかります。

ベラルーシ、ウクライナ、ロシア連邦政府は、放射能汚染地を以下のような四つのゾーンに分割しました。

（1）無人ゾーン――1986年から1987年に住民が避難した地域

（2）移住ゾーン――セシウム137汚染が55万5000 Bq／m²以上、年間被曝量が5 mSv以上の地域

（3）移住権利のある居住ゾーン――セシウム137汚染が18万5000 Bq／m²～55万5000 Bq／m²で、年間被曝量が1 mSv以上の地域

（4）社会経済的な特典のある居住ゾーン――セシウム137汚染が3万7000 Bq／m²～18万5000 Bq／m²で、年間被曝量が1 mSvを超えない地域

食品汚染の事例としては、2000年から2003年におけるベラルーシのゴメリ地域（18万5000 Bq／m²以上の汚染地域）において、穀物が平均値で30（8～80）Bq／kg、ジャガイモでは10（6～20）Bq／kg、ミルクでは80（40～220）Bq／kg、肉では220（80～550）Bq／kgでした。大惨事から15年程度経過してもこのような食品汚染が検出されています。チェルノブィリ大惨事から15年以上経過してもこのような濃度の汚染が継続していることに驚かされますが、とくにミルクの高さが目につきます。

除染方法として採用されたのは、主として食品汚染対策であり、それらは①飼料作物の変更（セシウムを吸収しにくい作物に変更）、②菜の花の栽培（除染用というよりは、菜種油と飼料としての利用）、③家畜のえさにプルシアンブルーを投入して放射性セシウムの摂取量を減らす、④天地返しなど、耕地方法の変更、⑤有機肥料などの投入、⑥土壌表面の改良、などとされています。文献2・10によると、住宅や道路など居住空間の除染についても、屋根等の除染方法について研究された報告はあるのですが、有効的に実施されたという報告はなされていません。

広河隆一さんの『写真記録　チェルノブイリ　消えた458の村』を見ると、広大な農地や荒れ地の中に、木造、レンガ、タイル張り等の住宅がポツン、ポツンとあり、屋根はトタン、コンクリート、スレートの瓦です。消えた458の村の写真からは、「除染が実施された様子」は見当たりません。有効な方法が見つからなかったのだと思います。

◆放射能はどこから人体へ侵入して、どのような影響を与えるのか？◆

放射性物質による子どもたちの人体影響に関する情報について信頼できる文献をいろいろと探しているうちに見つけたのが、２００９年に出版された以下の文献です。

ANNUALS OF THE NEW YORK ACADEMY OF SCIENCES, Volume 1181, Chernobyl Consequences of the Catastrophe for People and the Environment（ニューヨーク科学アカデ

ミー年報　第118巻、「チェルノブィリ　人間と環境に対する大惨事の結果」）です。著者は① Alexey V. Yablokov ② Vassily B. Nesterenko ③ Alexey V. Nesterenko の3名です。この報告書は、327ページに及ぶ膨大な内容であり、チェルノブィリ大惨事による汚染、環境影響、健康影響、防護策等に関する論文、文献を網羅的にまとめたもので、目次は以下のようになっています。

第1章　チェルノブィリ汚染の全体像
第2章　住民の健康に対するチェルノブィリ大惨事の結果
第3章　環境に対するチェルノブィリ大惨事の結果
第4章　チェルノブィリ大惨事以後の放射能防護策

ベラルーシ、ウクライナ、ロシアという比較的重度に汚染している地域においては、人びとは放射性物質（主要にセシウム137）に日々被曝しています。そのような場合、放射性物質が人体に侵入していくことは避けることができません。

汚染経路としては①食品から（94％）、②飲み水から（5％）、③空気から（1％）とされています。放射性物質の蓄積は、とくに子どもたちに危険です。子どもの体内に50 Bq／kgのセシウム137の蓄積があると、生命組織系統（心臓血管系、神経系、内分泌系、免疫）に病理学的変化が生じる確かな証拠があります。腎臓、肝臓、眼に対する影響も、同様にありま す。放射性物質の体内蓄積がある地域では、このような病理的変化がある状態が非日常的で

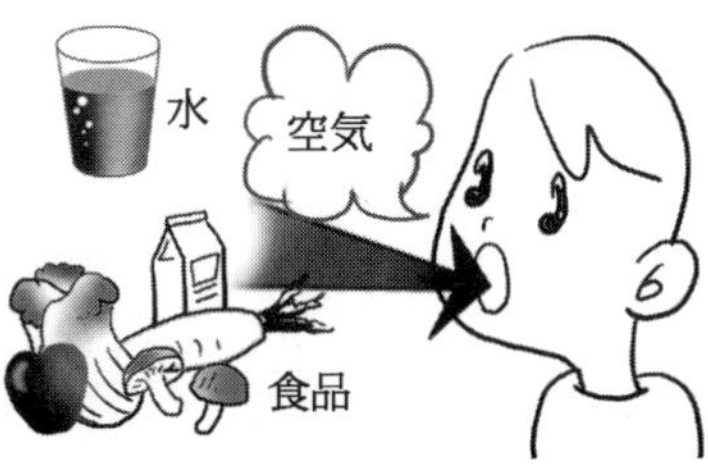

はなくなっています。

フランスのBELRAD研究所が、1995年から2007年にかけてベラルーシで測定を受けた30万人の子どもたちに関してまとめた結果によると、3万7000Bq／m^2を超える地域の子どもたちの70～90％はセシウム137の体内蓄積量が15～20Bq／kgでした。移住ゾーンに指定された55万5000Bq／m^2の地域の子どもたちの体内蓄積は50Bq／kgレベルでした。

Gomel州、Brest州では2000Bq／kgにも達し、最大はNarovliy地区の6700～7300Bq／kgでした。

◆体内に蓄積した放射性セシウムを減少させる方法◆

家庭でつくられる個人食を普通に食べている場合と、ある程度安全管理された食品を食べている場合で、どれくらい体内蓄積が違ってくるのかについて、比較データを示しているのが**表4―1**です。この調査は、55万5000Bq／kg以上の農村地域で実施されています。

ここで注目されることは、**口絵2**に示すように福島第一原発事

表4―1　個人的食品の摂取比率によるセシウム137の体内蓄積量の比較

グループ名 体内蓄積量(Bq/kg)	男数/女数	平均年齢 男/女	個人的につくられた食品の摂取数と比率(%)
グループ1 (5 Bq/kg以下)	16/17	10.8/12.5	19(58%)
グループ2 (38 ∓ 2.4 Bq/kg)	17/14	12.8/12.2	22(71%)
グループ3 (122 ∓ 18.5 Bq/kg)	12/18	12.7/12.7	30(100%)

引用文献）G. S. Bandazbevskaya 他、SWISS MED WKRY 2004; 134: 725-729

注1）スペクトロメータ数値の測定限界は5 Bq/kgです。

注2）グループ1より蓄積量が少ないグループ2、3の子どもたちはペクチン研究によって食品が管理されています。

注3）グループ3の子どもたちは、家庭内で個人食をとる頻度が100%であり、グループ1、2は個人食を食べる割合がより少なくなっています。

故によって引き起こされた日本における放射性セシウム土壌汚染地域において55万5000Bq／kgを超える地域は、福島市の中心部、伊達市など60km圏に及んでいることです。さらに、3万7000Bq／m^2を超える地域は、福島県だけでなく栃木県、群馬県、茨城県、千葉県、宮城県、岩手県にまで広がっています。これらの地域の子どもたちの多くが日々、食品等から内部被曝をしながら食生活を送っているという事実です。

次に、放射能に被曝した子どもたちの人体から、リンゴや柑橘《かんきつ》類に含まれているペクチン摂取によって、放射能を減少させる実証実験について説明します。フランスのBELRAD研究所の支援を受け、Vassily B. Nesterenko、Alexey V. Nesterenkoさんたち夫婦が積極的に調査を行っています。1996年に開始されたこの研究は多くの成果が報告されていますが、その中でも信頼できる論文を紹介します。2001年夏、ベラルーシのゴメリ州Svetlogorsk市のSilver Springsという療養所において、615人の子どもたちに「二重盲検法」による測定がなされました。二つのグループに分けられた子どもたちの一方には、1日2回5gのVitapect（ペクチンに加えてビタミン剤などが配合されている）とクリーンな食品が3週間あたえられました。一方のグループには、期間、回数、クリーン食品は同じ条件ですが、Vitapectではなく偽薬が与えられました。その二つのグループの放射能蓄積量の減少比較を**表4―2**に示します。

この結果より、Vitapectを与えたグループは偽薬を与えたグループより50％も減少率が高かったのです。この結果は、放射性セシウムの生物化学的半減期を69日から27日へ短縮したことを意味しています。

◆生物化学的半減期のメカニズムと人体除染の方法◆

セシウム137の物理的半減期は約30年です。それに対して人体などに取りこまれた場合の生物化学的半減期は平均109日（68日～165日）とされています。**表4―2**の偽薬を与えられたグループはクリーンな食品を3週間食べていた間にセシウム137が13・9％減少したので、この比率で継続減少した場合、50％減少になるまでの日数すなわち生物的半減期は92日間になります。

生物化学的半減期のメカニズムは「腸肝サイクル」によって説明されます。セシウムはカリウムと同じアルカリ金属第1族に属し、体内ではカリウムとよく似た動態をとります。食品汚染などによって体内に取り込まれた放射性セシウムのうち、水に溶けた状態のものは腸管によってすみやかに吸収され血液に入り、人体の筋肉だけでなくあらゆる臓器に分配されていきます。しかし、腸は血液中のセシウムを再吸収することによって「腸肝サイクル」を形成しており、その間に一部はし尿に入り体外へ排出されますが、残りのセシウムは体内へ循環していくことになります。

ペクチンが、人体の放射性セシウム蓄積を削減させる効果があるのは、人の消

表4—2　2001年にベラルーシのSilver Springs療養所で、615名の子どもたちに3週間にわたってVitapectを使用したことによる、体内のセシウム137の減少結果

グループ名	投与前のセシウム137濃度（Bq/kg）	投与後(21日)のセシウム137濃度(Bq/kg)	減少率(%)
Vitapect投与グループ	30.1 ∓ 0.7	10.4 ∓ 1.0	63.6
偽薬投与グループ	30.0 ∓ 0.9	25.8 ∓ 0.8	13.9

化酵素では分解されないことから腸内で食物繊維として水溶性セシウムを吸収して、し尿とともに体外へ排出させるからです。ペクチンはリンゴ、オレンジ、グレープフルーツ、レモン、サトウダイコンなどの果実、茎、葉に含まれています。植物の細胞壁や中葉に含まれている複合多糖類で、複雑な化学構造をしており、1価の陽イオンであるセシウムと固く結合して、血液には溶けずに体外排出されてしまいます。

ペクチンについては、とくに有効性が高いとされているリンゴ・ペクチンがすすめられています。ベラルーシのSilver Springs療養所で子どもたちにVitapect 5gを1日2回与えて効果がありましたが、この場合はアップルペクチンは2gになります。それをリンゴで摂取しようとすると、1個に0.4〜1.6gくらい含まれていますから、2個程度食べる必要があります。ペクチンはリンゴだけでなく海藻、干しブドウなどにも含まれていますから、それらを合わせて摂取することも有効です。

ペクチンのように、セシウムを体外へ排出させる効果があることで知られているのはプルシアンブルーです。フェロシアンカ第2鉄に属するプルシアンブルーは青色の顔料、ペンキ、インクなどで販売されるとともに、放射性セシウムの体外排出薬として日本でも2009年10月27日に厚生労働者から承認（承認番号22200AMX00966000）されています。毒性が低く経口的に服用することができ、腸肝サイクルという代謝過程において放射性セシウムを吸着固定して、腸管による再吸収を阻止し、便中に排出することを促進します。放射性セシウムによって体内が高濃度に汚染されている場合や、誤って高濃度食品を取りこんだ場合など、緊急時にお医者さんの処方を受けて薬として摂取します。チェルノブィリ大惨事の際、ヨーロッパではプルシアンブルーは動物の餌に入れて動物の体内から除染することにも利用されました。さらに、福島第一原発事故についても、水に溶けた放射性セシウムの吸着剤として使用され始めています。

そして、ペクチン、プルシアンブルーだけが、放射性セシウムを体外排出できるわけではないことがわかってきました。要するに、腸肝サイクルの中で、水溶性のセシウムを吸着して、腸管で再吸収されずに体外へ排出させてくれるものなら、一定程度の排出効果を期待できます。

フランス、ドイツ、イギリスなどのNGOグループが、チェルノブィリの子どもたちをそれぞれの国に25～30日間疎開させ、汚染されていない食品を与えたところ、20～22％もセシウム137の体内蓄積量が減少したことが報告されています。

日本でも、多くの自治体やNGOが、福島等の被曝地域から避難・疎開してくる人たちを受け入れる支援活動をしていますが、放射能蓄積を確実に減らすことが明らかであり、たいへん重要な活動です。

クリーンな食品を食べるだけで、放射性セシウムの蓄積量はかなり減らせます。そのメカニズムは、ペクチンやプルシアンブルーだけでなく「食物繊維」と呼ばれているものの多くが、セシウム吸着能力を有しているからだと考えられます。植物の骨格を構成しているセルロース、リグニンなどは、土壌のところでも説明したように、セシウム吸着能力を持っています。玄米の糠《ぬか》の部分に多くあるフィチン酸もセシウムを吸着します。そのため、米は玄米の汚染が多く、白米にすると放射線量が減ることがわかっています。フィチン酸も汚染物質を体外排出する食物繊維としてよく知られています。

このように検討してくると、子どもたちの通常の食生活においても、クリーンな野菜などをバランスよく食べることが、放射性物質を排出するということに加えて、健康維持にも大切であることがわかります。子どもたちに「汚染された食品を食べさせない」、「食物繊維などをバランスよく摂取するメニューを家庭食や給食で実施する」、「食品汚染のメカニズムを把握して有効な方法で除染を行う」という方策を、着実に実施していく必要があります。

5　日本における食品の放射能汚染の実情と除染方法

◆放射能による食品汚染の実情◆

福島第一原発事故によって広範にまき散らされた放射性物質による食品汚染の実情を把握するため、厚生労働省ホームページ、都道府県別データベース「食品中の放射性物質の検査結果について」を網羅的にコピーして、①汚染経路を把握する、②除染方法を見つける、という目的で分類をしました。データベースで測定されている件数は、1万件を超えています。

分類分けは、北海道から愛知県までの20都道府県別、食品項目別（米、その他穀物、野菜類、果物類、キノコ・山菜類、肉・乳製品類、淡水魚、海の魚介類、茶、菜種など）に、①セシウム134と137の合計濃度（Bq／kg）、②ヨウ素131濃度（Bq／kg）、③産地（市町村名）、④試料採取日（２０１１年３月から12月）、⑤汚染経路（直接汚染、転流汚染、間接汚染、生物濃縮など）について一定数値を超えているものについてピックアップをしました。

「食品衛生法の規定に基づく食品中の放射性物質に関する暫定基準値（Bq／kg）」は、放射性セシウムで飲料水（200）、牛乳・乳製品・野菜類・穀物・肉・卵・魚など食品（500）。放射性ヨウ素は飲料水・牛乳・乳製品（300）、野菜類（根菜、イモ類を除く）・魚介類（２０００）となっています。新聞やテレビなどで、これらの暫定基準を超えた食品が出ると紹介され、専門家と称する人が出てきて「これだけなら、たいしたことはない」という解説をするパターンになっています。

しかし、日本の基準はロシアなどに比べてもゆるすぎるし、消費者からの圧力もあって、厚生労働省の審議会で、２０１２年４月から新基準として一般食品（100）、牛乳と乳製品（50）、飲料水（10）が実施されることになりました。

福島県は２０１１年12月５日に農地や森林の除染目標を発表し、「県内産のコメ、野菜、牛肉など全ての農産物と、木材とキノコなど林産物について、モニタリング検査で放射性セシウムが検出されないこと」としました。これは、子どもたちの内部被曝への心配ということもありますが、「そもそも食品などに少しでも放射性物質が含まれていれば商品にならない」という実情が反映されています。「風評被害」をクリアするためには「基準以下」では不十分で「検出されない」ことをめざすしかないのです。これは「風評被害をクリアする」というだけでなく、「放射性物質の健康影響に閾値がない」という認識からも適切な目標設定であるといえます。問題は「目標が達成できるかどうか」です。

以上のような認識から、汚染食品のピックアップ数値は100 Bq／kgを下回る場合でも、「汚染経路を発見し除染方法を見出す」という目的に沿って行いました。その結果を**付表1—①**（福島県）、②（茨城県）、③（栃木県）、④（群馬県）、⑤（千葉県）、⑥（埼玉県、東京都、神奈川県）、⑦（新潟県、長野県、山梨県、静岡県、岐阜県、愛知県）、⑧（宮城県、山形県、岩手県、秋田県、青森県、北海道）に示します。このような分類作業から見えてきた日本における食品の放射能汚染の全体像は「恐るべき実態である」と言えます。

文部科学省が実施している航空機モニタリング測定結果で、政府は年間1 mSvを超える範囲を除染すべきとしています。しかし、食品汚染は、はるかに超えた範囲にまで広がっています。

ここでは食品の除染方法について、詳しく説明しませんが、「II 放射能除染マニュアル」においては、食品項目ごとの除染方法と、田畑、森林、湖沼、河川、海の除染について提案しています。食品汚染を防止するためには、汚染範囲、レベル、食品の汚染経路などの実情を把握して適切な除染方法を選択して実施する必要があります。いくつかの具体例をあげます。

◆森林からの汚染流入影響を受ける米汚染◆

２０１１年11月に入り、福島県において500 Bq／kgの基準値をこえる汚染米が、福島市、伊達市、二本松市などであいついで検出され出荷停止になりました。以後も新たに基準値を超える米が見つかっています。実はこれ以前の米汚染データとしては、厚生労働省ホームページにはほとんど公表されていませんでした。ここには意図的なデータ隠しがあったのではないかと思われるふしがあります。福島県は２０１２年１月に入り、米の全量検査に入ることを発表しました。基準を超えた米だけでなく、基準以下の米についてもデータを公表して、汚染経路を突きとめ、除染していかないと消費者の信頼は得られないと考えられます。

米の汚染には、周辺の森林から放射性セシウムに汚染された水が入り込み、米の茎や鞘《さや》から吸収されたことが一つの原因であると考えられます。福島県だけでなく放射能汚染地域は森林が多く、水田は森林で囲まれている中山間地の立地が多くみられます。森林に降りそそいだ放射性セシウムはリター（葉っぱや枝などが腐植して形成された森林表土）に半分以上が堆積しています。１万Bq／kgを超える汚染土壌は珍しくありません。雨の中には、塩化カリウム、塩化カルシウムが微量含まれており、それらによってリターに吸着されていた放射性セシウムが溶け出し、水に溶けた形で側溝に入り、水田へと取り入れられる可能性があります。２０１１年12月に二本松市の水田調査に行きましたが、地元農家の方が測定されていた結果を見ると、水の取り入れ口の土壌汚染は出口より数倍高い結果が出ていました。明らかに、森林からの放射性物質流入の影響を受けています。

稲の放射能吸収場所については津村昭人さんたちの基礎実験（農技研報B, 36, 57-113、１９８４年）があり、①葉面汚染経路、②花汚染経路、③基部汚染経路、の３種類がある

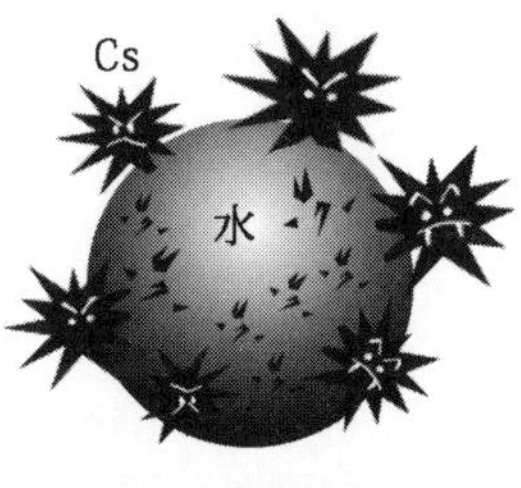

ことが知られています。今回の米汚染検出は、根からの吸収だけでなく茎や鞘からの吸収もあったものと想定されます。

このような汚染経路を想定すると、米汚染を防ぐには、水田土壌の除染だけでなく、森林からの汚染水を浄化する対策を講じなければなりません。それには、森林から田畑へ流れ出す出口、水田横の水路や側溝、そして水田入口の3か所で、水溶性の放射性セシウムを吸着させるとともに、汚染された微細泥、腐植質もトラップしなければなりません。土壌除染方法の詳細は、「Ⅱ 放射能除染マニュアル」を見てください。

◆野菜、果物、キノコ類の汚染◆

野菜や果物の汚染経路は以下の3種類に分類されます。

①直接汚染経路（葉っぱ、茎、枝、幹など放射性物質が落下して付着している状態）

②転流汚染経路（葉っぱ、茎、枝、幹などに付着した放射性物質が吸収されて、葉っぱや果実に供給される場合）

③間接汚染経路（土壌が汚染され根から放射性物質が吸収される場合）

これら3種類の時間変化には、**図5―1**の①②③に示すような特徴があります。①がなく②③が重ねあわされる場合、①②③が全て重ねあわされる場合のような汚染時間変化のパターンが考えられます。野菜や果物がどのような時間変化をするかを見極めて、除染に取り

組む必要があります。多くの葉菜は直接汚染と転流汚染が重ねあわされた汚染経路をとると考えられます。

福島県において4月段階までに放射性ヨウ素と放射性セシウムの高濃度汚染が検出された野菜群は、代表的にはホウレンソウ、アブラナ、小松菜、キャベツ、ブロッコリー、カブ、ビタミンナ、ミズナ、クキタチナ、山東菜、セリ、アラメ、花ワサビなどです。ホウレンソウなどは茨城県、栃木県、群馬県、千葉県などでも暫定基準を超えて検出されました。これら葉菜類については、直接汚染経路、転流汚染経路は2011年3月、4月、5月段階の短期間だけだと考えられます。2012年に入り汚染が出てくるかどうかは、間接汚染経路である土壌汚染から吸収があるかどうかにかかっています。これについては、野菜の種類ごとに調査し、汚染経路を見分けて、間接汚染がある場合は土壌の除染を行う必要があります。

根菜類は直接汚染、転流汚染の影響が少ないこともあって、高濃度汚染はそれほど見つかっていません。福島県ではラッキョウ、レンコンなどに汚染検出が見られる程度で

図5—1　直接汚染、転流汚染、間接汚染

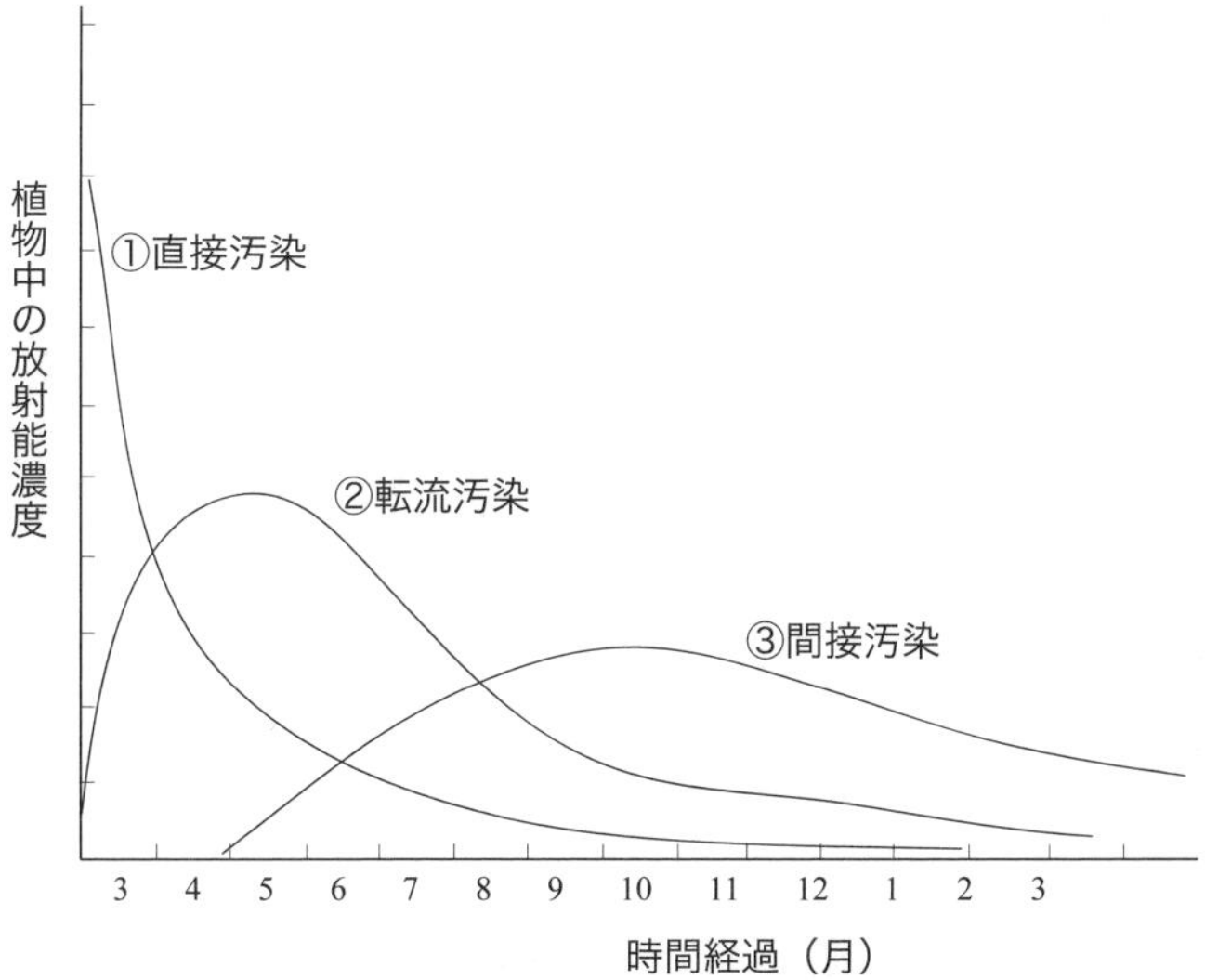

す。根菜類については、間接汚染の影響が心配されますから、土壌汚染測定とともに食品検査を行い、汚染の可能性があれば除染を実施する必要があります。米やお茶の場合は**図5―1**における②③の重ね合わせ汚染が起こると考えられます。

福島県の果実で500 Bq／kg以上の高い汚染濃度を示したのがウメ、イチジク、ユズ、ビワ、キウイでした。50～300 Bq／kg程度の汚染レベルがイチゴ、カキ、ブルーベリー、スモモ、モモ、リンゴ、プルーン、ラズベリー、ネクタリンでした。

この中で、高い汚染濃度を示したウメ、イチジク、ユズ、ビワなどは土壌に落下した放射性セシウムが深く浸透して根から吸収されたとは考えられません。放射性物質が木の葉や幹に付着して、そこから吸収されて転流して果実に吸収されたものと考えられます。スモモ、モモ、リンゴ、ネクタリンなども今年の汚染は転流汚染ではないでしょうか。今年は転流汚染が主流であった果実も、来年からは根から吸収される間接汚染が出てくる可能性は否定できません。

キノコは菌糸から放射性セシウムを吸収している可能性があり、汚染を濃縮しやすい特徴があります。チェルノブィリでもキノコ汚染は広範囲に検出されています。日本では、福島県、茨城県、栃木県、千葉県などで原木シイタケ、原木ナメコ、原木クリタケ等原木栽培のキノコに500 Bq／kgを超えて検出されています。

キノコ類は菌糸の存在の深さが放射性物質の吸収と密接に関係しているという指摘（村松

康行「放射性物質の農耕地への影響――放射生態学の視点から考える」第34回農業環境シンポジウム要旨）があります。そうであるならば1年目は表土に生えるキノコが汚染され、それ以後は少し深い土壌に根を下ろすキノコに汚染が移っていく可能性があります。

タケノコも、福島県では２０１１年6月12日に南相馬市で２８００Bq／kgという高濃度汚染が検出されています。タケノコは地下茎で親竹とつながっており、短期間に急成長できる秘密は、親竹から地下茎を通じて栄養が供給されるためです。根から吸収されることはあまりありません。親竹は葉や幹に付着した放射性セシウムを吸収し、地下茎を通じてタケノコに供給されて汚染が出てきます。

このようにみてくると、２０１１年における野菜や果実の汚染は、野菜の葉物は直接汚染＋転流汚染、果物は転流汚染が主流であると考えられます。そして、２０１２年からは、葉菜では直接汚染、転流汚染がなくなり間接汚染に、果物では「転流汚染＋間接汚染」に移行していくと考えられます。これについては、作物ごとに観察をして確認していくことが大切です。

転流汚染対策としては、汚染されている葉っぱや枝の剪定《せんてい》と、幹のブラシング洗浄などがあります。畑や果樹園の土壌汚染の除染については、土を剥ぐことなく除染する方法について「II 放射能除染マニュアル」で詳細に説明しています。

◆汚染稲わら流通による肉牛の広域汚染◆

肉牛の汚染は、餌となった稲わらの流通と共に全国に広がりました。最初に宮城県で汚染稲わらが見つかり、全国に広がっていきました。500 Bq／kgを超える肉牛汚染が見つかったのは福島県、茨城県、栃木県、宮城県、岩手県、山形県、秋田県などですが、基準値以下の汚染牛が出たところは全国的に広がっています。

稲わらが汚染された原因は、2010年度に刈り取られた稲わらが、野外に保管してあって、それが福島第一原発からの放射能によって汚染されたことを、農林水産省も稲わら農家も畜産農家も気づかなかったということです。

稲わらに放射性セシウムが水に溶けて降りかかった場合、かなり高濃度に濃縮される可能性があります。稲わらは骨格がセルロース、リグニンなどでできているだけでなく、稲は代表的なケイ酸植物ですから、稲わら骨格にもケイ酸が含まれています。これらの物質は、放射性セシウムの吸着能力が高いという特徴があります。さらに、水分が蒸発すると乾燥稲わらの放射性セシウムは濃縮されていきます。

2011年度の稲わら汚染は、放射性物質が稲わらに雨で降りかかる「直接汚染経路」でした。しかし、2012年度からは、土壌汚染から稲わらに吸収される「間接汚染経路」に代わります。この汚染は、土壌が除染されないかぎり続きます。その意味では、汚染地域

の稲わらは今後も餌として使用できない可能性があります。

よく似た流通による汚染事例として腐葉土汚染があります。さらに２０１２年1月に入って明らかになってきた、二本松市の汚染砕石を使用したマンション問題があります。ここでは、汚染された稲わら、腐葉土、砕石など基本的材料の安全管理システム構築が必要とされています。

◆湖沼、渓流の淡水魚汚染◆

湖に生息するワカサギ、渓流に生息するアユなど、淡水魚の汚染が広範囲に広がっています。福島県内からはウグイ、イワナ、モクズガニなども500 Bq／kgを超えて検出されています。ワカサギについては、茨城県霞ヶ浦、神奈川県箱根町（芦ノ湖）からも検出されています。アユについては、栃木県日光、東京都の多摩川や荒川の上流などからも検出されています。北海道のカラフトマス、岩手県のギンザケなどにも濃度は高くないですが汚染が検出されており、汚染経路などを特定する必要があります。

これらの淡水魚汚染にも放射性物質の地形的濃縮、物理的濃縮、生物化学的濃縮がありま す。湖、池、ダム湖など閉鎖系水域に生息する淡水魚の汚染経路としては、まず集水域である森林が放射雲を受け止め、雨などで落下してきます。当初は森林の樹木などに付着していた放射性セシウムは土壌に落ち、土壌から水溶性のものは湖などに侵入していきます。さらに、土壌の微細泥、腐植質に付着していたセシウムも時間が遅れて入っていきます。

湖や池に入った水溶性の放射性セシウムはプランクトンに取り込まれ、それをワカサギ、モロコなどの淡水魚が食べ、生物濃縮していきます。湖の底には、微細泥、腐植質、それにプランクトンの死骸などが堆積して、夏にはそれらが分解されて、付着していた放射性セシウムが溶け出してくる可能性があります。こうして、閉鎖系水域を、放射性セシウムが循環して回っている間じゅう、淡水魚の汚染が続くことになります。

渓流にすむアユ、イワナ、ウグイなどの場合も、山林から落下してきた放射性セシウムに汚染された落葉、腐植質、微細泥が堆積する、水の流れのゆるいホットスポットに生息して、底の餌を食べる間に生物濃縮されていくものと考えられ、汚染が継続する可能性があります。

湖沼、渓流のホットスポット除染方法には、ホットスポットになっている水底の汚染泥を三次元布で取り上げる方法と、低層汚染水の放射性セシウムを土のう入りゼオライトやプルシアンブルー付着布で吸着して引きあげる方法などがあります。

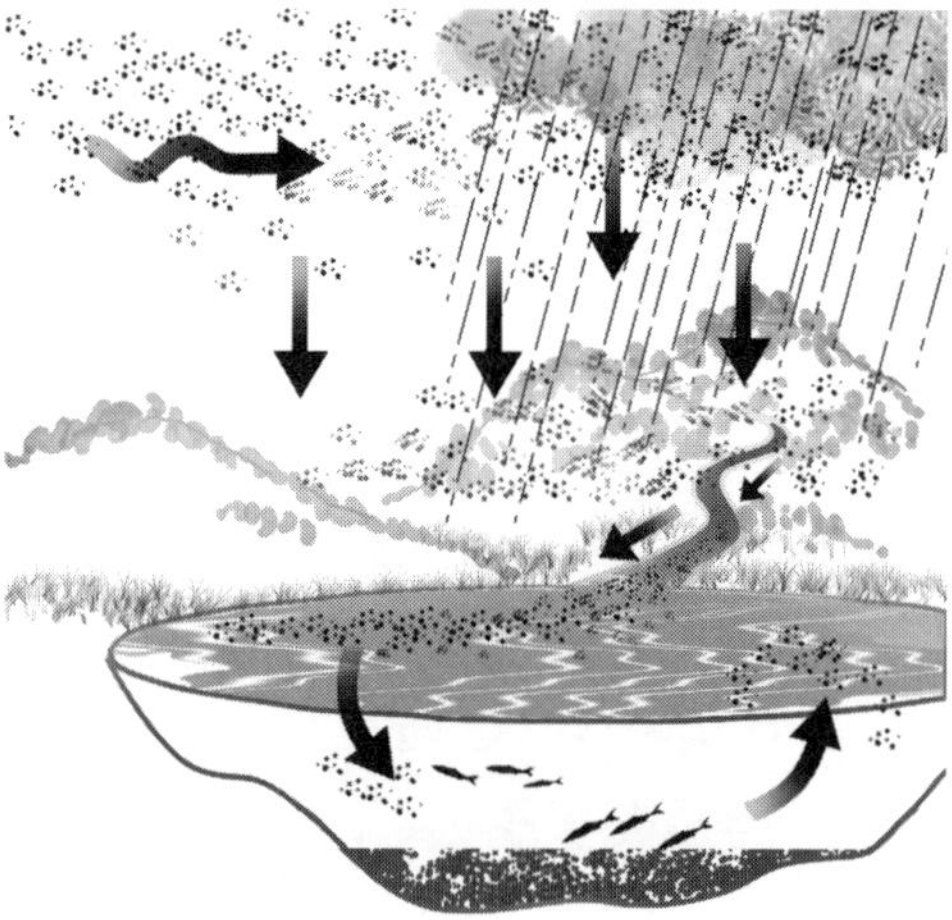

◆海の魚介類の汚染◆

海の魚介類は、底に棲む魚介類と回遊魚で汚染経路が異なります。放射性物資の汚染経路としては、主要には福島第一原発から流出した汚染水ですが、陸上に降りそそいだ放射性物質が雨で流されて、河川や陸上から流入する経路も、時間遅れがあり今後も継続します。沿岸の海底には湖などと同じように、微細泥、腐植質、プランクトンの死骸などに付着したり取り込まれた放射性セシウムが流れのゆるい場所に堆積している「海のホットスポット」があると考えられます。このようなホットスポットに生息する底棲魚介類には、今後も長期の汚染が継続すると考えられます。

いわき市や南相馬市など福島県地先の底棲魚介類のうちシロメバル、エゾアイナメ、コモンカスベ、イシガレイ、ヒラメ、ウニ、ムラサキイガイなどは500 Bq／kgを超える高濃度に汚染されています。

地球は自転しているため、沿岸沿いに南方向へ「沿岸流」が生じ、放射性物質が福島県沖から茨城県、千葉県沖に南下してくることが海洋専門家から指摘されています。実際に、茨城県のエゾアイナメ、ヒラメ、ウニ、ボタンエビなどの底棲魚介類から、濃度は福島県沖より下がりますが、汚染が検出され始めています。そして、汚染は千葉県

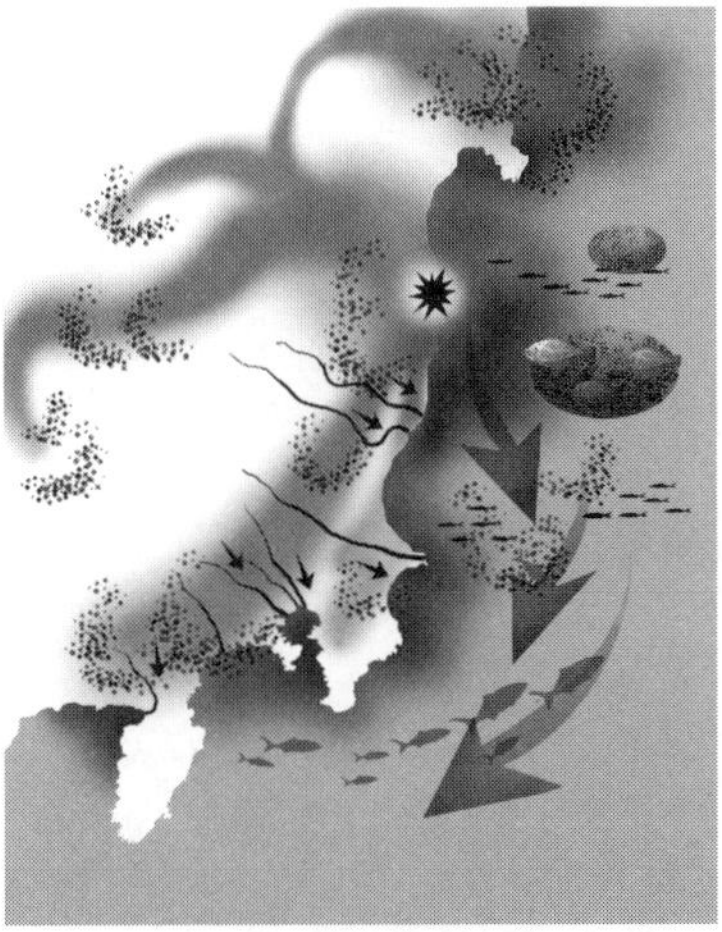

沖にもひろがりつつあります。北の方でも宮城県女川地先では汚染が見られます。

底棲魚介類の除染方法は、淡水魚の場合と同じように、ホットスポットになっている海底の汚染泥を三次元布で取り上げる方法と、低層汚染水の放射性セシウムを土のう入りゼオライトやプルシアンブルー付着布で吸着して引きあげる方法などがあります。

回遊魚の場合はより広範囲の汚染経路が見られます。2011年4月中旬に福島県いわき市沖のカタクチイワシ、シラスなどから高濃度の汚染が検出されました。その後4月下旬には茨城県の日立市や北茨城沖からも検出されました。そして5月12日には千葉県銚子沖で、濃度は低いですが検出されました。このように短期間に汚染が広がっていきます。汚染されたプランクトンを餌とすることが原因だと考えられます。回遊魚についてはアジ、サバなどにも汚染が見られます。アジ、サバなどの場合、福島県、茨城県、千葉県、神奈川県沖と濃度は下がっていきますが、汚染範囲は広がっていることがわかります。

回遊魚の食物連鎖による濃縮と放射性物質の海流による移動経路などについて、調査しながら除染方法を考える必要がありますが、回遊魚については「陸からの汚染を減らす」ことが基本となります。

◆広域に広がるお茶の汚染◆

お茶の汚染範囲は、福島県だけに留まらず、北は宮城県から南は愛知県まで及んでいます。

お茶の汚染濃度を見ると、福島第一原発の近くにある福島県、茨城県なども500～1000Bq／kgの汚染があるのですが、遠く離れた神奈川や東京から2000、3000（Bq／kg）等が検出されています。さらに、お茶どころである静岡県では、ほとんどの銘柄茶で100Bq／kgを超える広範汚染があります。

福島第一原発からの放射能雲が、**口絵1**に示すように、四つのルートで流れたとされていますが、そのうち第1ルート（3月14日～15日）の枝分かれが群馬から南下して埼玉西部、東京西部、神奈川西部に流れ、汚染が広がりました。さらに、第4ルート（3月21日～22日）の放射能雲は茨城、千葉から東京、神奈川の方向へ流れました。これらの放射能雲を、お茶は主として山の斜面で葉っぱを上に向けて受け止め、さらに葉っぱから吸収された放射性物質がその後に芽を出した6月摘みの一番茶、その後の二番茶にも転流汚染したものと考えられます。

茶特有の地形的濃縮（山の斜面で栽培している）、生物的濃縮（茶の葉が汚染されやすい）、転流汚染（古い茶葉の汚染が新茶に転流する）、生産過程濃縮（乾燥など）が原因だと考えられます。茶畑の土壌も汚染があるので、2012年度の新茶についても土壌からの間接汚染が出てくる可能性があります。お茶の除染方法としては、古い葉っぱや枝の剪定と、土壌の除染等を組み合わせていく必要があります。

〈付表 1〉 県別の食品汚染測定値

①福島県　②茨城県　③栃木県　④群馬県　⑤千葉県　⑥埼玉県・東京都・神奈川県　⑦新潟県・長野県・山梨県・静岡県・岐阜県・愛知県　⑧宮城県・山形県・岩手県・秋田県・青森県・北海道

付表 1―①　食品汚染の測定値、産地、試料採取日、汚染経路（福島県）

◎ 目標設定は 2012 年度において汚染ゼロを目指す ◎

注 1）厚生労働省調査結果の福島県汚染データ 4200 件および新聞情報より食品別に汚染レベルの高い数値を抜き出し分類

注 2）食品汚染データから、汚染経路と除染の必要性を検討するために作成したものであり、重要と判断される食品について一定レベルを超えた項目を選択している

注 3）政府の除染ガイドラインには、河川、池、湖、海等の除染は対象となっていないが、食品汚染の現状を考慮すると、これらの水域の除染が必要である

注 4）食品に含められる放射性物質の新基準は、12 月 22 日に厚生労働省の審議会で、一般食品が 100 Bq/kg、牛乳と乳幼児製品が 50 Bq/kg、飲料水が 10 Bq/kg として了承された

注 5）福島県は 2011 年 12 月 5 日に農地や森林の除染目標を発表し、「県内産のコメ、野菜、牛肉など全ての農産物と木材やキノコなど林産物についてモニタリング検査で放射性セシウムが検出されないこと」を目標に定めた

注 6）「直接汚染」とは放射性物質が野菜の葉、茎、花などに直接的に落下して付着する汚染経路のことである

注 7）「間接汚染」とは、いったん地面に落下した放射性物質が、根から吸収される汚染経路のことである

注 8）「転流汚染」とは葉、茎、枝、幹などに付着した放射性物質が吸収されて、果実、果樹に吸収される汚染経路のことである

注 9）「生物濃縮」とは、魚や家畜などが餌を摂取することにより、体内に放射性物質を蓄積することである

穀物類	セシウム134、137合計量（Bq/kg）	ヨウ素131（Bq/kg）	産地（市町村名）	試料採取日	汚染経路
六条大麦	78		広野町	7月19日	直接汚染、転流汚染、間接汚染
小麦	780		二本松市	7月21日	直接汚染、転流汚染、間接汚染
米	1270		福島市大波	12月5日（発表日）	山からの影響、転流汚染、間接汚染
米	1540		二本松市	12月7日（発表日）	山からの影響、転流汚染、間接汚染

米	1240		伊達市	12月9日（発表日）	山からの影響、転流汚染、間接汚染
米	610		福島市渡利	12月22日（発表日）	山からの影響、転流汚染、間接汚染

野菜類	セシウム134、137合計量（Bq/kg）	ヨウ素131（Bq/kg）	産地（市町村名）	試料採取日	汚染経路
ブロッコリー	6500	1400	桑折町	3月21日	直接汚染、転流汚染、間接汚染
山東菜	24000	4900	西郷村	3月21日	直接汚染、転流汚染、間接汚染
コマツナ	310	2300	矢祭町	3月21日	直接汚染、転流汚染、間接汚染
クキタチナ	82000	15000	本宮市	3月21日	直接汚染、転流汚染、間接汚染
チヂレナ	9300	3700	棚倉町	3月21日	直接汚染、転流汚染、間接汚染
アブラナ	8900	8200	玉川村	3月21日	直接汚染、転流汚染、間接汚染
紅菜苔	10800	5400	二本松市	3月22日	直接汚染、転流汚染、間接汚染
花ワサビ	670	2500	伊達市	3月24日	直接汚染、転流汚染、間接汚染
アラメ	220	1400	いわき市	3月24日	直接汚染、転流汚染、間接汚染
ナバナ	73	540	平田村	3月24日	直接汚染、転流汚染、間接汚染
ホウレンソウ	40000	19000	田村市	3月28日	直接汚染、転流汚染、間接汚染
ミズナ	3300	4900	古殿町	3月28日	直接汚染、転流汚染、間接汚染
キャベツ	2700	1100	浅川町	3月28日	直接汚染、転流汚染、間接汚染
オオバ	87	130	郡山市	3月31日	直接汚染、転流汚染、間接汚染
ミツバ	178	180	泉崎村	3月31日	直接汚染、転流汚染、間接汚染
ニラ	33	200	天栄村	3月31日	直接汚染、転流汚染、間接汚染
カブ	4100	1000	須賀川市	4月3日	直接汚染、転流汚染、間接汚染
アサツキ	250	200	福島市	4月4日	直接汚染、転流汚染、間接汚染
ビタミンナ	9600	540	西郷村	4月4日	直接汚染、転流汚染、間接汚染
ネギ	62	17	相馬市	4月4日	直接汚染、転流汚染、間接汚染
フユナ	240	33	南会津市	4月11日	直接汚染、転流汚染、間接汚染

セリ	1860	750	相馬市	4月18日	直接汚染、転流汚染、間接汚染
モミジガサ	91		棚倉町	4月27日	直接汚染、転流汚染、間接汚染
トマト	171		南相馬市	5月4日	直接汚染、転流汚染、間接汚染
ウド	31		いわき市	5月5日	直接汚染、転流汚染、間接汚染
ミニトマト	27		新地町	5月11日	直接汚染、転流汚染、間接汚染
ワカメ	1200	380	いわき市	5月16日	直接汚染、転流汚染、間接汚染
サヤエンドウ	62		福島市	5月16日	直接汚染、転流汚染、間接汚染
葉ワサビ	139		三島町	5月19日	直接汚染、転流汚染、間接汚染
ヒジキ	1100	2200	いわき市	5月21日	直接汚染、転流汚染、間接汚染
ソラマメ	161		南相馬市	5月25日	直接汚染、転流汚染、間接汚染
オウトウ	96		福島市	5月26日	直接汚染、転流汚染、間接汚染
ウメ	690		福島市	5月30日	直接汚染、転流汚染、間接汚染
グリーンピース	30		伊達市	6月1日	直接汚染、転流汚染、間接汚染
エリンギ	45		いわき市	6月2日	直接汚染、転流汚染、間接汚染
ウメ	760		伊達市	6月9日	直接汚染、転流汚染、間接汚染
ニンニク	41		広野町	6月14日	直接汚染、転流汚染、間接汚染
葉ネギ	26		いわき市	6月20日	直接汚染、転流汚染、間接汚染
キュウリ	20		相馬市	6月29日	直接汚染、転流汚染、間接汚染
ラッキョウ	179		広野町	7月5日	直接汚染、転流汚染、間接汚染
レンコン	73		白河市	10月12日	直接汚染、転流汚染、間接汚染

果物類	セシウム134、137合計量（Bq/kg）	ヨウ素131（Bq/kg）	産地（市町村名）	試料採取日	汚染経路
ブルーベリー	270		いわき市	3月31日	直接汚染、転流汚染、間接汚染
ラズベリー	66		福島市	6月27日	直接汚染、転流汚染、間接汚染
ネクタリン	53		伊達市	6月29日	直接汚染、転流汚染、間接汚染
ビワ	540		広野町	7月5日	直接汚染、転流汚染、間接汚染

イチジク	520		南相馬市	7月13日	直接汚染、転流汚染、間接汚染
ブドウ	10		伊達市	7月18日	直接汚染、転流汚染、間接汚染
スモモ	105		南相馬市	7月19日	直接汚染、転流汚染、間接汚染
モモ	161		伊達市	7月20日	直接汚染、転流汚染、間接汚染
イチゴ	340		伊達市	7月26日	直接汚染、転流汚染、間接汚染
プルーン	75		三春町	8月24日	直接汚染、転流汚染、間接汚染
日本ナシ	18		相馬市	8月24日	直接汚染、転流汚染、間接汚染
ブドウ	36		福島市	8月24日	直接汚染、転流汚染、間接汚染
リンゴ	92		桑折町	10月12日	直接汚染、転流汚染、間接汚染
ユズ	860		伊達市	10月11日	直接汚染、転流汚染、間接汚染
ギンナン	24		湯河村	10月11日	直接汚染、転流汚染、間接汚染
カキ	114		福島市	10月11日	直接汚染、転流汚染、間接汚染
キウイ	1120		南相馬市	12月9日（発表日）	直接汚染、転流汚染、間接汚染

キノコ・山菜類	セシウム134、137合計量（Bq/kg）	ヨウ素131（Bq/kg）	産地（市町村名）	試料採取日	汚染経路
ナメコ	33	40	いわき市	3月25日	直接汚染、転流汚染、間接汚染
フキノトウ	152	31	北塩原村	4月4日	直接汚染、転流汚染、間接汚染
シイタケ（露地）	13000	12000	飯舘村	4月8日	直接汚染、転流汚染、間接汚染
ワラビ	103	11	福島市	4月21日	直接汚染、転流汚染、間接汚染
クサソテツ（コゴミ）	770		福島市	4月28日	直接汚染、転流汚染、間接汚染
タラノメ	88		郡山市	4月28日	直接汚染、転流汚染、間接汚染
ネマガリタケ	144		大王村	5月26日	直接汚染、転流汚染、間接汚染
シイタケ（露地）	2500	25	相馬市	5月12日	直接汚染、転流汚染、間接汚染
タケノコ	910		本宮市	5月19日	直接汚染、転流汚染、間接汚染
エノキタケ	162		郡山市	6月2日	直接汚染、転流汚染、間接汚染
タケノコ	2800		南相馬市	6月16日	直接汚染、転流汚染、間接汚染

肉・乳製品類	セシウム134、137合計量(Bq/kg)	ヨウ素131(Bq/kg)	産地(市町村名)	試料採取日	汚染経路
原乳	20	5300	川俣町	3月20日	餌汚染による生物濃縮
豚肉	270		広野町	5月20日	餌汚染による生物濃縮
牛肉	3400		南相馬市	6月30日	餌汚染による生物濃縮
猪肉	14600		二本松市	11月21日(発表日)	餌汚染による生物濃縮
ツキノワグマ肉	1850		西郷村	12月12日(発表日)	餌汚染による生物濃縮

魚類(川の魚類)	セシウム134、137合計量(Bq/kg)	ヨウ素131(Bq/kg)	産地(市町村名)	試料採取日	汚染経路
アユ	2080		北塩原村	5月10日	河底、湖底汚染による生物濃縮
ヤマメ	990		福島市(阿賀川)	5月14日	河底、湖底汚染による生物濃縮
イワナ	590		伊達市	5月17日	河底、湖底汚染による生物濃縮
ウグイ	800		福島市(摺上川)	5月20日	河底、湖底汚染による生物濃縮
ウチダザリガニ	290		伊達市(阿賀川)	5月21日	河底、湖底汚染による生物濃縮
ニジマス(養殖)	35		大王村	5月27日	餌の汚染による生物濃縮
ホンモロコ(養殖)	1270		北塩原村(小野川湖)	5月30日	餌の汚染による生物濃縮
ドジョウ(養殖)	280		会津坂下町(阿賀川)	7月1日	餌の汚染による生物濃縮
ワカサギ	870		川内村	7月15日	河底、湖底汚染による生物濃縮
ウナギ	143		福島市	7月15日	河底、湖底汚染による生物濃縮
ギンブナ	113		川内村	7月15日	河底、湖底汚染による生物濃縮

海の魚類	セシウム134、137合計量(Bq/kg)	ヨウ素131(Bq/kg)	産地(市町村名)	試料採取日	汚染経路
イカナゴ稚魚	12500	12000	いわき市	4月13日	原発構内からの汚染水放流による直接汚染
シラス(カタクチイワシ)	180	45	いわき市	4月25日	原発構内からの汚染水放流による直接汚染
シラス(カタクチイワシ)	850		いわき市	5月13日	原発構内からの汚染水放流による直接汚染

ムラサキイガイ	750		いわき市	5月16日	海底汚染と食物連鎖による生物濃縮
ホッキガイ	940		いわき市	5月28日	海底汚染と食物連鎖による生物濃縮
ウニ	1280		いわき市	5月28日	海底汚染と食物連鎖による生物濃縮
キタムラサキウニ	680		いわき市	6月6日	海底汚染と食物連鎖による生物濃縮
マアナゴ	101		いわき市	6月6日	海底汚染と食物連鎖による生物濃縮
メイタガレイ	200		相馬市	6月8日	海底汚染と食物連鎖による生物濃縮
ホシガレイ	340		いわき市	6月13日	海底汚染と食物連鎖による生物濃縮
マアジ	270		いわき市	6月13日	海底汚染と食物連鎖による生物濃縮
アイナメ	1780		相馬市	6月16日	海底汚染と食物連鎖による生物濃縮
カナガシラ	154		相馬市	6月18日	海底汚染と食物連鎖による生物濃縮
アワビ	108		相馬市	6月20日	海底汚染と食物連鎖による生物濃縮
マゴチ	230		いわき市	6月20日	海底汚染と食物連鎖による生物濃縮
シロメバル	300		相馬市	6月21日	海底汚染と食物連鎖による生物濃縮
マダラ	240		いわき市	6月27日	海底汚染と食物連鎖による生物濃縮
ケムシカジカ	230		いわき市	6月27日	海底汚染と食物連鎖による生物濃縮
シロメバル	3500		いわき市	7月4日	海底汚染と食物連鎖による生物濃縮
コモンカスベ	920		いわき市	7月5日	海底汚染と食物連鎖による生物濃縮
マガレイ	440		いわき市	7月6日	海底汚染と食物連鎖による生物濃縮

マサバ	186		相馬市	7月7日	海底汚染と食物連鎖による生物濃縮
アイナメ	3000		いわき市	7月11日	海底汚染と食物連鎖による生物濃縮
ヒラメ	760		いわき市	7月11日	海底汚染と食物連鎖による生物濃縮
ホウボウ	340		いわき市	7月11日	海底汚染と食物連鎖による生物濃縮
マコガレイ	270		いわき市	7月11日	海底汚染と食物連鎖による生物濃縮
キアンコウ	110		いわき市	7月15日	海底汚染と食物連鎖による生物濃縮
ギナナゴ	130		いわき市	7月25日	海底汚染と食物連鎖による生物濃縮

その他	セシウム134、137合計量（Bq/kg）	ヨウ素131（Bq/kg）	産地（市町村名）	試料採取日	汚染経路
茶	930		塙町	5月17日	直接汚染、転流汚染、間接汚染
生桑葉	84		二本松市	6月15日	直接汚染、転流汚染、間接汚染
ナタネ	720		田村市	7月20日	直接汚染、転流汚染、間接汚染
杜仲茶	600		本宮市	12月12日（発表日）	直接汚染、転流汚染、間接汚染

付表1—②　食品汚染の測定値、産地、試料採取日、汚染経路（茨城県）

◎ 目標設定は2012年度において汚染ゼロを目指す ◎

注1）厚生労働省調査結果の茨城県汚染データ1019件および新聞情報より食品別に汚染レベルの高い数値を抜き出し分類

注2〜9）（福島県と同様）

穀物類	セシウム134、137合計量（Bq/kg）	ヨウ素131（Bq/kg）	産地（市町村名）	試料採取日	汚染経路
はだか麦	160		行方市	6月20日	間接汚染、転流汚染
二条大麦	460		ひたちなか市	6月30日	間接汚染、転流汚染
六条大麦	165		つくばみらい市、取手市	7月5日	間接汚染、転流汚染
小麦	160		取手市、守谷市、つくばみらい市	7月5日	間接汚染、転流汚染

米	データ未公表	データ未公表			間接汚染、転流汚染

野菜類	セシウム134、137合計量(Bq/kg)	ヨウ素131(Bq/kg)	産地(市町村名)	試料採取日	汚染経路
ホウレンソウ	966	13500	那珂市	3月18日	主要には直接汚染、転流汚染
チンゲンサイ	39	75	行方市	3月19日	主要には直接汚染、転流汚染
ネギ	8	497	日立市	3月19日	主要には直接汚染、転流汚染
ミツバ	28	460	行方市	3月20日	主要には直接汚染、転流汚染
キュウリ	8	97	日立市	3月20日	主要には直接汚染、転流汚染
オオバ	135	770	行方市	3月21日	主要には直接汚染、転流汚染
ミズナ	153	200	行方市	3月24日	主要には直接汚染、転流汚染
サニーレタス	150	2300	古川市	3月25日	主要には直接汚染、転流汚染
ニラ	26	380	茨城県内	3月26日	主要には直接汚染、転流汚染
パセリ	2110	12000	鉾田市	3月30日	主要には直接汚染、転流汚染
レタス	24	140	茨城県内	3月30日	主要には直接汚染、転流汚染
ハクサイ	23	66	坂東市	3月30日	主要には直接汚染、転流汚染
コマツナ	460	270	茨城町	3月31日	主要には直接汚染、転流汚染
カキナ	195	330	つくば市	4月6日	主要には直接汚染、転流汚染
ハクサイ	17	17	茨城県内	4月8日	主要には直接汚染、転流汚染
ウメ	40		水戸市	6月2日	主要には直接汚染、転流汚染

果物類	セシウム134、137合計量(Bq/kg)	ヨウ素131(Bq/kg)	産地(市町村名)	試料採取日	汚染経路
イチゴ	24	6	茨城県内	4月10日	主要には直接汚染、転流汚染
ブルーベリー	33		かすみがうら市	7月23日	間接汚染

キノコ・山菜類	セシウム134、137合計量(Bq/kg)	ヨウ素131(Bq/kg)	産地(市町村名)	試料採取日	汚染経路
シイタケ(原木)	260		かすみがうら市	7月11日	間接汚染

肉・乳製品類	セシウム134、137合計量(Bq/kg)	ヨウ素131(Bq/kg)	産地(市町村名)	試料採取日	汚染経路
原乳	64	1700	河内町	3月19日	餌汚染による生物濃縮
牛肉	160		茨城県内	7月27日	餌汚染による生物濃縮

魚類(川の魚類)	セシウム134、137合計量(Bq/kg)	ヨウ素131(Bq/kg)	産地(市町村名)	試料採取日	汚染経路
アユ	174	3	久慈川(常陸太田市)	5月19日	河底、湖底汚染による生物濃縮
コイ(養殖)	38		霞ヶ浦(西浦)	6月13日	河底、湖底汚染による生物濃縮
ウナギ	55		霞ヶ浦(北浦)	6月15日	河底、湖底汚染による生物濃縮
ワカサギ	87		霞ヶ浦(西浦)	7月23日	河底、湖底汚染による生物濃縮

海の魚類	セシウム134、137合計量(Bq/kg)	ヨウ素131(Bq/kg)	産地(市町村名)	試料採取日	汚染経路
シラウオ	294	52	日立市沖	4月22日	原発構内からの汚染水放流による直接汚染
イカナゴ稚魚	1374	420	北茨城市沖	4月29日	原発構内からの汚染水放流による直接汚染
エゾアイナメ	224		鹿嶋市沖	5月6日	海底汚染と食物連鎖による生物濃縮
ボタンエビ	134		神栖市沖	5月17日	海底汚染と食物連鎖による生物濃縮
ヒラメ	90		日立市沖	5月18日	海底汚染と食物連鎖による生物濃縮
スズキ	50		鹿嶋市沖	5月18日	海底汚染と食物連鎖による生物濃縮
エゾアワビ	290	84	北茨城市沖	5月23日	海底汚染と食物連鎖による生物濃縮
キタムラサキウニ	371	20	北茨城市沖	5月23日	海底汚染と食物連鎖による生物濃縮
イワガキ	45		大洗町地先	6月7日	海底汚染と食物連鎖による生物濃縮
貝焼きウニ	450	7	北茨城市沖	6月7日	海底汚染と食物連鎖による生物濃縮

マアジ	250		鉾田市沖	6月27日	原発構内からの汚染水放流による直接汚染
マサバ	110		ひたちなか市沖	7月4日	原発構内からの汚染水放流による直接汚染
イセエビ	58		日立市地先	7月6日	海底汚染と食物連鎖による生物濃縮

その他	セシウム134、137合計量（Bq/kg）	ヨウ素131（Bq/kg）	産地（市町村名）	試料採取日	汚染経路
茶（生葉）	1030		城里町	5月18日	主要には直接汚染と転流汚染、2012年からは間接汚染も考えられる

付表1―③　食品汚染の測定値、産地、試料採取日、汚染経路（栃木県）

◎ 目標設定は2012年度において汚染ゼロを目指す ◎

注1）厚生労働省調査結果の茨城県汚染データ357件および新聞情報より食品別に汚染レベルの高い数値を抜き出し分類

注2～9）（福島県と同様）

穀物類	セシウム134、137合計量（Bq/kg）	ヨウ素131（Bq/kg）	産地（市町村名）	試料採取日	汚染経路
六条大麦	26		栃木市、壬生町、岩舟町	7月6日	間接汚染、転流汚染
ソバ	46		日光市	7月19日	間接汚染、転流汚染
二条大麦	68		鹿沼市、日光市	7月25日	間接汚染、転流汚染
米	データ未公表	データ未公表			間接汚染、転流汚染

野菜類	セシウム134、137合計量（Bq/kg）	ヨウ素131（Bq/kg）	産地（市町村名）	試料採取日	汚染経路
カキナ	280	2000	佐野市	3月19日	主要には直接汚染、＋転流汚染
ネギ	250	110	大田原市	3月19日	主要には直接汚染、＋転流汚染
ホウレンソウ	770	5700	壬生町	3月20日	主要には直接汚染、＋転流汚染
ニラ	52	511	栃木市	3月22日	主要には直接汚染、＋転流汚染
シュンギク	153	4340	さくら市	3月24日	主要には直接汚染、＋転流汚染
ミズナ	104	210	栃木県内	4月1日	主要には直接汚染、＋転流汚染

果物類	セシウム134、137合計量（Bq/kg）	ヨウ素131（Bq/kg）	産地（市町村名）	試料採取日	汚染経路
イチゴ	23	100	栃木県内	3月22日	主要には直接汚染、＋転流汚染
ブルーベリー	12		佐野市	6月21日	間接汚染

キノコ・山菜類	セシウム134、137合計量（Bq/kg）	ヨウ素131（Bq/kg）	産地（市町村名）	試料採取日	汚染経路
シイタケ（原木）	209		栃木県内	5月8日	間接汚染

肉・乳製品類	セシウム134、137合計量（Bq/kg）	ヨウ素131（Bq/kg）	産地（市町村名）	試料採取日	汚染経路
原乳	42		県北	3月24日	餌汚染による生物濃縮
牛肉	904		栃木市	7月28日	餌汚染による生物濃縮

魚類（川の魚類）	セシウム134、137合計量（Bq/kg）	ヨウ素131（Bq/kg）	産地（市町村名）	試料採取日	汚染経路
アユ	460	19	茂木町	5月10日	河底、湖底汚染による生物濃縮
ヒメマス	54		日光市	5月10日	河底、湖底汚染による生物濃縮

その他	セシウム134、137合計量（Bq/kg）	ヨウ素131（Bq/kg）	産地（市町村名）	試料採取日	汚染経路
茶（荒茶、二番茶）	560		大田原市	5月12日	主要には直接汚染と転流汚染、2012年からは間接汚染も考えられる
茶（生葉）	520		大田原市	5月20日	主要には直接汚染と転流汚染、2012年からは間接汚染も考えられる

付表 1—④　食品汚染の測定値、産地、試料採取日、汚染経路（群馬県）

◎ 目標設定は 2012 年度において汚染ゼロを目指す ◎

注 1）厚生労働省調査結果の群馬県汚染データ 568 件および新聞情報より食品別に汚染レベルの高い数値を抜き出し分類

注 2 〜 9）（福島県と同様）

穀物類	セシウム134、137合計量(Bq/kg)	ヨウ素131(Bq/kg)	産地（市町村名）	試料採取日	汚染経路
六条大麦	29		前橋市	7月4日	間接汚染、転流汚染
小麦	53		前橋市	7月4日	間接汚染、転流汚染
二条大麦	54		前橋市	7月4日	間接汚染、転流汚染
米	データ未公表	データ未公表			間接汚染、転流汚染

野菜類	セシウム134、137合計量(Bq/kg)	ヨウ素131(Bq/kg)	産地（市町村名）	試料採取日	汚染経路
シュンギク	116	1040	館林市	3月22日	主要には直接汚染、＋転流汚染
ブロッコリー	84	160	群馬県内	3月23日	主要には直接汚染、＋転流汚染
ミズナ	72	201	渋川市	3月24日	主要には直接汚染、＋転流汚染
ミツバ	55	333	前橋市	3月25日	主要には直接汚染、＋転流汚染
ノザワナ	68	248	甘楽町	3月25日	主要には直接汚染、＋転流汚染
キュウリ	23	17	群馬県内	3月27日	主要には直接汚染、＋転流汚染
カキナ	157	220	前橋市	3月28日	主要には直接汚染、＋転流汚染
チンゲンサイ	82	52	群馬県内	4月4日	主要には直接汚染、＋転流汚染
ホウレンソウ	480	190	前橋市	4月4日	主要には直接汚染、＋転流汚染
ウメ	99		川場村	6月6日	主要には直接汚染、＋転流汚染

果物類	セシウム134、137合計量(Bq/kg)	ヨウ素131(Bq/kg)	産地（市町村名）	試料採取日	汚染経路
イチゴ	3	28	館林市	3月23日	主要には直接汚染、＋転流汚染

キノコ・山菜類	セシウム134、137合計量(Bq/kg)	ヨウ素131(Bq/kg)	産地（市町村名）	試料採取日	汚染経路
シイタケ(露地)	82	8	高崎市	4月20日	間接汚染

肉・乳製品類	セシウム134、137合計量(Bq/kg)	ヨウ素131(Bq/kg)	産地(市町村名)	試料採取日	汚染経路
原乳	42		県北	3月24日	餌汚染による生物濃縮
牛肉	250		群馬県内	7月27日	餌汚染による生物濃縮

魚類(川の魚類)	セシウム134、137合計量(Bq/kg)	ヨウ素131(Bq/kg)	産地(市町村名)	試料採取日	汚染経路
アユなど	データ未公開	データ未公開			餌汚染による生物濃縮

その他	セシウム134、137合計量(Bq/kg)	ヨウ素131(Bq/kg)	産地(市町村名)	試料採取日	汚染経路
茶(生葉)	450		桐生市	5月24日	主要には直接汚染と転流汚染、2012年からは間接汚染も考えられる
茶(荒茶、一番茶)	1010		桐生市	6月27日	主要には直接汚染と転流汚染、2012年からは間接汚染も考えられる
桑(乾燥粉末)	450		高崎市	7月11日	主要には直接汚染と転流汚染、2012年からは間接汚染も考えられる

付表1—⑤ 食品汚染の測定値、産地、試料採取日、汚染経路(千葉県)

◎ 目標設定は2012年度において汚染ゼロを目指す ◎

注1) 厚生労働省調査結果の千葉県汚染データ633件および新聞情報より食品別に汚染レベルの高い数値を抜き出し分類

注2～9) (福島県と同様)

穀物類	セシウム134、137合計量(Bq/kg)	ヨウ素131(Bq/kg)	産地(市町村名)	試料採取日	汚染経路
六条大麦	30		野田市	6月16日	間接汚染、転流汚染
小麦	115		長南町	7月1日	間接汚染、転流汚染
米	データ未公表	データ未公表			間接汚染、転流汚染

野菜類	セシウム134、137合計量(Bq/kg)	ヨウ素131(Bq/kg)	産地(市町村名)	試料採取日	汚染経路
サンチュ	66	2800	旭市	3月22日	主要には直接汚染、+転流汚染

ミツバ	89	1900	旭市	3月22日	主要には直接汚染、+転流汚染
チンゲンサイ	106	2200	旭市	3月22日	主要には直接汚染、+転流汚染
ナバナ	171	1200	旭市	3月22日	主要には直接汚染、+転流汚染
コマツナ	204	890	市原市	3月27日	主要には直接汚染、+転流汚染
ホウレンソウ	89	482	香取市	3月30日	主要には直接汚染、+転流汚染
セルリー	159	1500	旭市	3月30日	主要には直接汚染、+転流汚染
シュンギク	131	2200	旭市	3月31日	主要には直接汚染、+転流汚染
パセリ	89	340	旭市	4月14日	主要には直接汚染、+転流汚染

果物類	セシウム134、137合計量(Bq/kg)	ヨウ素131(Bq/kg)	産地(市町村名)	試料採取日	汚染経路
イチゴ	11	91	旭市	3月22日	主要には直接汚染、+転流汚染
ビワ	11		館山市	3月24日	主要には直接汚染、+転流汚染

肉・乳製品類	セシウム134、137合計量(Bq/kg)	ヨウ素131(Bq/kg)	産地(市町村名)	試料採取日	汚染経路
牛乳	4	29	千葉県内	3月24日	餌汚染による生物濃縮

魚類(海の魚類)	セシウム134、137合計量(Bq/kg)	ヨウ素131(Bq/kg)	産地(市町村名)	試料採取日	汚染経路
アサリ	10	7.2	金田漁港	4月26日	海底汚染、生物濃縮
カタクチイワシ	28		銚子漁港	5月12日	原発敷地内からの直接放流汚染
ブリ(可食部)	21		鴨川漁港	6月3日	原発敷地内からの直接放流汚染
ブリ(内臓部)	34		鴨川漁港	6月3日	原発敷地内からの直接放流汚染
マサバ	17		銚子沖東30km	6月11日	原発敷地内からの直接放流汚染
マイワシ	22		銚子漁港	6月29日	原発敷地内からの直接放流汚染
キンメダイ	8		銚子漁港	6月29日	海底汚染、生物濃縮

その他	セシウム134、137合計量(Bq/kg)	ヨウ素131(Bq/kg)	産地(市町村名)	試料採取日	汚染経路
茶(生葉)	985		八街市	5月19日	主要には直接汚染と転流汚染、2012年からは間接汚染も考えられる
茶(荒茶、一番茶)	2300		勝浦市	6月29日	主要には直接汚染と転流汚染、2012年からは間接汚染も考えられる
茶(荒茶、二番茶)	1840		野田市	7月13日	主要には直接汚染と転流汚染、2012年からは間接汚染も考えられる

付表1―⑥　食品汚染の測定値、産地、試料採取日、汚染経路（埼玉県、東京都、神奈川県）

◎ 目標設定は2012年度において汚染ゼロを目指す ◎

注1）厚生労働省調査結果の埼玉県、東京都、神奈川県汚染データ705件および新聞情報より食品別に汚染レベルの高い数値を抜き出し分類

各県の測定件数：埼玉県（328件）、東京都（139件）、神奈川（238件）

注2〜9）（福島県と同様）

穀物類	セシウム134、137合計量(Bq/kg)	ヨウ素131(Bq/kg)	産地(市町村名)	試料採取日	汚染経路
小麦	73		東京都東久留米市	6月8日	直接汚染、間接汚染、転流汚染
六条大麦	33		埼玉県熊谷市	6月20日	直接汚染、間接汚染、転流汚染
二条大麦	41		埼玉県川島町	6月29日	直接汚染、間接汚染、転流汚染
小麦	32		埼玉県桶川市	6月29日	直接汚染、間接汚染、転流汚染

野菜類	セシウム134、137合計量(Bq/kg)	ヨウ素131(Bq/kg)	産地(市町村名)	試料採取日	汚染経路
ブロッコリー	52	130	埼玉県流通品	3月23日	主要には直接汚染、＋転流汚染
ワケネギ	33	300	東京都江戸川区	3月23日	主要には直接汚染、＋転流汚染
コマツナ	890	1700	東京都江戸川区	3月23日	主要には直接汚染、＋転流汚染
ホウレンソウ	108	1300	東京都立川市	3月24日	主要には直接汚染、＋転流汚染
ミズナ	55	990	埼玉県三郷市	3月24日	主要には直接汚染、＋転流汚染

コマツナ	135	480	埼玉県流通品	3月31日	主要には直接汚染、＋転流汚染
ホウレンソウ	310		埼玉県流通品	4月4日	主要には直接汚染、＋転流汚染
ホウレンソウ	152	670	神奈川県海老名市	4月5日	主要には直接汚染、＋転流汚染
ウメ	24		神奈川県湯河原町	5月17日	主要には直接汚染、＋転流汚染

キノコ・山菜類	セシウム134、137合計量（Bq/kg）	ヨウ素131（Bq/kg）	産地（市町村名）	試料採取日	汚染経路
シイタケ（原木）	35		埼玉県秩父市	4月19日	間接汚染
シイタケ（原木）	71		神奈川県小田原市	7月4日	間接汚染

肉・乳製品類	セシウム134、137合計量（Bq/kg）	ヨウ素131（Bq/kg）	産地（市町村名）	試料採取日	汚染経路
原乳	4	28	埼玉県深谷市	3月22日	餌汚染による生物濃縮
牛肉	188		埼玉県川島市流通品	7月21日	餌汚染による生物濃縮

魚類（川の魚類）	セシウム134、137合計量（Bq/kg）	ヨウ素131（Bq/kg）	産地（市町村名）	試料採取日	汚染経路
アユ	175		多摩川中流（東京都稲城市）	5月25日	河底、湖底汚染による生物濃縮
アユ	85		荒川（埼玉県朝霞市）	6月7日	河底、湖底汚染による生物濃縮
ワカサギ	71		神奈川県箱根町	7月26日	河底、湖底汚染による生物濃縮
ヒメマス	57		神奈川県箱根町	7月26日	河底、湖底汚染による生物濃縮

海の魚類	セシウム134、137合計量（Bq/kg）	ヨウ素131（Bq/kg）	産地（市町村名）	試料採取日	汚染経路
マイワシ	4		神奈川県小田原漁港	4月11日	原発構内からの汚染水放流による直接汚染
ゴマサバ	6		神奈川県小田原漁港	6月21日	原発構内からの汚染水放流による直接汚染
マアジ	15		神奈川県小田原漁港	7月5日	原発構内からの汚染水放流による直接汚染

その他	セシウム134、137合計量(Bq/kg)	ヨウ素131(Bq/kg)	産地(市町村名)	試料採取日	汚染経路
茶(生葉)	1340		神奈川県愛川町	5月11日	主要には直接汚染と転流汚染、2012年からは間接汚染も考えられる
茶(荒茶)	3000		神奈川県足柄町	5月12日	主要には直接汚染と転流汚染、2012年からは間接汚染も考えられる
茶(製茶、一番茶)	2700		東京都板橋区	6月15日	主要には直接汚染と転流汚染、2012年からは間接汚染も考えられる
茶(製茶、一番茶)	270		埼玉県飯能市	6月16日	主要には直接汚染と転流汚染、2012年からは間接汚染も考えられる
茶(荒茶、一番茶)	1140		神奈川県松田町	6月20日	主要には直接汚染と転流汚染、2012年からは間接汚染も考えられる
茶(生葉、二番茶)	350		東京都板橋区	6月22日	主要には直接汚染と転流汚染、2012年からは間接汚染も考えられる
茶(荒茶、二番茶)	98		埼玉県所沢市	7月14日	主要には直接汚染と転流汚染、2012年からは間接汚染も考えられる

付表1―⑦　食品汚染の測定値、産地、試料採取日、汚染経路（新潟県、長野県、山梨県、静岡県、岐阜県、愛知県）

◎ 目標設定は2012年度において汚染ゼロを目指す ◎

注1）厚生労働省調査結果の新潟県、長野県、山梨県、静岡県、岐阜県、愛知県の汚染データ1047件および新聞情報より食品別に汚染レベルの高い数値を抜き出し分類
各県の測定件数:新潟県（653件）、長野県（137件）、山梨県（15件）、静岡県（193件）、岐阜県（16件）、愛知県（33件）
注2～9）（福島県と同様）

野菜類	セシウム134、137合計量(Bq/kg)	ヨウ素131(Bq/kg)	産地(市町村名)	試料採取日	汚染経路
ホウレンソウ	82	58	長野県千曲市	3月24日	主要には直接汚染、＋転流汚染

キノコ・山菜類	セシウム134、137合計量(Bq/kg)	ヨウ素131(Bq/kg)	産地(市町村名)	試料採取日	汚染経路
シイタケ(原木)	12		長野県上田市	5月11日	間接汚染

肉・乳製品類	セシウム134、137合計量(Bq/kg)	ヨウ素131(Bq/kg)	産地(市町村名)	試料採取日	汚染経路
牛肉	360		新潟県流通品	7月20日(発表日)	餌汚染による生物濃縮
牛肉	310		静岡県富士宮市流通品	7月21日(発表日)	餌汚染による生物濃縮
牛肉	228		岐阜県流通品	7月26日(発表日)	餌汚染による生物濃縮

海の魚類	セシウム134、137合計量(Bq/kg)	ヨウ素131(Bq/kg)	産地(市町村名)	試料採取日	汚染経路
アジ	0.58	0.21	静岡県発電所周辺海域	4月6日	原発構内からの汚染水放流による直接汚染
シラス	0.42		静岡県発電所周辺海域	4月25日	原発構内からの汚染水放流による直接汚染
マダイ	21		新潟港	7月28日(発表日)	海底汚染と食物連鎖による生物濃縮

その他	セシウム134、137合計量(Bq/kg)	ヨウ素131(Bq/kg)	産地(市町村名)	試料採取日	汚染経路
茶(生葉、製品)	100以上		伊豆茶、いわた茶、御前崎茶、小山町、掛川茶、金谷茶、菊川茶、御殿場市、静岡市、牧ノ原茶、島田茶、清水の茶、沼津茶、浜松茶、富士の茶、藤枝茶、富士宮の茶、森町茶	4月14日～6月28日	主要には直接汚染と転流汚染、2012年からは間接汚染も考えられる
茶(飲用)	11		静岡市	5月12日	主要には直接汚染と転流汚染、2012年からは間接汚染も考えられる
茶(生葉)	286		山梨県上野原町	5月16日	主要には直接汚染と転流汚染、2012年からは間接汚染も考えられる
茶(生葉)	266		山梨県大月市	5月16日	主要には直接汚染と転流汚染、2012年からは間接汚染も考えられる
荒葉(二番茶)	306		静岡市(藁科地区)流通品	5月20日	主要には直接汚染と転流汚染、2012年からは間接汚染も考えられる
茶(製茶、一番茶)	981		静岡市(藁科地区)流通品	6月13日	主要には直接汚染と転流汚染、2012年からは間接汚染も考えられる
茶(荒葉)	360		愛知県新城市(流通品)	6月13日	主要には直接汚染と転流汚染、2012年からは間接汚染も考えられる
茶(荒葉)	157		愛知県岡崎市(流通品)	6月13日	主要には直接汚染と転流汚染、2012年からは間接汚染も考えられる
茶(製茶)	654		静岡市(藁科地区)流通品	6月13日	主要には直接汚染と転流汚染、2012年からは間接汚染も考えられる

茶(荒茶、二番茶)	311		静岡市(庵原地区)	6月28日	主要には直接汚染と転流汚染、2012年からは間接汚染も考えられる
茶(荒茶、二番茶)	168		山梨県南部町	6月30日	主要には直接汚染と転流汚染、2012年からは間接汚染も考えられる

付表 1—⑧　食品汚染の測定値、産地、試料採取日、汚染経路（宮城県、山形県、岩手県、秋田県、青森県、北海道）

◎ 目標設定は 2012 年度において汚染ゼロを目指す ◎

注 1）厚生労働省調査結果の宮城県、山形県、岩手県、秋田県、青森県、北海道の汚染データ 616 件および新聞情報より食品別に汚染レベルの高い数値を抜き出し分類
各県の測定件数：宮城県（300 件）、山形県（207 件）、岩手県（63 件）、秋田県（5 件）、青森県（16 件）、北海道（25 件）
注 2 ～ 9）（福島県と同様）

穀物類	セシウム134、137合計量(Bq/kg)	ヨウ素131(Bq/kg)	産地(市町村名)	試料採取日	汚染経路
六条大麦	53		宮城県角田市	6月28日	間接汚染、転流汚染
小麦	21		宮城県角田市	7月8日	直接汚染、間接汚染、転流汚染

野菜類	セシウム134、137合計量(Bq/kg)	ヨウ素131(Bq/kg)	産地(市町村名)	試料採取日	汚染経路
コマツナ	120	374	宮城県仙台市	3月25日	主要には直接汚染、＋転流汚染
ホウレンソウ	126	30	宮城県丸森町	4月25日	主要には直接汚染、＋転流汚染
ウメ	49		宮城県大崎町	6月27日	主要には直接汚染、＋転流汚染
ウメ	11		山形県寒河江市	6月28日	主要には直接汚染、＋転流汚染

果物類	セシウム134、137合計量(Bq/kg)	ヨウ素131(Bq/kg)	産地(市町村名)	試料採取日	汚染経路
サクランボ	17		山形県天童市	6月9日	主要には直接汚染、＋転流汚染

キノコ・山菜類	セシウム134、137合計量(Bq/kg)	ヨウ素131(Bq/kg)	産地(市町村名)	試料採取日	汚染経路
シイタケ(原木)	156		宮城県白石市	4月24日	間接汚染
タケノコ	203		宮城県大崎町	6月13日	直接汚染、転流汚染、間接汚染

肉・乳製品類	セシウム134、137合計量 (Bq/kg)	ヨウ素131 (Bq/kg)	産地 (市町村名)	試料採取日	汚染経路
原乳	12		宮城県大崎町	5月10日	餌汚染による生物濃縮
原乳	24		岩手県一関市	7月11日	餌汚染による生物濃縮
牛肉(煮込み料理)	171	173	北海道千歳市	7月11日	餌汚染による生物濃縮
牛肉	1210		岩手県流通品	7月22日	餌汚染による生物濃縮
牛肉	520		秋田県流通品	7月22日	餌汚染による生物濃縮
牛肉	590		山形県鶴岡市流通品	7月24日	餌汚染による生物濃縮
牛肉	930		宮城県内流通品	7月26日	餌汚染による生物濃縮

魚類 (川の魚類)	セシウム134、137合計量 (Bq/kg)	ヨウ素131 (Bq/kg)	産地 (市町村名)	試料採取日	汚染経路
ヤマメ	305		内川(宮城県丸森町)	6月7日	河底、湖底汚染による生物濃縮
アユ	227		阿武隈川(宮城県丸森町)	6月13日	河底、湖底汚染による生物濃縮
シロサケ	7		北海道東北太平洋沖	6月30日	原発構内からの汚染水放流による直接汚染
サンマ	12		北海道東北太平洋沖	6月30日	原発構内からの汚染水放流による直接汚染
ギンザケ	13		岩手県大船渡漁港	7月5日	河底、湖底汚染による生物濃縮
アユ	27		山形県米沢市大樽川	7月16日	河底、湖底汚染による生物濃縮
カラフトマス	77		北海道東北太平洋沖	7月23日	原発構内からの汚染水放流による直接汚染

海の魚類	セシウム134、137合計量 (Bq/kg)	ヨウ素131 (Bq/kg)	産地 (市町村名)	試料採取日	汚染経路
エゾアワビ	5.2	2.1	宮城県七ヶ浜沖	5月25日	海底汚染と食物連鎖による生物濃縮
アサリ	7		宮城県松島地先	6月6日	海底汚染と食物連鎖による生物濃縮
スズキ	19		仙台湾	6月13日	海底汚染と食物連鎖による生物濃縮

ゴマサバ	7.2		宮城県沖	6月20日	原発構内からの汚染水放流による直接汚染
マダラ	12		宮城県志津川沖	7月7日	原発構内からの汚染水放流による直接汚染
ヒラメ(可食部)	5.4		宮城県女川漁港	7月8日	海底汚染と食物連鎖による生物濃縮
ヒラメ(内臓部)	38		宮城県女川漁港	7月9日	海底汚染と食物連鎖による生物濃縮

6　土壌、屋根、道路・駐車場などの汚染状況と除染方法

◆土壌の汚染状況と除染方法◆

放射性セシウムによる生活環境の汚染実態を知るためには「土壌、屋根、道路、壁などはどのような材質でできており、それら材質の表面からどの深さまで汚染されているか」を詳細に調べる必要があります。私が実施している測定法は「ブラシング＋吸引」装置で、材質表面を削ります。その後に、塩ビパイプの上から1㎜厚さの鉛板を7枚程度巻きつけた放射線遮蔽筒の中に、シンチレーション・サーベイメーターの先端部を入れて、測定します。詳細については、「Ⅱ 放射能除染マニュアル」を参照してください。

土壌とは「岩石成分と腐植質の混合物」であるといえます。多くの岩石は風化して粘土鉱物へと変化していきます。それに、森林や田畑や雑草などの植物が腐植して分解しながら土壌成分として混合していきます。

セシウムは1価の陽イオンで、電子の最外殻直径が大きく、反応力が強いという性質があ

りました。一方で、土壌の代表的な岩石成分であるモンモリナイト、カオリナイト、アロフェン、それに腐植質が分解してできる腐植酸は**表6―1**に示すように負電荷を保有しており、陽イオンとイオン結合したり、イオン交換しやすい条件を有しています。

岩石成分の中では、ケイ酸4面体層にアルミナ8面体層がサンドイッチのように挟まれた2―1型単位層のモンモリナイトが大きな負電荷を有しています。カオリナイトはより風化が進んだ状態でケイ酸4面体が2層になった1―1型単位層をしており、負電荷は小さいという特徴があります。火山灰土壌の主要な成分であるアロフェンは直径が0・005μ程度の小さな円板状殻に穴が開いた構造で、モンモリナイトとカオリナイトの中間の負電荷を有しています。

土壌成分の中で、腐植質は分解して植物の栄養となるだけでなく、土壌の水分保持、通気性、団粒形成などに重要な役割を果たしています。光合成植物は組織体の骨格形成としてセルロース、ヘミセルロース、接着剤的役割としてリグニンを形成します。それに、細胞内栄養や組織として糖、デンプン、タンパク質、脂質

表6―1　岩石成分（粘土鉱物）と腐植酸の、形、比表面積

荷電物質	負電荷量 CEC（meq/100g）	形	比表面積 m^2/g
粘土鉱物 （モンモリナイト：酸性白土）	80〜150	薄片状	800
粘土鉱物 （カオリナイト）	3〜15	薄片状（六角形）	10〜20
粘土鉱物 （アロフェン）	20〜30	円盤状	600以上
腐植酸（フミン酸、フルビン酸など）	500〜600	球状	200〜300

岩田進午『土のはなし』大月書店、科学全書17、104ページより引用して作成
注）CECとは陽イオンとの交換容量（負電荷量の尺度）
注）meq = 6×10^{20} 個の荷電数

を形成します。植物が枯れて土壌の中に取りこまれ分解をはじめると、最初に糖、デンプン、ある種のタンパク質が分解されます。つぎに、セルロースなどの分解が進みます。分解して生産される物質は二酸化炭素、水、栄養塩となるアンモニア、硝酸塩などです。

リグニンは分解が遅く土壌成分として残留します。『環境理解のための基礎科学』(J・Wムーア、東京化学同人、281ページ)によると、「土壌有機物の50%はリグニン、30%はバクテリアなど微生物に取り込まれたタンパク質である」とされています。リグニンは極めて安定であり、二酸化炭素と水を放出させるためには地質学的な高温、高圧が必要でした。石炭などの化石燃料は古代植物のリグニンなどが地質条件的変化を起こして形成されたと考えられています。そのようなリグニンも、土壌の中の空気、土壌生物の酵素などによって徐々に変化し腐植酸(フミン酸やフルビン酸など)が形成されます。これらの腐植酸は、**表6―1**に示すように大きな負電荷を有しており、セシウムのような陽イオンを引きつけてイオン交換する能力が高いことがわかります。腐植酸は巨大分子ですが、それが帯電するのは分子の端にカルボキシル基(-COOH)や水酸基(-OH)を有するからです。これらのHとセシウムの陽イオンが置き換わることによってイオン交換がなされると考えられます。

実際の土壌や稲わら、堆肥、リグニン、腐植酸にセシウム137がどのような状態で溶解、吸着、固定されているかということについて、『土壌及び土譲――植物系における放射性ストロンチウムとセシウムの挙動に関する研究』(津村昭人他、農技研報36、57―113、1984年)

から引用して説明します。この文献は、セシウム137、ストロンチウム90が土壌や稲など植物中でどのような挙動をするのかについて、詳細な基礎実験を行っており、土壌や植物の除染方法についても貴重な情報を提供しています。

表6—2は、「土壌及び各種有機物によるセシウム137の吸着・固定の三つの形態」をまとめたものです。ここで三つの形態とは、①水に溶けたイオン交換態、②イオン交換可能ではあるが腐植質、岩石成分に結合した非水溶性交換態、③主要には岩石成分の結晶構造の中に取り込まれ容易には離れない固定態、ということです。福島第一原発から広範囲に土壌、建築物、植物上に水に溶けた状態で降りそそいだ放射性セシウムの現在における存在状態は、時間と共に存在比率が変化して、その比率は様々ですが、「この三つの状態で存在している」という理解は、除染技術を考える際に極めて重要です。時間と共に、水に溶けた状態から腐植質や岩石成分に取り込まれていく

表6—2　土壌及び各種有機物によるセシウム137の吸着・固定の三つの形態

有機物、土壌名	水溶性交換態（%）	非水溶性交換態（%）	固定態（%）
高田土壌（モンモリナイト40%の粘土成分のグライ土）	0.2	45.7	54.1
甲府土壌（アロフェンが5%の粘土成分の黒ボク土）	0.3	39.5	60.2
盛岡土壌（カオリナイトが20%程度の灰色低地土）	0.7	42.8	57.2
風乾稲わら	34.1	33.8	32.1
完熟堆肥	8.0	46.0	46.0
リグニン	12.2	56.6	31.2
腐植酸	0.7	47.4	51.9

津村昭人他『土壌及び土譲——植物系における放射性ストロンチウムとセシウムの挙動に関する研究』農技研報 36, 57-113（1984）から引用して作成

という動的変化を起こします。ただし、存在比率は固定的ではなく、腐植質の分解が進めば、それに付着した状態から水溶性へ変化するものと考えられます。また、カリウム肥料など別の陽イオンが土壌に投入される場合は、イオン交換が起こります。このように「三つの状態が動的に変化していく」という認識も除染する際に必要となります。

表6—2を見ると、土壌の岩石成分が異なっていても、その存在形態は、固定態が半分強、交換態（水溶性＋非水溶性）が半分弱である比率はそれほど違いません。

このことから、土壌に入った放射性セシウムの半分以上は、固定態として取りこまれて、容易には水に溶け出してこないことがわかります。植物は「水に溶けた状態の栄養を吸収することができる」ので、これらの放射性セシウムは、植物に直接吸収されることはありません。一方で、イオン交換可能な状態が半分弱あることも認識しておかなくてはなりません。

津村さんたちは、土壌の中に別の陽イオンを投入した場合、三つの存在比率がどのように変化するのかについても実験を行っています。投入される陽イオンとしては非放射性セシウム133が「担体」として使用されました。その結果を**表6—3**に示します。

表6—2と比べて3種類の土壌とも固定態の比率が下がり、非水溶性交換態の比率が大きく増加し、水溶性交換態も増加しています。このことより、土壌に新たな陽イオンが投入される場合、イオン交換態が増えることが明らかになりました。

投入される陽イオンの種類によって交換能力に違いがあります。津村さんたちの研究では、セシウム133（Cs+）は圧倒的に交換能力が高く、それに次いでアンモニウム（NH4+）、カリウム（K+）、バリウム（Ba+）の順番になっています。

このような陽イオン投入による変化を除染活用する方法があります。水田に陽イオンを投入して水溶性の放射性セシウムを増やし、ゼオライト、バーミキュライト、プルシアンブルー付着布などでそれを吸着、回収させる方法です。

以上のような土壌汚染のメカニズムが理解できたとして、実際に農地土壌に関してどのような除染方法が適切なのかを検討します。日本農学会は「東日本大震災からの農林水産業の復興に向けて——被害の認識と理解、復興へのテクニカル・リコメンデーション」（2011年11月17日）という報告書を公表しました。それによると、土壌除染法の放射性物質除去率は①表土削り取り（75％）、②表土固化後の削り取り（82％）、③芝、牧草の剥ぎ取り（97％）、④表土水攪拌除去（36％）、⑤反転耕（55％）、⑥ひまわり植栽（0.7％）ということになっています。これ以外にも実績のある除染方法として、⑦ゼオライト、バーミキュライトなどによる吸着法、⑧カリウムなど陽イオン投入法などがあります。これまでの経験と文献などからの知見を踏まえて、これらの方法の総合評価をして**表6—4**に示します。

表6—3　陽イオン（非放射性セシウム133）を投入した場合の三つの状態の比較変化（表6-2との比較）

土壌名	水溶性交換態（%）	非水溶性交換態（%）	固定態（%）
高田土壌	14.5	75.7	9.8
甲府土壌	30.4	64.8	5.2
盛岡土壌	38.4	58.8	2.8

津村昭人他「土壌及び土譲——植物系における放射性ストロンチウムとセシウムの挙動に関する研究」農技研報36, 57-113（1984）から引用して作成

表 6—4　土壌除染方法の総合評価

除染方法	総合評価
表土削り取り法	表土を5 cm程度削り取る方法は、特に高濃度汚染地域で有効である。表土を削り取る場合は、固め剤を使用して体積減少と被曝防止を行う必要がある。しかし、低濃度汚染地域にまでこの方法を広げると、除去される汚染土壌の量が膨大になり、保管場所の確保が困難であるとともに、コストが高くなる。耕作が実施されている田畑では、汚染土壌が深い場所にまで侵入しており、表土だけでは除染できない状態になっている。低濃度汚染地域において、田畑や森林の土壌を剥ぐ方法は事実上不可能である。
雑草、牧草、芝などの除去法 農業用ネットによる雑草除去法	田畑、森林の除染の始まりは、雑草除去である。耕さずに放置されている田畑は雑草が繁殖し、放射性物質を吸収している。これら雑草を根から除去し、堆肥ボックス等へ入れて体積減少させれば、効果的な除染方法になる。一度、根を取ったあとは、農業用ネットを被せておけば、新たに繁殖してくる雑草と、根に付いた汚染土壌を効果的に除去することができる。
〈代かき＋浮遊泥除去〉法	水田等に水を入れて表土を耕運機で攪乱し、濁水の中の浮遊泥を布などですくい取るか、濁水を回収して浮遊泥をろ過する方法は、1回だけの除染効果は限定的であるが、土を多く剥ぎ取ることがなく、廃棄物量が少ない方法である。
ゼオライト、バーミキュライト、プルシアンブルー付着布などによる吸着、回収法	土のうにゼオライトやバーミキュライトを入れて汚染水田などに投入、吸着後に回収して、安全管理する方法は、森林から水田に入り込む汚染水などにも臨機応変に対応でき有効である。
カリウムなど陽イオン投入法	カリウム肥料などを水田に投入しておくと、稲がカリウムを取り込み、稲に放射性セシウムが吸収される量を抑制する効果がある。逆に、アンモニウムイオンなどを投入すれば、土壌から放射性セシウムが溶け出す効果があり、その後に吸着剤によって吸着・除去する方法がある。
反転耕	土壌を反転させることによって、放射性セシウムの吸収量を少なくできるのは1回目だけで、2回目は実施できない。放射性物質を除去したことにはならず、作業被曝は残るし、問題の先送りである。

◆屋根の汚染状況と除染方法◆

屋根は大きく①和風瓦（素焼き瓦、釉薬瓦）、②スレート、コンクリート瓦、③トタン（金属）葺《ぶ》き、の3種類に分類されます。

和風瓦のうち素焼き瓦は粘土を型枠に入れて乾燥させ高温で焼き固めています。釉薬瓦は乾燥後の表面に釉薬をかけて高温で焼いています。スレート、コンクリート瓦は素材のスレート（粘板岩）、セメントと繊維の複合材で瓦の形をつくりその上に塗料を塗布しています。トタン、ガリバリウム鋼板など金属板を使用して瓦葺きをし、その上から塗料をぬったものが広い意味でトタン葺きです。屋根について、その材質、汚染状況、除染方法のまとめを**表6—5**に示します。放射性セシウムは水に溶けた状態で瓦材質に浸透して結合したので、浸透の深さは水分が浸透する深さに近いと考えられます。いずれの瓦も、どの深さまで浸透しているか確認してから、適切な除染方法を選択する必要があります。

私たちの除染活動において、どこの家でも2階のほうが空間放射線量が高いという傾向がありました。原因は屋根材に浸透した放射性セシウムのγ線が2階の部屋まで浸透してくるからです。半年以上経過しても屋根の放射線量は低下しません。雨が降っても流されずに残留しているためです。テレビなどで除染場面を見ると、たいていは屋根などを圧力洗浄している光景が出てきます。圧力洗浄では、よく落ちても10％から20％しか低下しません。放射

表 6—5　屋根の材質、汚染状況、除染方法

瓦の種類と材質	汚染状況	除染方法
和風素焼き瓦(粘土を焼き固めている)	①焼き固められた粘土成分の表面から1〜2 mm下まで放射性セシウムが浸透している。 ②瓦と瓦の重なった部分にも放射性セシウムは侵入している。	①〈重なり部分も含めた丁寧なブラシング＋吸引〉＋壁紙方式による吸着・剥離 ②閉鎖系の少量水超高圧ビーム洗浄＋汚染水吸引＋汚染水ろ過 ③1 mm厚さの鉛板を天井裏や屋根材下に敷く
釉薬、いぶし瓦(釉薬瓦は表面に釉薬を塗って焼くのでガラス層が形成されている。いぶし瓦は、灯油などでいぶし炭素膜が形成されたもの)	①素焼きの場合に比べて、瓦表面にガラス層、炭素膜が形成されているため、粘土成分にまで達していない場合もあるが、表層のどの深さまで浸透しているかを確認する必要がある。 ②年月がたち、表面層が劣化していると、粘土層にまで達している場合もある。	①〈重なり部分も含めた丁寧なブラシング＋吸引〉＋壁紙方式による吸着・剥離 ②閉鎖系の少量水超高圧ビーム洗浄＋汚染水吸引＋ろ過 ③1 mm厚さの鉛板を天井裏や屋根材下に敷く
スレート、コンクリート瓦(スレート材、コンクリート瓦の表面が塗装されている。塗料成分は顔料と種々の樹脂と岩石成分などの添加物である)	①塗料膜表面下まで放射性セシウムが浸透している。 ②年月がたち、塗料が劣化したり亀裂がある場合は、スレート材やコンクリートに汚染が達している。	①剥がし液塗布＋布による吸着＋ブラシング＋吸引＋壁紙方式による吸着・剥離 ②閉鎖系の少量水超高圧ビーム洗浄＋汚染水吸引＋ろ過 ③1 mm厚さの鉛板を天井裏や屋根材下に敷く
トタン(金属)葺き(金属屋根の表面をさび止め、防水をかねて塗料が塗られている。塗料成分は顔料と種々の樹脂と岩石成分などの添加物である)	①塗料膜表面下まで放射性セシウムが浸透している。 ②塗料が劣化している場合は、金属表面に達している可能性もある。	①剥がし液塗布＋布による吸着＋ブラシング＋吸引＋壁紙方式による吸着・剥離 ②閉鎖系の少量水超高圧ビーム洗浄＋汚染水吸引＋ろ過 ③1 mm厚さの鉛板を天井裏や屋根材下に敷く

性セシウムは、屋根材の表面下数ミリまで浸透しているからです。天井近くの放射線量を測定すると、窓側の角や庇が近くにある部分が高い傾向があります。そのような部分の天井裏や屋根材下に1mm程度の鉛板を敷くと、放射線量が20～30％程度下がります。

「屋根の除染をするより、葺きかえた方がよい」という意見をよく聞きます。確かに、一つの案です。しかし、葺きかえの費用は除染費用が2倍から3倍程度になると考えられます。さらに汚染瓦の除去量が膨大であり、それの安全処理・管理などを考えると、場所がない、コストがかかるなどの問題があり、現実的に「葺きかえ法」は難しいと考えられます。

圧力洗浄だけでは、よく落ちても20％止まりです。本格的に屋根の除染をしないと、2階や1階の角に住めないという状態が続きます。これは大問題です。高所作業であるため専門性も必要となり、住民だけでは除染できません。住宅メーカー、屋根職人、工務店、ゼネコンをあげて、屋根の除染について総力で取り組むべきだと願っています。

◆道路・駐車場の汚染状況と除染方法◆

つぎに、道路、駐車場の汚染状況と除染方法の説明をします。道路や駐車場の材質は、コンクリート道路、駐車場はケイ酸カルシウムが主成分のセメントと砕石、砂などを混合してから固めて使用しています。アスファルトは、アスファルテンという成分、高分子炭化水素が、多環炭化水素の油やレジンの中にコロイド状に分散しています。道路や駐車場の場合は、アスファルトに砕石などを混合させて固めています。放射性セシウムはコンクリート、アスファルトともに成分と反応しますが、コンクリートには固く結合し、アスファルトとゆるく結合していると考えられます。**表6―6**に道路、駐車場の材質、汚染状況、除染方法を示します。

通学路の途中に道路、駐車場があり、そこの放射線量が高いという状態がよくあります。道路を管理している国土交通省、都道府県、市町村、それに大きな駐車場を所有管理している製造業、量販店、JRなどの企業は、資金、技術、人力があるはずで、早急に除染主体として登場していただき、費用は東電に請求してください。

表6―6　道路・駐車場の材質、汚染状況、除染方法

材質	汚染状況	除染方法
コンクリート製 (ケイ酸カルシウムを主成分とするセメントと砂などを混合して固めてある)	①コンクリート表面下1〜2 mmまで浸透している。 ②小さな穴が開いており、その中に微細泥に付着した放射性セシウムが入り込んでいる。	①閉鎖系の少量水超高圧ビーム洗浄＋汚染水吸引＋ろ過
アスファルト製 (高分子炭化水素、油、レジンなどのアスファルト成分と砕石などの混合)	①表面に大、中、小と多様な凹凸があり、その底のアスファルト表面下1〜2mmまで浸透している。 ②凹凸底表面に小さな穴がありその中に微細泥に付着した放射性セシウムが入り込んでいる。	①閉鎖系の少量水超高圧ビーム洗浄＋汚染水吸引＋ろ過

7　どの範囲まで、どのような方法で、何を除染するのか

◆国が定めた除染範囲と問題点◆

２０１１年12月19日、環境省は福島第一原発事故による放射性物質の除染範囲と市町村名を公表しました。それによると、年間20mSvを超える11の市町村（福島県内の楢葉町、富岡町、大熊町、双葉町、浪江町、葛尾村、飯舘村の全域、田村市、南相馬市、川俣町、川内村のうち警戒区域、または計画的避難地域）は国が直接除染をする「除染特別地域」に指定しました。さらに、年間１mSvを超える地域（市町村が地表1メートルのところで０・23μSv／h以上になっている区域から選んで除染計画をたてる）、八つの県にまたがる102の市町村を「汚染状況重点調査地域」に指定しました。**図7―1**は、指定された市町村の境界を示します。**表7―1**は、市町村名です。年間１mSv以上の範囲は、**口絵2**に示す文部科学省の航空機モニタリング測定結果から導き出されたものと想定されます。また、局所的なホットスポットは対象外になっています。

図7—1　環境省が除染に向けて指定した市町村

表7—1　環境省が除染に向けて指定した市町村一覧

■汚染状況重点調査地域

【岩手県】一関市、奥州市、平泉町

【宮城県】石巻市、白石市、角田市、栗原市、七ヶ宿町、大河原町、丸森町、山元町

【福島県】福島市、郡山市、いわき市、白河市、須賀川市、相馬市、二本松市、伊達市、本宮市、桑折町、国見町、大玉村、鏡石町、天栄村、会津坂下町、湯川村、三島町、昭和村、会津美里町、西郷村、泉崎村、中島村、矢吹町、棚倉町、矢祭町、塙町、鮫川村、石川町、玉川村、平田村、浅川町、古殿町、三春町、小野町、広野町、新地町。

田村市、南相馬市、川俣町、川内村は警戒区域や計画的避難区域もあるが、そうした区域以外の地域

【茨城県】日立市、土浦市、龍ヶ崎市、常総市、常陸太田市、高萩市、北茨城市、取手市、牛久市、つくば市、ひたちなか市、鹿嶋市、守谷市、稲敷市、鉾田市、つくばみらい市、東海村、美浦村、阿見町、利根町

【栃木県】佐野市、鹿沼市、日光市、大田原市、矢板市、那須塩原市、塩谷町、那須町

【群馬県】桐生市、沼田市、渋川市、安中市、みどり市、下仁田町、中之条町、高山村、東吾妻町、片品村、川場村、みなかみ町

【埼玉県】三郷市、吉川市

【千葉県】松戸市、野田市、佐倉市、柏市、流山市、我孫子市、鎌ヶ谷市、印西市、白井市

■除染特別地域

【福島県】楢葉町、富岡町、大熊町、双葉町、浪江町、葛尾村、飯舘村。

田村市、南相馬市、川俣町、川内村で警戒区域又は計画的避難区域である地域

（朝日新聞2011年12月20日より）

このような除染に関する地域指定に対して、低レベル汚染地域の自治体では「風評被害に拍車がかかる」として、指定を受けることを躊躇するところもでてきました。各市町村にしてみれば、指定されたとしても、①どの範囲を　②どのような方法で　③何を　④誰が　⑤どの予算で、除染すればいいのか、見当がつかない状態だと想定されます。原因は、国が除染計画策定の責任を自治体に押しつけているからです。市町村の方から自主的に除染計画を策定して、国に提出できるところは数少ないと考えられます。

年間1 mSv以上（0・23 μSv／h以上）の線引きに、ほとんど実体的な意味がありません。このような数値からは除染する範囲を具体的に決めようがないのです。放射能の人体影響には「閾値がない」という認識に立つならば「汚染が確認された場所は少しでも減らそう」ということが除染範囲を定める基本的考え方になります。そうすれば、年間1 mSv以下の地域であっても、ホットスポットなどは当然、除染対象とすべきです。

◆放射能に関する単位の説明と相互の換算◆

除染計画を策定するにしても、例えば「汚染状況重点調査地域」の範囲は年間の1 mSvで設定され、それは1時間値では0・23 μSv／hで表わされます。これら設定のもとになった文部科学省の航空機モニタリングではBq／m^2の数値で表わされます。さらに食品、土壌、雑草などの汚染レベルはBq／kgで表わされます。そこでまず、それら単位の実際的な意味を説明します。

（1）Bq／kg（ベクレル／キログラム）

①単位の意味――Bqは1秒間に崩壊する原子の数。崩壊する過程で放射線を出すので、放射能の強さを表す。食品や土壌などの1 kg（重量）当たりの放射能の強さ。

②使用される内容――食品、飲料水などの規制値として使用されている。土壌汚染、雑草汚染の測定についても使用される。測定器としては、ゲルマニウム半導体検出器などによるスペクトル分析によって、核種（セシウム137、ヨウ素131など）ごとに検出される。

（2）Bq／m^2（ベクレル／平方メートル）

①単位の意味――Bqは上記の説明と同じ。1 m^2（広さ）当たりの放射能の強さを表している。

②使用される内容――文部科学省が実施している放射性セシウムによる土壌汚染に関する「航空機モニタリング測定」で使用される単位。航空機に高感度で大型の放射線検出器を搭載して、γ線のスペクトル分析がなされ、核種としてはセシウム134、137、その合計量がBq／m^2で表示され、ホームページで広く公表されている。２０１１年12月現在で、福島県、茨城県、群馬県、栃木県、千葉県、埼玉県、東京都、神奈川県、山梨県、静岡県、長野県、岐阜県、富山県、宮城県、岩手県などが測定実施され、文部科学省のホームページで公開されており、市町村レベルでの汚染状態がわかる。

(3) μSv/h(マイクロ・シーベルト/時間)

①単位の意味――人体が放射能を受けたとき、α線、β線、γ線という放射線の種類にかかわらず、その影響を加重平均して表した、その影響の度合いを表す単位。

②使用される内容――各自治体のモニタリングや住民が自主的に測定しているものの多くは、この単位。シンチレーション型測定器、GM管測定器などで多くは地上1mの高さを標準にして測定されている。

つぎに、ある自治体の特定の場所のBq/m^{2}の数値がわかったとして、その数値をもとに同じ場所の土壌や雑草のBq/kg、それに空間放射線量のμSv/h値が、おおよそでいいのでわかると大変便利です。そのような換算表を作成しました。それを**表7―2**に示します。雑草など汚染量(Bq/kg)は、土壌の種類や雑草の種類によって誤差が大きいことに注意する必要があります。また、土壌汚染数値については文部科学省が表面から5cmの土壌を、そして農林水産省は10~15cmを対象としているため、両者には2倍から3倍の数値の開きがあることについても注意をしておく必要があります。**表7―2**の換算表は、あくまで「おおまかな概算数値」として使用するものですが、このような換算ができると、全体的に見通しが大変よくなります。

口絵2にある文部科学省の航空機モニタリングデータからBq/m^{2}の数値を読みとり、その

表 7—2　空間放射線量（μSv/h)、表面土壌汚染（Bq/m^2)、重量土壌汚染（Bq/kg)、雑草汚染（Bq/kg）の換算表

	1m高さの空間放射線量(μSv/h)	表面土壌汚染(Bq/m^2)	重量土壌汚染(Bq/kg)	雑草汚染(Bq/kg)
1m高さの空間放射線量(μSv/h)	1	0.00000362	0.000153	0.00186
表面土壌汚染(Bq/m^2)	276000	1	48.8	592
重量土壌汚染(Bq/kg)	6530	0.0205	1	12.1
雑草汚染(Bq/kg)	538	0.00169	0.0825	1

注 1）X ＝（μSv/h）と Y ＝（Bq/m^2）の換算値は、「文部科学省の放射線量等マップの作成（2011 年 8 月 30 日）」より、Y ＝ 276008X（相関係数は $R^2 = 0.755$）換算した。

注 2）X ＝（μSv/h）と Y ＝（Bq/kg）の換算値は、文部科学省「環境資料の測定結果（平成 23 年 6 月 1 日から 11 月 15 日）」の資料より、飯舘村八木沢、南相馬市市原区高見町、伊達市月舘町、二本松市金色の 4 地域における空間放射線量（μSv/h)、土壌汚染（Bq/kg)、雑草汚染（Bq/kg）相関関係から換算した。

空間線量と土壌汚染の関係は Y ＝ 6530X（相関係数は $R^2 = 0.782$)、空間線量と雑草汚染の関係は Y ＝ 538X（相関係数は $R^2 = 0.828$）で換算した。

注 3）原点を通過する直線で近似したため、自然放射線量の影響を無視している。

表 7—3　文部科学省の航空機モニタリングデータから読み取れる放射能汚染の換算数値

表面土壌汚染(Bq/m^2)	1m高さの空間放射線量(μSv/h)	重量土壌汚染(Bq/kg)	雑草汚染(Bq/kg)
1万　Bq/m^2	0.0362	239	20
3万　Bq/m^2	0.109	717	59
6万　Bq/m^2	0.217	1435	118
10万　Bq/m^2	0.362	2390	197
30万　Bq/m^2	1.086	7170	591
60万　Bq/m^2	2.172	14340	1183
100万　Bq/m^2	3.623	23900	1971
300万　Bq/m^2	10.87	71700	5915

数値をもとに表7―2の換算表を使用して、表7―3に示す数値を計算しました。このような数値があると、ある地点の汚染状況を把握したり、2地点の比較をするときに、便利です。

文部科学省はセシウム134、137の合計汚染量が1万Bq／kgを超える地域を「福島第一原発の影響があった地域」としています。その面積は3万km^2にも及びます。

◆焼却灰の放射性セシウム濃度測定から見えてきた除染範囲◆

「年間1mSv以上の範囲」に実体的意味がないとすると、どのように除染の範囲を決めればいいのでしょう。私が注目したのは環境省ホームページで公表されている「16都県の一般廃棄物焼却施設における放射性セシウム濃度測定一覧」です。このデータは、①低レベル汚染地域の実態的濃度が反映されている、②市町村がすでに実施している除染の実績である、という2点において極めて大切な情報を私たちに提供してくれます。

付表2は、環境省データから汚染の分布がわかりやすくなるように「主灰」を中心に数値をピックアップして作成した16都県の焼却灰濃度です。ピックアップする数値として「主灰」の汚染濃度を選んだ理由は、ごみ処理場に持ち込まれる廃棄物のうち放射能に汚染されているのは、主として野外に存在していた木類（雑草、落葉、剪定木、わら、竹など）と厨芥（生ごみなど）が想定され、**図1―1**に示すように焼却灰の中でその状態を一番反映しているのは焼却炉下に落下した焼却灰（主灰）であるからです。「飛灰」はろ過式集塵機から落下し

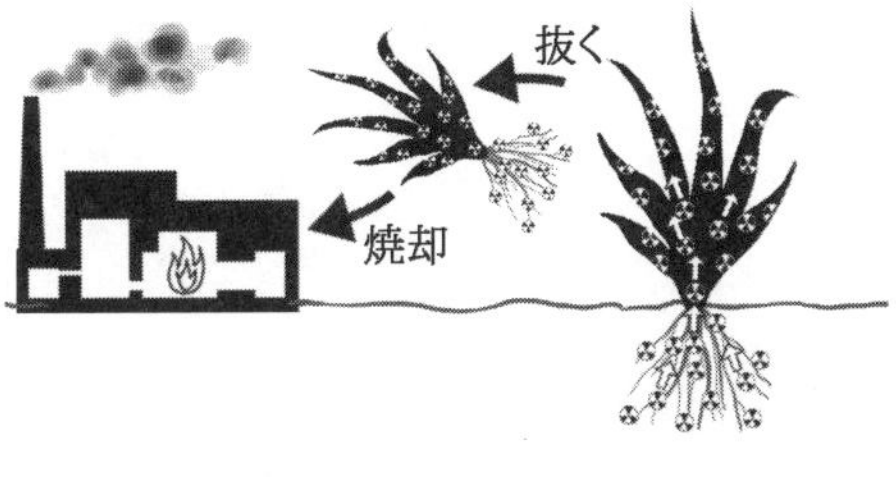

てきたもので、「主灰」にくらべて平均で8.6倍程度濃度が濃縮されています。「混合灰」は「主灰」と「飛灰」の混合ですから、中間の汚染濃度になります。

福島第一原発からの放射能汚染の影響が少ない県の測定例として、秋田県内の市町村の例をあげることができます。そこから、その他の市町村が目指すべき除染目標は「主灰」が20 Bq/kg以下、「飛灰」が200 Bq/kg以下、「混合灰」が100 Bq/kgが妥当だと考えられます。

付表2の放射性セシウム合計量は、雑草、落葉、剪定木などがごみとして収集され、焼却によって濃縮された結果であるので、文部科学省が実施している**口絵2**のような航空機モニタリング測定結果より、**口絵1**に示すように低濃度汚染地域の実態値を分かりやすく説明してくれます。

実際に**付表2**の焼却灰汚染実態から見えてくることは、**図7—1**、**表7—1**に示す市町村の範囲を超えて、新潟県、長野県、山梨県、埼玉県、東京都、神奈川県、静岡県も除染範囲に入ってくる点です。そして本書の「食品の放射能汚染」において説明しているように、これらの低濃度汚染都県の市町村では、実際に食品の放射能汚染の事例が多く報告されています。すなわち、「ごみ焼却灰の汚染がある市町村は、地表の雑草、樹木、落葉、土壌が汚染されており、その場所には食品汚染も存在している」ことがわかってきました。

静岡、神奈川、東京、埼玉のような福島第一原発から300 km以上も離れた地域のお茶が汚染されているのは、そこの地表の植物や土壌も汚染されており、それがごみとして焼却灰に濃縮されているからです。東京都の多摩川上流のアユ、箱根町のワカサギが汚染されているのは、山林などに降りそそいだ放射能が雑草や落ち葉に付着して枯れて土壌となり、河川や湖に侵入し、食物連鎖を通じて魚に濃縮されてきたからです。焼却灰のセシウム汚染濃度は、これら地表の植物汚染、食品汚染の「指標」なのです。だからこそ、このような低濃度汚染地域にも除染が必要となるのです。

◆どのように除染するのか◆

付表2の放射性セシウム合計値は「汚染の指標」であるとともに、「除染の実績」を示しています。各ごみ焼却場で貯蔵されている焼却灰の重量がわかれば、濃度がわかっているので、それをかけあわせれば「除染された総Bq数」を計算することは可能です。これまで、政府（日本原子力研究開発機構、自衛隊など）や自治体（福島県内の市町村など）、それに住民が自主的に除染を実施してきました。しかし、除染できたBq数で言えば、**付表2**の除染数値は最大の実績であると考えられます。このような実績が上がった理由は、地域における「ごみ収集＋ごみ焼却」という既存のシステムができあがっており、それが図らずも機能したからです。

千葉県柏市で飛灰から5万７６００Bq／kgという高い放射性セシウムが検出され、柏市はごみ焼却を一時中断する措置をとりました。環境省の指導では８０００Bq／kg以下なら、県外への委託処理、通常の埋め立て処理をしていいことになっていました。８０００Bq／kgを超えると、コンクリートなどで固めて安全管理をした上で埋め立て等の処理をしなくてはなりません。２０１１年7月18日から柏市は、放射性物質が付着していると予測される草木等（草・木・枝・葉など）を分別収集して、それらを含まないごみを焼却しました。その結果、分別前では7月3日に９７８０Bq／kgあった飛灰固化物が分別後の7月21日には４３５０Bq／kgに下がり、北部クリーンセンターの焼却灰を民間最終処分場へ搬出することが可能になったということです。

柏市の例から読みとれることは、ごみ焼却場の主要業務は収集、焼却であり、放射性物質が混入してくる事態は「処理ができにくくなり困った事態」ということで、「除染ができている」という認識はありません。しかしここで大切なことは、既存のシステムが機能して「図らずも除染ができている」ことです。

ただし、８０００Bq／kgを超えるような焼却灰が出てくることは、確かに以後の処理が困難であるので、それを超えないような除染対策は必要です。これについては、柏市が実施したように、草木などを分別収集して、堆肥ボックスへ仮置きし、減量してから固めて処理をするか、草木類のごみだけを焼却する日をつくり、低濃度ごみと高濃度ごみを混ぜないようにすれば、高濃度焼却灰の量を大幅に減らすことが可能になります。除染法の決め手は、「分別収集＋堆肥ボックスでの減量」ということになります。これについては、雑草などは住民や企業など土地管理者がある程度除染に参加できます。さらに、公共的空間の草木類の除染については、「有料引きとり制（汚染された草木類を持ち込んだ人に対して、焼却場側が重量に応じて一定の料金を支払う）」を導入すれば、収集効果が期待できます。その際に重要なことは、ボランティアでこのような除染を行うのではなく、除染費用については東電が責任を持って支払う仕組みを作り、政府がそれを立て替える必要があります。

環境省は、この既存のごみ収集・焼却の仕組みを「除染システム」としてその実績を正当に評価して、**付表2**にあるようなごみ焼却場に対して、資金、人材の投入を積極的に進める必要があります。

ごみ焼却場の煙突から出てくる放射性物質は厳重に監視して、周辺住民の不安を取り除く必要があります。国立環境研究所の大迫政浩さんが日本分析化学会の第60回年大会で報告されている資料「震災による災害廃棄物処理の現状と課題」（2011年9月16日）によると、「バグフィルター、電気集塵機、スクラバーなどでほぼ完全に（99・99％）除去・捕集できる」とされています。このような実績を、維持しながら、周辺住民に情報を公開して、汚染ごみ焼却に対する合意をとっていく必要があります。

環境省は汚染ガレキについて全国の自治体へ呼び掛け、協力自治体が地元へ運搬して処理するように要請をしています。東京都など一部の自治体から「協力する」という話が進んでいますが、多くの自治体は地元住民の反対意見もあり、二の足を踏んでいます。

低濃度放射性物質によって汚染されている廃棄物について、付表2にあるようなごみ焼却場で「除染システム」を構築し、汚染ガレキを現地で徹底的に分別して、分別後の汚染された可燃物を、「システムが構築されたごみ焼却場」で焼却処分する方法が有効です。不燃物の処理は、中間貯蔵地へ持ち込む必要があります。そのためには、繰り返しになりますが、既存のごみ焼却場に資金、技術、人材を投入する必要があります。汚染だけを押しつけるやり方では、受け入れ自治体や地元住民から拒否されることになります。

高濃度汚染がある「除染特別地域」内にもごみ焼却場があります。それらのごみ焼却場についても、作業環境をつくるため優先的に除染を行い、地元の汚染された草木類については、セシウム除去システムを構築してから焼却処理をすれば地元処理が可能になります。その他の除染方法については、「放射能除染マニュアル」を参考にしてください。

〈付表2〉16都県別の焼却灰の放射性セシウム濃度測定結果

資料：環境省ホームページ「16都県の一般廃棄物焼却施設における放射性セシウム濃度測定一覧」より作成

注1）主灰（焼却炉下部の灰）が測定されている場合は100 Bq/kg以上をピックアップしている

注2）「焼却灰」、「焼却残渣」、「炉下残渣」は「主灰」と同じ意味である

注3）飛灰（ろ過式集塵機の灰）、混合灰（主灰、飛灰の混合）しか測定されていない場合は、1000 Bq/kg以上をピックアップしている

注4）飛灰は主灰より平均で8.6倍程度濃縮されている

注5）秋田県は、ほとんど焼却灰に汚染の影響が出ていない事例として掲載している

注6）秋田県の測定例から、汚染の影響を受けている自治体の削減目標は
①主灰は20 Bq/kg以下、②飛灰は200 Bq/kg以下、③混合灰は100 Bq/kg以下を目指す必要がある

注7）静岡県は、お茶の汚染と比較するため、100 Bq/kgを下回る低レベルまで掲載している

注8）16都県の焼却灰汚染分布は、文部科学省が実施した航空機モニタリングによる放射性セシウムの土壌汚染分布と密接に関係している

注9）ただし、焼却灰分布は、ごみから灰になる過程で濃縮されているため、航空機モニタリング分布より、低濃度汚染地域の分布についてより詳細である

注10）ごみ処理場に持ち込まれるごみのうち、汚染されているのは木類（剪定木、竹、わら、雑草、落葉など）、厨芥類（生ゴミなど）が主要なものであると想定される

	秋田県			
番号	市町村名、測定場所	測定日（2011年、月日）	主灰、焼却灰、飛灰、混合灰の種類	セシウム134,137の合計量(Bq/kg)
1	大館市、クリーンセンター	7月13日	主灰	不検出(限界17)
2	北秋田市、クリーンセンター	7月4日	主灰	不検出(限界20)
3	潟上市、クリーンセンター	7月12日	主灰	14
4	秋田市、総合環境センター	7月5日	飛灰	196
5	由利本荘市、清掃センター	7月3日	主灰	35
6	にかほ市、清掃センター	7月15日	飛灰	16
7	仙北市、環境保全センター	7月19日	混合灰	82
8	横手市、東部環境保全センター	7月20日	主灰	15
9	鹿角市、ごみ処理場	7月11日	飛灰	50
10	能代市、南部清掃工場	7月17日	主灰	不検出(限界19)
11	男鹿市、八郎潟周辺クリーンセンター	7月18日	主灰	不検出(限界19)
12	大仙市、美郷クリーンセンター	7月19日	主灰	不検出(限界13)
13	羽後町、見沢ごみ処理施設	7月6日	主灰	12

	岩手県			
番号	市町村名、測定場所	測定日（2011年、月日）	主灰、焼却灰、飛灰、混合灰の種類	セシウム134,137の合計量（Bq/kg）
1	盛岡市、クリーンセンター	7月5日	主灰	112
2	八幡市、清掃センター	8月5日	主灰	320
3	滝沢村、雫石・滝沢環境組合清掃センター	7月4日	飛灰	1680
4	盛岡市、岩手・玉山環境組合ごみ焼却施設	7月1日	主灰	162
5	花巻市、清掃センター	7月1日	主灰	105
6	遠野市、清養園クリーンセンター	7月15日	主灰	128
7	北上市、清掃事業所	6月30日	主灰	177
8	奥州市、胆江地区衛生センター	7月5日	主灰	1570
9	一関市、清掃センター	7月5日	主灰	1640
10	大船渡市、A施設	7月5日	主灰	194
	宮城県			
番号	市町村名、測定場所	測定日（2011年、月日）	主灰、焼却灰、飛灰、混合灰の種類	セシウム134,137の合計量（Bq/kg）
1	仙台市、松森工場	7月7日	主灰	1437
2	角田市、角田衛生センター	7月28日	混合灰	1270
3	名取市、名取クリーンセンター	7月4日	飛灰	1988
4	塩竈市、清掃工場	7月27日	飛灰	1317
5	利府町、衛生処理センター	7月1日	飛灰	1955
6	大崎市、大崎広域西部玉造クリーンセンター	7月27日	飛灰	1584
7	気仙沼市、クリーンヒルセンター	7月27日	飛灰	2078
	山形県			
番号	市町村名、測定場所	測定日（2011年、月日）	主灰、焼却灰、飛灰、混合灰の種類	セシウム134,137の合計量（Bq/kg）
1	山形市、立谷川清掃工場	7月22日	主灰	630
2	東根市、ごみ焼却処理施設	7月6日	主灰	540
3	寒河江市、寒河江地区クリーンセンター	7月1日	主灰	330
4	高畠町、千代田クリーンセンター	7月4日	主灰	400
5	中山町、B施設	5月25日	主灰	193
	福島県			
番号	市町村名、測定場所	測定日（2011年、月日）	主灰、焼却灰、飛灰、混合灰の種類	セシウム134,137の合計量（Bq/kg）
1	福島市、あぶくまクリーンセンター	7月22日	主灰	21300
2	郡山市、河内クリーンセンター	7月22日	主灰	21200

3	いわき市、南部クリーンセンター	7月22日	主灰	4380
4	南相馬市、クリーン原町センター	7月26日	主灰	13440
5	伊達市、清掃センター	7月22日	主灰	7570
6	本宮市、もとみやクリーンセンター	7月22日	主灰	16640
7	田村市、田村西部環境センター	7月25日	主灰	7320
8	須賀川市、須賀川地方衛生センター	7月25日	主灰	4200
9	石川町、石川地方ごみ焼却施設	7月25日	主灰	639
10	白河市、西白河地方クリーンセンター	7月25日	主灰	3910
11	塙町、東白クリーンセンター	7月25日	主灰	2740
12	会津若松市、環境センター	7月22日	主灰	2380
13	喜多方市、環境センター山都工場	7月22日	主灰	1972
14	南会津町、西部環境センターごみ焼却場	7月25日	主灰	150
15	南会津郡下郷町、東部クリーンセンター	7月25日	主灰	137
16	相馬市、相馬方部衛生組合ごみ焼却場	7月22日	主灰	2200
17	双葉郡楢葉町、南部衛生センター	7月22日	主灰	3810
	茨城県			
番号	市町村名、測定場所	測定日（2011年、月日）	主灰、焼却灰、飛灰、混合灰の種類	セシウム134,137の合計量(Bq/kg)
1	日立市、清掃センター	7月11日	主灰	560
2	土浦市、清掃センター	7月11日	主灰	1430
3	古川市、クリーンセンター	7月11日	主灰	660
4	常陸太田市、清掃センター	7月11日	主灰	470
5	北茨城市、清掃センター	7月11日	主灰	1860
6	牛久市、クリーンセンター	7月11日	主灰	390
7	つくば市、クリーンセンター	7月11日	主灰	1100
8	ひたちなか市、勝田清掃センター	7月11日	主灰	1260
9	潮来市、潮来クリーンセンター	7月11日	混合灰	1730
10	行方市、環境美化センター	7月11日	主灰	700
11	東海村、清掃センター	7月11日	主灰	1290
12	大子町、環境センター	7月11日	主灰	400
13	鉾田市、クリーンセンター	7月11日	混合灰	2900
14	阿見町、霞クリーンセンター	7月11日	主灰	3400
15	龍ヶ崎市、クリーンプラザ･龍	8月17日	主灰	530

16	坂東市、さしまクリーンセンター	7月11日	主灰	220
17	稲敷市、環境センター	7月11日	主灰	1350
18	守谷市、常総環境センター	7月11日	主灰	2800
19	那珂市、環境センター	7月11日	主灰	720
20	笠間市、環境センター	7月11日	混合灰	4100
21	小美玉市、クリーンセンター	7月11日	主灰	1000
22	かすみがうら市、環境クリーンセンター	7月11日	主灰	1160
23	城里町、城北環境センター	7月11日	主灰	600
24	大洗町、クリーンセンター	7月11日	混合灰	2600
25	筑西市、環境センター	7月11日	主灰	239
26	下妻市、クリーンポート・きぬ	7月11日	主灰	375
	栃木県			
番号	市町村名、測定場所	測定日(2011年、月日)	主灰、焼却灰、飛灰、混合灰の種類	セシウム134,137の合計量(Bq/kg)
1	宇都宮市、南清掃センター	7月8日	主灰	925
2	足利市、南部クリーンセンター	7月11日	主灰	315
3	佐野市、葛生清掃センター	7月19日	主灰	217
4	鹿沼市、環境クリーンセンター	7月29日	主灰	900
5	日光市、クリーンセンター	7月13日	飛灰	16050
6	真岡市、清掃センター	6月27日	飛灰	48600
7	那須塩原市、クリーンセンター	7月5日	主灰	5770
8	壬生町、清掃センター	7月12日	主灰	868
9	大田原市、広域クリーンセンター	7月6日	混合灰	1668
10	栃木市、とちぎクリーンプラザ	6月27日	主灰	410
11	益子町、ごみ焼却施設	7月4日	主灰	272
12	さくら市、環境衛生センター	7月8日	主灰	1102
13	那須烏山市、保健衛生センター	7月11日	飛灰	1726
14	小山市、中央清掃センター	7月11日	主灰	583
15	下野市、北清掃センター	7月8日	主灰	659
	群馬県			
番号	市町村名、測定場所	測定日(2011年、月日)	主灰、焼却灰、飛灰、混合灰の種類	セシウム134,137の合計量(Bq/kg)
1	前橋市、六供清掃工場	7月4日	主灰	683
2	高崎市、高浜クリーンセンター	7月1日	主灰	525
3	伊勢崎市、清掃リサイクルセンター	7月1日	飛灰	1810
4	玉村町、クリーンセンター	7月14日	主灰	293

5	渋川市、渋川地区広域清掃センター	7月15日	主灰	864
6	安中市、碓川クリーンセンター	7月1日	主灰	948
7	藤岡市、清掃センター	7月5日	主灰	245
8	富岡市、清掃センター	7月1日	主灰	780
9	下仁田町、清掃センター	6月30日	主灰	723
10	中之条町、吾妻東部衛生センター	7月5日	主灰	889
11	長野原町、西吾妻環境衛生センター	7月20日	主灰	169
12	草津町、クリーンセンター	7月5日	主灰	2320
13	沼田市、清掃工場	7月1日	主灰	1122
14	片品村、尾瀬クリーンセンター	7月7日	主灰	415
15	太田市、清掃センター第4号焼却炉	7月8日	主灰	781
16	大泉町、外二町清掃センター	7月6日	主灰	722
17	桐生市、清掃センター	7月12日	主灰	380
18	大泉町、A施設	7月12日	主灰	333
	新潟県			
番号	市町村名、測定場所	測定日（2011年、月日）	主灰、焼却灰、飛灰、混合灰の種類	セシウム134,137の合計量（Bq/kg）
1	十日町市、エコクリーンセンター	7月6日	主灰	171
2	魚沼市、環境衛生センター	7月1日	飛灰	3000
	長野県			
番号	市町村名、測定場所	測定日（2011年、月日）	主灰、焼却灰、飛灰、混合灰の種類	セシウム134,137の合計量（Bq/kg）
1	信濃町、北部衛生センター	7月21日	主灰	178
2	中野市、東山クリーンセンター	7月22日	主灰	119
3	上田市、クリーンセンター	7月22日	主灰	150
4	佐久市、A施設	7月1日	主灰	261
	山梨県			
番号	市町村名、測定場所	測定日（2011年、月日）	主灰、焼却灰、飛灰、混合灰の種類	セシウム134,137の合計量（Bq/kg）
1	上野原市、クリーンセンター	7月15日	主灰	113
2	大月市、ごみ処理施設	7月12日	主灰	155
3	北杜市、C施設	7月29日	主灰	203
	埼玉県			
番号	市町村名、測定場所	測定日（2011年、月日）	主灰、焼却灰、飛灰、混合灰の種類	セシウム134,137の合計量（Bq/kg）
1	さいたま市、西部環境センター	7月6日	主灰	451
2	さいたま市、岩槻環境センター	7月6日	主灰	492

3	川越市、東清掃センター	7月25日	主灰	320
4	川口市、戸塚環境センター	7月6日	主灰	540
5	所沢市、東部クリーンセンター	7月19日	主灰	640
6	飯能市、クリーンセンター	6月14日	主灰	398
7	加須市、クリーンセンター	7月14日	主灰	320
8	東松山市、クリーンセンター	7月13日	主灰	550
9	春日部市、豊能環境センター	6月30日	主灰	400
10	狭山市、稲荷山環境センター	7月8日	主灰	380
11	羽生市、清掃センター	7月4日	主灰	759
12	上尾市、西貝塚環境センター	7月14日	主灰	260
13	入間市、総合クリーンセンター	7月21日	主灰	260
14	朝霞市、クリーンセンター	7月22日	主灰	178
15	和光市、清掃センター	6月29日	主灰	170
16	桶川市、環境センター	7月13日	主灰	518
17	坂戸市、西清掃センター	7月21日	主灰	371
18	ふじみ野市、上福岡清掃センター	6月30日	主灰	482
19	伊奈町、クリーンセンター	7月14日	飛灰	2439
20	川島町、環境センターごみ処理施設	7月7日	主灰	355
21	杉戸町、環境センター	7月12日	主灰	961
22	蓮田市、ごみ焼却施設	6月17日	主灰	433
23	久喜市、菖蒲清掃センター	8月4日	主灰	638
24	富士見市、環境センター	7月7日	主灰	260
25	新座市、環境センター東工場	7月7日	主灰	260
26	小川町、ごみ焼却場	7月5日	主灰	370
27	越谷市、第一工場ゴミ処理施設	7月8日	主灰	750
28	戸田市、蕨戸田衛生センター組合	7月21日	主灰	190
29	行田市、小針クリーンセンター	8月18日	主灰	240
30	秩父市、クリーンセンター	7月26日	主灰	130
31	本庄市、小山川クリーンセンター	7月19日	主灰	252
32	鶴ヶ島市、高倉クリーンセンター	7月6日	飛灰	1170
33	熊谷市、衛生センター第二工場	8月8日	主灰	250
34	深谷市、深谷清掃センター	8月3日	主灰	158
35	吉見町、埼玉中部環境センター	7月5日	主灰	940

	千葉県			
番号	市町村名、測定場所	測定日（2011年、月日）	主灰、焼却灰、飛灰、混合灰の種類	セシウム134,137の合計量（Bq/kg）
1	千葉市、北清掃工場	7月15日	主灰	526
2	銚子市、清掃センター	7月12日	固化灰	2750
3	市川市、クリーンセンター	6月29日	混合灰	3650
4	船橋市、北清掃工場	7月5日	主灰	269
5	松戸市、クリーンセンター	7月4日	主灰	2290
6	成田市、いずみ清掃工場	7月25日	混合灰	1282
7	旭市、クリーンセンター	7月21日	主灰	392
8	習志野市、芝園清掃工場	7月19日	飛灰	4210
9	柏市、清掃工場	6月27日	主灰	3150
10	勝浦市、クリーンセンター	7月14日	混合灰	1361
11	市原市、福増クリーンセンター第一工場	7月5日	主灰	167
12	流山市、クリーンセンター	7月14日	焼却残渣	486
13	八千代市、清掃センター第3号炉	7月4日	主灰	4740
14	我孫子市、クリーンセンター	7月4日	混合灰	5450
15	鴨川市、清掃センター	7月7日	主灰	100
16	浦安市、クリーンセンターごみ焼却施設	7月7日	炉下残渣	705
17	四街道市、クリーンセンター	7月14日	炉下残渣	509
18	八街市、クリーンセンター	7月8日	主灰	515
19	いすみ市、クリーンセンター	7月4日	主灰	183
20	御宿町、清掃センター	7月15日	主灰	363
21	香取市、クリーンセンター	7月2日	主灰	939
22	長生村、環境衛生センターごみ処理場	7月13日	主灰	132
23	酒々井町、リサイクル文化センター	7月14日	飛灰	5430
24	山武市、ごみ処理施設	7月5日	焼却残渣	560
25	東金市、環境クリーンセンター	6月28日	主灰	590
26	印西市、クリーンセンター	6月30日	主灰	2270
27	銚子市、B2施設	6月21日	主灰	1169
28	成田市、D施設	6月24日	主灰	231
29	袖ヶ浦市、F施設	7月7日	主灰	158
30	市原市、G施設	7月11日	主灰	117
31	白井市、M施設	7月11日	飛灰	2460
	東京都			
番号	市町村名、測定場所	測定日（2011年、月日）	主灰、焼却灰、飛灰、混合灰の種類	セシウム134,137の合計量（Bq/kg）
1	東京都23区、中央清掃工場	7月5日	焼却灰	141
2	東京都23区、港清掃工場	7月8日	焼却灰	144
3	東京都23区、北清掃工場	7月23日	焼却灰	161

4	東京都23区、品川清掃工場	7月6日	焼却灰	273
5	東京都23区、目黒清掃工場	7月8日	焼却灰	138
6	東京都23区、太田清掃工場	7月7日	焼却灰	254
7	東京都23区、多摩川清掃工場	7月20日	焼却灰	254
8	東京都23区、世田谷清掃工場	6月22日	飛灰	3110
9	東京都23区、千歳清掃工場	7月8日	焼却灰	206
10	東京都23区、渋谷清掃工場	7月19日	焼却灰	123
11	東京都23区、杉並清掃工場	7月21日	焼却灰	169
12	東京都23区、豊島清掃工場	7月11日	焼却灰	172
13	東京都23区、板橋清掃工場	7月9日	焼却灰	427
14	東京都23区、光が丘清掃工場	7月11日	焼却灰	206
15	東京都23区、墨田清掃工場	7月5日	焼却灰	392
16	東京都23区、新江東清掃工場	7月6日	焼却灰	251
17	東京都23区、有明清掃工場	7月6日	焼却灰	105
18	東京都23区、足立清掃工場	7月9日	焼却灰	947
19	東京都23区、葛飾清掃工場	7月11日	焼却灰	549
20	東京都23区、江戸川清掃工場	7月5日	焼却灰	438
21	八王子市、戸吹清掃工場	7月6日	焼却灰	308
22	立川市、清掃工場	7月12日	焼却灰	194
23	武蔵野市、クリーンセンター	7月22日	焼却灰	231
24	三鷹市、環境センター	7月11日	焼却灰	351
25	昭島市、清掃センター	7月12日	焼却灰	236
26	町田市、クリーンセンター	7月20日	焼却灰	191
27	日野市、戸吹清掃工場	7月21日	焼却灰	331
28	東村山市、秋水園	7月21日	焼却灰	371
29	国分寺市、清掃センター	7月19日	焼却灰	185
30	奥多摩町、クリーンセンター	7月8日	焼却灰	262
31	東久留米市、柳泉園クリーンポート	7月13日	焼却灰	264
32	羽村市、環境センター	7月26日	焼却灰	836
33	稲城市、クリーンセンター多摩川	7月19日	飛灰固化物	1183
34	小平市、ごみ焼却施設	7月9日	焼却灰	448
35	あきる野市、西秋川衛生組合高尾清掃センター	7月21日	焼却灰	455
36	多摩市、清掃工場	7月8日	焼却灰	251
37	大島町、野増清掃工場	7月5日	焼却灰	282
38	青梅市、E施設	7月11日	飛灰	4260
	神奈川県			
番号	市町村名、測定場所	測定日（2011年、月日）	主灰、焼却灰、飛灰、混合灰の種類	セシウム134,137の合計量（Bq/kg）
1	横浜市、旭清掃工場	6月29日	主灰	480
2	川崎市、王禅寺処理センター	7月12日	主灰	294
3	相模原市、北清掃工場	7月4日	主灰	295
4	横須賀市、南処理場	6月30日	主灰	451

5	鎌倉市、今泉クリーンセンター	7月7日	主灰	124
6	藤沢市、北部環境事業所	6月30日	飛灰	1085
7	小田原市、環境事業センター	7月1日	主灰	176
8	茅ヶ崎市、ごみ焼却施設	6月30日	主灰	223
9	逗子市、環境クリーンセンター	7月1日	飛灰	3123
10	厚木市、環境センター	7月7日	主灰	410
11	南足柄市、清掃工場	7月7日	主灰	195
12	大磯市、環境美化センター	7月13日	主灰	138
13	愛川町、美化プラント	6月28日	主灰	535
14	伊勢原市、清掃工場	7月15日	主灰	164
15	海老名市、第2清掃処理場	7月4日	主灰	182
16	湯河原町、美化センター	8月3日	主灰	257
17	足柄郡大井町、美化センター	7月8日	主灰	298
18	足柄上郡山北町、西部環境センター	7月13日	主灰	713
	静岡県			
番号	市町村名、測定場所	測定日（2011年、月日）	主灰、焼却灰、飛灰、混合灰の種類	セシウム134,137の合計量(Bq/kg)
1	牧ノ原市、環境保全センター	6月30日	主灰	32
2	掛川市、清掃センター	7月12日	飛灰	187
3	伊豆市、清掃センター	7月4日	主灰	116
4	西伊豆町、クリーンセンター	7月25日	主灰	65
5	松崎町、クリンピア松崎	8月3日	主灰	22
6	袋井市、中遠クリーンセンター	6月27日	飛灰	150
7	函南町、ごみ焼却場	7月11日	飛灰	488
8	南伊豆町、清掃センター	7月13日	主灰	不検出
9	伊豆の国市、韮山ごみ焼却場	7月7日	主灰	88
10	牧ノ原市、清掃センター	7月13日	主灰	60
11	東伊豆町、エコクリーンセンター東河	8月3日	主灰	23
12	沼津市、清掃プラント	7月5日	主灰	47
13	伊東市、環境美化センター	7月19日	主灰	261
14	藤枝市、高柳清掃工場	7月13日	主灰	13
15	焼津市、一色清掃工場	7月13日	主灰	18
16	浜松市、浜北清掃センター	7月22日	飛灰	177
17	磐田市、クリーンセンター	7月7日	主灰	55
18	富士市、環境クリーンセンター	7月14日	主灰	48
19	静岡市、沼上清掃工場	7月4日	飛灰	249
20	裾野市、美化センター	7月14日	飛灰	186
21	三島市、清掃センター	7月9日	飛灰	140
22	熱海市、初島清掃工場	7月13日	主灰	433
23	長泉町、厨芥焼却場	7月21日	主灰	38
24	島田市、田代環境プラザ	7月14日	飛灰	不検出
25	富士宮市、清掃センター	7月27日	主灰	60

〈補〉なぜ「除染」をはじめたのか〈インタビュー〉

（聞き手）編集部

1　「放射能」とは？

――3月11日の大震災では、地震、津波、さらに原発事故が起こりました。福島原発事故は、日本は言うまでもなく世界でも未曾有の大事故です。今日は、原発事故による放射能汚染について、「除染」を中心にお聞きしたいと思います。

かつて1987年に総合保養地域整備法（リゾート法）ができた時、日本が滅びるのではないかというぐらい全国に雨後の筍のようにゴルフ場が企画され建設されたのですが、高度成長を経た日本人の拝金主義の最たるものだと思います。今度の原発事故も同じ構造で、連続線上にあるのではないでしょうか。当時、「全国ゴルフ場問題研究会」が組織され、全国に展開するゴルフ場建設を阻止しようとしたということがあり、『ゴルフ場亡国論』を小社から出版いたしました。

先日の『読売新聞』（2011年8月9日付）で、山田さんは、事故が起こってすぐ、一月

経つか経たないかのうちに「除染」に着目され動いてこられたのを拝見して、なぜ「除染」に目をつけられたのか、ぜひともうかがいたいと思います。

■「放射能」「放射性物質」「放射線」

——まず、いま福島原発から出ている、目に見えないさまざまな放射性物質、放射線、放射能、それから人体への外部被曝、内部被曝、その影響について、原爆と原発はどう違うのか……、そういう基本的なことをうかがいたいと思います。

福島第一原発事故の影響を知るためには、「放射能」、「放射性物質」、「放射線」、この三つをきちんと区別して理解する必要があります。とくに、放射性物質と放射線の違いを混同している場合があって、さまざまな誤解を生んでいます。

福島第一原発での水素爆発やベント（弁を開放する）によって、大量の放射性物質が吐き出されました。それらの放射性物質の名前をあげると、ヨウ素131、セシウム134、セシウム137、ストロンチウム90、などです。数字は、原子核の中にある陽子と中性子の合計量で、原子の「質量の大きさ（質量数）」を表しています。

福島第一原発の原子炉の中で、燃料のウラン235が核分裂を起こすことによって、**口絵6**に示すように新たな放射性物質がどんどん作られます。事故が起こって原発から吐き出され、雲に乗っかり、風向きによって——たとえば北西方向に吹いている風に乗って移動して、雨

が降って、たとえば浪江町、飯舘村、伊達市、福島市、二本松、本宮、郡山……といった福島県中通りといわれる地域に降りそそいだのが、四つの汚染経路のうちの主要な放射性物質汚染ルートでした。

表1―1に示すこれらの放射性物質は、もともとのウラン235という核燃料の核分裂によって原子炉内でどんどん作りだされているものです。事故ではない通常の状態なら格納容器の中に閉じ込められているはずが、事故によって大気中に噴き出されて、風に乗って移動して、雨によって叩き落された。そして、建物の屋根、壁、道路や駐車場、土壌や樹木、田畑、森林、河川、湖沼、海といった場所に降りそそぎました。降りそそいだ放射性物質は水に溶けたイオンの状態が中心でした。それらは、落下した場所によっては岩石成分や腐植質、コンクリート、アスファルト、植物の骨格を構成しているセルロースやリグニンなどと結合して、材質の中にまで浸透していきました。大切なことは、放射性物質は汚染された材質の表面に乗っかっているだけではなく、「材質の中に浸透している」という事実です。

汚染材質に付着・浸透した放射性物質が「放射線」を出しています。「放射線」は、大きく分けると、粒子のような形のものと、電磁波のような形のものがあります。

予備知識として**口絵4**に示すような原子の構造をお話ししておきます。原子の中に原子核があって、周りを電子が回っています。原子核の中には陽子と中性子があります。これを足したものが質量です。周りを回っている電子はマイナスの電気を帯びていて、陽子はプラスの電気を帯びています。これが釣り合っており、ぐるぐる回っている電子にはほとんど質量はありません。

さて、粒子のような形のものは、α線、β線と言われているものです。α線は、陽子2個と中性子2個が入っているヘリウムの原子核そのもので、ウラン235に中性子が当たって連続的に核分裂が起こり、ボンと飛び出してしまう。これがα線です。β線は、核分裂によって電子そのものが飛び出します。それから、中性子そのものがバンと飛び出す、これを中性子線といいますが、これも粒子です。

いま問題になっているのは、セシウムが出している「γ線」と言われるものです。これは電磁波の一種です。電磁波のようなものには、他にX線があります。

このように、放射線には、粒子の形と電磁波の形があります。α線、β線、中性子線は粒子の形で、γ線、X線は電磁波の形で出てきます。これらのα線、β線、γ線、X線などを総称して「放射線」と呼んでいます。それぞれ人体に与える影響が違います。

「放射性物質」は放射線を出す能力をもっているわけです。それで放射性物質が放射線を出す能力のことを、「放射能」と呼んでいます。放射能というのは、ですから放射性物質も指すし、放射線も指します。両方を指すことがあります。「放射能」は多義語で、広い意味に使われています。

■「収束」を待つのは間違いだった

事故後、半年間くらいの間に生じた誤解は、多くの人が福島第一原発から「放射線」そのものが飛んできていると思っていたことです。これは、間違いです。飛んでいるのは「放射性物質」で放射線はそこから出ていたのです。3月12日に福島原発で水素爆発が起こり、放射性物質が吐き出されて、福島だけでなく広域に放射性物質が降ってきたのは、20日ごろまでで雨が降って下へ落ちたからと考えられます。福島の南西方向には、だいたい15日ごろの雨、雪でどっと落ちたのです。

放射性物質が吐き出されているところに雨が降って、地面に落ちて、それが出している放射線で人体が被曝しているという関係なのです。事故後半年が過ぎた段階では、福島第一原発から放出される放射性物質はかなり少なくなったのです。福島第一原発から放射線が飛んできているわけではなくて、それぞれの地域に落ちた放射性物質が出している放射線によって、内部被曝、外部被曝を被っているというのが現状です。

多くの人たちが「福島第一原発が収束」――つまり落ち着かないと、除染などの対策をしてもあまり意味がないというふうに考えて、ずっと収束を待っていたのではないかということです。原発事故に責任があり対処している政治家の多くもそうだったと思います。この認識は間違いであったと思います。

確かに、もう一回原発が爆発を起こして放射性物質が吐き出されたら、それは困るし、だから爆発は止めなければいけない。けれども、早い段階で放射性物質が吐き出されるのは少なくなってきた。4月ぐらいから、福島中通りについて、まず子どもたちは避難させ、そして除染に入らなければいけなかったのです。それをずっと待って、8月頃になってやっと政府が除染の基本計画を出してきた。避難については、住民の自主的判断に任せているだけの無責任ぶりです。その間、子どもたちを含めた住民はずっと被曝していたわけです。

放射性物質と放射線を混同して、とにかく収束しないと始まらないねというふうになってしまった。収束を待つ必要はなかったのです。繰り返しますが、いま現在、被曝の原因になっているのは、すでに降りそそいだ放射性物質が出している放射線です。

■今の測定値の実態

事故後半年が経過して、大気中へ放出される放射性物質は、かなり減りました。しかし、若干はあります。福島第一原発から直接出てきたものです。その分は測定されています。4月の段階で、まだちょこちょこ大気中に放出されていましたが。3月段階と比べると少なかったのです。大気中にガス化されて、雲になって拡散する様子が、SPEEDIという拡散シミュレーション・システムで予測されています。ドイツのホームページなどにも出ていましたけれど、かなり減りました。

どれかの原子炉がもう一度、温度が上がって発熱を始めれば別だけれど、今の状態では大

気に出ているのは、かなり少ない。測定値もダストという形で測定しているのです。量的にゼロではないけれど、少ないと見ていいと思います。

■原子炉のことは東電にまかせるしかない

仮にもう一度爆発が起こったとしても、除染すべきであったというのが、私の結論です。なぜなら、もし爆発が起こったとしても、そのことで出てくる放射性物質は、別の場所に落ちます。同じ場所に行くことはほとんどありません。というのは、先ほど申し上げたように、風向きと雨によって放射性物質の落ちる所が偶然に決まるのですから。その時の気象条件——風向きと雨という二つの偶然が重なったところで汚染が起こるのですから。

福島第一原発の収束に関しては政治家、研究者、マスコミ、住民も「ああしろ、こうしろ」といろいろ指摘したけれど、除染についてはそうならなかった。

これも結論的に言うならば、福島第一原発内で起こっていることについては、当該原発の所長以下、東電の社員、その下請け、協力会社の人たちががんばるしか、もう手はないのです。必要な物的、人的、経済的支援をしたり、激励をしたりはできます。実際には、周りからごちゃごちゃ注文をつけたり、間接的にいろいろイチャモンをつけたりするだけでは意味がなく、何といっても原発構内で現実に対処している人たちががんばるしかないんです。菅首相が現場へ行ったことも、政府のいろんな人が視察しているのも、収束には邪魔になっただけでなんのプラスにもなっていません。

「原発が事故を起こし、大変だから現場だけには任せられない」と考える人がいたとしたら間違いです。普段から原発構内で様々な訓練を受け、現場に精通している専門職に、任せる以外に手はないのです。原発事故が起こった場合、現場の一部の専門職の人たちに国の命運がかけられてしまいます。結論的に言うならば、原発とはそのような技術であり、だからこそ原発はつくってはいけないのです。

原発の収束だけでなく、「降りそそいだ放射能の被曝をいかに少なくするか」ということにも視点を向けるべきでした。しかし、そういう方向には行かなかった。マスコミも「まだまだ収束していない」「もう一回再臨界が起こるかもしれない」そういうことを言っていたところがあるんです。もちろんそれは悪いことではなくて、大事なことだと思います。しかし同時に、きちんと放射能を取り除く、避難・除染するということに視野がいかなかったので、基本的に非常に立場の弱い子どもや妊産婦が被曝するのを放置するということになりました。

政府も、2011年8月になってやっと除染基本計画を出してきた。しかも、どんどん責任を下に押しつけていくような、そういう形のものを出してきた。無責任だったと思います。

■「外部被曝」と「内部被曝」

被曝には外部被曝と内部被曝があって、これにたいする議論が社会的に混乱しています。「たいしたことはない」というのと「許容値はない」という二つの議論があります。まず、外部被曝と内部被曝の違いを、きちんと理解しておく必要があります。

外部被曝については、先ほど、放射線のα線、β線、γ線のことを話しました。X線は医療に使われていますね。中性子線は、原子炉で最初の核分裂を起こすために出させて、ウラン235を分裂させます。まず事故で普通に出てくるのは、α線、β線、γ線です。たとえばプルトニウムからはα線が出て、セシウムからはβ線とγ線が出てくるということで、それぞれ核種によって出てくる放射線が違います。

α線は、粒子なので紙一枚で止まります。ただし、体内に入ったときに影響が大きいし、γ線の20倍ぐらいの影響係数があります。ただし紙1枚で止まるので、α線には外部被曝の恐れはほとんどありません。だからここにプルトニウムがあっても、外部被曝の恐れはほとんどない。しかし、プルトニウムを内部に取り込んだときに非常に影響が大きく、しかも半減期が2万4000年ですから、プルトニウムの毒性は典型的に内部被曝で大きいのです。

一方、セシウムはβ崩壊をするとバリウムになって、β線を出します。このβ線もアルミニウムぐらいの板で止まります。β線も外部被曝の影響はあまりありません。次に、エネルギーを持っているバリウムが短時間に変化してγ線をだします。外部被曝では、影響が大きいのはほとんどγ線です。γ線は、10cmぐらいの厚さの鉛でやっと止まるものです。放射性物質が近くにあった場合、外部被曝のほとんどがγ線です。だから、防護服を着て除染をやりますが、外部被曝にはあまり意味がありません。屋根瓦ぐらいはスッと通ってきます。木造の家では外から入ってきます。数十センチのコンクリートの厚い壁でやっと止まるくらいです。

外部被曝では、γ線に対しては、距離をおくか、被曝する時間を少なくするか、どちらかしかありません。γ線の外部被曝を防御する方法は、「近づかない」、「近づいている時間を短くする」――基本はこの二つです。防護服というのは内部被曝の防止用であって、γ線による外部被曝の防止としてはほとんど意味をなしていません。厚い鉛の服を着たら別ですが。福島第一原発の構内で、本当に放射線の高い所に行くときには、鉛入りの防護服を着ますが、それ以外では鉛服は着ていない。それで結局、外部被曝は避けられない。だから私たちも、3泊4日、4泊5日で除染に行くごとに、ひどい時には外部被曝が積算で300μSvぐらい被曝しているかもしれません。それは除染作業の際にはある程度、避けられないということです。

■内部被曝の恐ろしさ

内部被曝の方が、健康被害としては深刻です。内部被曝というのは、呼吸、水、食品、皮膚の傷口から入るということです。当初の主な内部被曝には、ヨウ素131が甲状腺に溜まるということがありました。甲状腺がんになると言われました。今は、セシウム134と137です。これらは筋肉に入るので、心臓や膀胱、脳……全身のあらゆる臓器へいって悪さをします。β線核種でストロンチウム90は骨にいきます。

内部被曝と外部被害の違いは実はない、合計して何mSvかということだ、と言っている人もいます。しかし、私は違うだろうと思います。基本的に、人体影響のメカニズムが違います。外部被曝は距離をおいたらいいのですが、内部被曝は中へ取り込んでしまったもので、細胞にくっついているので距離をとりようがない。くっついて細胞の中の遺伝子を傷つけるとか悪さをするということで、本人が離そうと思ってもできない。放射線の影響は距離の二乗に反比例するので、至近距離で細胞を通過するのです。外部被曝は、本人が汚染源から離れたら大丈夫です。

外部被曝と内部被曝をきちんと区別する必要があります。内部被曝というのは、健康に対して影響が大きい。ところが、外部被曝の方が測定しやすく、内部被曝は測定しにくいのであまり重要視されないという問題があります。

食品の基準値を決めるための委員会を作ってきたけれど、新聞発表では「多くの文献を調べたけれど、結局、内部被曝の健康影響に関する確たる文献はありませんから決められません」ということでした。生涯のものでしか決められませんということになった。食品についてはそれぞれ決めてもらわないと困ると反論が出たけれど、実際に決められないのです。ここまでは安全という量「許容値」はないのです。基準値というものがあるなら「ここまでならがまんするというガマン値」ではあっても、安全の基準ということではない。内部被曝に関しては非常におろそかにされている。

除染するときでもマスクをし、目から入る場合があるのでゴーグルをし、手袋をし、とにかく肌を露出しない。これに意味があるのは、内部被曝の防止です。除染作業にしろ、生活するときにしろ、大事なのは内部被曝防止なのです。

残念なことにお母さんの母乳からセシウムが出てきた。子どもたちの尿からセシウムが出てきた。一部の研究者が「量的にたいしたことはない」と議論しているけれど、これは東大の児玉龍彦教授が言っていたように、そんなことはありません。内部被曝の影響が長期に続けば後々までひびく可能性があるのです。

■「許容値がない」

人間の体はだいたい細胞60兆個でできています。1個の細胞を1本の放射線が通過する、これが1 mSvです。100 mSvは、1個に100本通過することになります。1本と100本はどう違うか。100本のうちの1本と、1本のうちの1本は、通過することに対する影響は、質的に変わりません。100 mSvの方が量が多いだけです。一本でもDNAが傷ついて変わる可能性は——これは確率的影響といっていますが——あるのです。

「許容値がない」というのは、一本でも細胞を傷めてしまう確率がある、ということです。量的に多い、少ないはあるけれど、質的には変わらない。ここが非常に重要なポイントで、「許容値がない」という意味は、確率的に、数が少なくとも可能性はある。

細胞を通過するときに遺伝子を傷めて、たいていは修復される。けれども、P58と呼ばれているような修復遺伝子のDNAが損傷すると、長い時間を経てがん化することになります。先天異常の可能性もあります。それは、1本だろうと、100本だろうと、一本一本の質は変わらない。これはかなり大事な情報で、原理的に「許容値がない」という意味とつながっています。

片方に「100mSvまでで0.5%のがん」という話があって、これは非確率論的影響すなわち決定論的影響です。もう片方に確率論的影響がある。ALARAの原則で「可能なかぎり合理的可能な範囲で数値を減らそう」という方向でICRPが認めているにもかかわらず、片方から「ここまでなら大丈夫」という議論が常に出てくる。

食品の基準を決めろというような話が出てくるのです。でも決めようがない。基準は、少ないほうがいいとしか言いようがない。一部の消費者は政府に「決めろ」という無理な注文を出している。では、決めたとして、たとえば基準値が500Bq／kgで、セシウムの食品汚染が100Bq／kgなら食べるのか。

当初、外部被曝についても一時間値（1μSv／h）でやっていたのが、4月から積算値に変わった。あれは足し算で影響しますよということになったわけです。足し算で影響するというのは「許容値がない」ということとほぼ意味的には同じことです。ある基準以下でも、例えば50 Bq／kgでも、それを10回食べれば積算で500 Bqになる。その場合、1回の50 Bq／kgは安全と言えるのか。それが整理されていない。常に許容値以下なら安全だという議論になっている。「積算値で考える」、「許容値はない」、「少ないほうがいい」、「できるだけ可能な範囲で少なくしよう」――これが原則であって、ここをはずすと話が全部混乱してくる。

■総量として捉える

話を戻しますと、α線、β線は内部被曝の問題で、中へ取り込んだときに影響が大きい。シーベルトという単位は、確率的影響を「受ける」単位です。同じ線量であっても、シーベルトに換算するとα線はγ線の20倍になる。γ線、β線を1とすると、α線はその20倍の影響を受ける。それをいろいろ加重平均したものがシーベルトなので等価線量という。ダイオキシンでも塩素が付く位置が違うような同位体が多くあり、それによって毒性が違うので、最も毒性の強い2,3,7,8-TCDDというダイオキシンの毒性を1として、その他の毒性を加重平均して「2,3,7,8-TCDD毒性等価物量」で評価します。それとよく似ています。

ベクレルは、1秒間に分裂がどれぐらい起こるかという数で、これは「放射能が分裂をする能力」です。だいたい世の中に出回っている基準が、1 kgあたり500ベクレルや200ベクレル、あとは空間線量でシーベルトの1時間値か、1年間のシーベルトかというのが出回っています。

ある程度、単位的な目安を申し上げます。日常的には0・05μSv／hが普通です。1mSv／yは、それの365÷24時間で0・11ぐらいです。0・11μSv／hを24時間×365日にすると、だいたい1mSv／yになります。だから0・11μSv／hというのは、すべて積算すると1mSv／yになるという数字で、日常的には0・05μSv／h、それに加え、X線写真を撮ったり、海外旅行に行ったりをプラスして1mSv以下にしましょうという、これが平常の世界の基準です。ただし環境省は、室内にいるときは放射線量が低いことと、自然放射能の影響を除いて計算して、年間1mSvは時間値換算すると0・23μSv／hになるとしています。

2011年8月に福島に行って駅前に降りると、大きなケヤキの下で4、5μSv／hという数字が出ていて、道路の上を測ると2μSv／h、駐車場端の雑草やゴミがたまっている側溝のようなホットスポットに行くと50μSv／hという数字まで出てきます。0・05μSv／hの日常的な世界に比べたら、非日常的な空間になっている。それは、広島原爆の20～30倍という、すごい量の放射性物質が降ったんです。一時間でどうこうではなく、総量で捉える必要があります。いろいろな可能性――周辺からのγ線による外部被曝、食品汚染、水、大気からの内部被曝など――から、「総量として影響を受ける」と捉えないといけない。

除染するときにも「総量として減らす」という考え方が非常に重要で、基本的には長時間、しかもさまざまな被曝経路もあるので、それをどう減らすかと考えないといけない。それなのに「これが大丈夫、あれが大丈夫」、「大丈夫なものはいくつあっても大丈夫」、「いましばらくは大丈夫」、「すぐには影響しない」みたいな議論をするから、まったく信用できないわけです。「総量として減らさなければいけない」、「許容値は存在しない」ということを、政府関係者が理解していない。

■広域的な除染が必要

外部被曝防止も大事ですが、内部被曝がより重要だという情報がおろそかになっています。徹底的に内部被曝を減らすためには総量的に減らす必要がある。本マニュアルでも、食品汚染の実態を把握して除染プログラムを提案しています。

体内に取り込むチャンスは、日本のどこでもかなりあります。除染の必要性について言えば、避難地域も大事だけれど、食品汚染防止の必要性はどこでもあります。それをしないから食品汚染がどんどん出てくるんです。次から次へと後追いばかりしています。肉牛の餌になる汚染稲わらが全国に出回り、それを使用した全国の肉牛産地から汚染牛が出てきました。茶葉の汚染は宮城県から愛知県にまで及んでいます。北海道のマスやサケ、東京多摩川中流のアユ、箱根のワカサギにも汚染が検出されています。

「内部被曝の重要性」、「許容値がない」……それらに関する認識をした上で除染をしないと、市民は安心できない。安全かどうか、安心できる状態がなかったら避難とか、家庭単位でどうするかとか……あらゆる社会問題があります。子どもが外で遊べないといった問題について、そういうところまで話がきてしまっているという認識をすべきです。

放射能は、どんなに少ない線量でも、危険です。ホットスポットは遠くまで出ています。日光、那須、流山、柏、一関……。この前、京都の大文字送り火問題では、岩手県の陸前高田の薪からセシウムが出てきた。つまり、あそこも汚染されていたということです。薪が汚染されているということは、そこの土壌も汚染されているということです。そこを見つけて取るというようにしないと、少しずつ自然に減るけれど、土壌に固定的吸着されている放射性セシウムは長期間ありつづけるので、問題は解決しません。

ということになると、相当広域的にやらねばならないことになります。年間20 mSvの避難地域、それから福島中通りなどの1～20 mSvの間の地域、年間1 mSv以上の除染区域、そしてその外です。食品汚染の実態をみると、年間1 mSvを下回る地域でも、たとえば静岡の茶のように、除染が必要な地域はたくさんあります。

本当にどこまで広がっているのか、流通経路にのって広がった腐葉土が汚染されているので、相当遠くからも出ています。稲わらもそうです。そういう実態も、調べたらわかるけれども、まだよくわかってないところも、調べて除染対象にする必要があります。そこをどうしたらいいかというのは、政府の除染ガイドラインの中でほとんどふれられていない。場合によってはホットスポットだけ取る、みたいなことがちらっと書いてあるのです、年間1mSvの外については。

しかし、実際、食品汚染が出たところは、対象として政府がきちんと責任を取らないといけない。自治体に丸投げするのではなく、東電と政府が責任をとって、政府が計画を立ててやらないとできません。自治体は、本当に困っています。政府に押しつけられている。それを自治体の職員のだれがやるか、ボランティア集まれ、住民集まれ、業者を頼む……そうならざるをえない。除染計画の基本は、多くの自治体にはできません。自治体に押しつけて政府が支援するというのは、無責任きわまりない言い方で、そこに一番象徴されていると思っています。

▩原爆と原発事故の違い

広島・長崎の原爆は、高レベルの局所的被曝です。範囲が狭く、短時間に高レベルの被曝をした。実際には熱による火傷や、あるいは放射線被曝というように、ただちに被害を受けたんです。

まず、飛散した放射性物質の全体量は、東大の児玉先生の言うところで、20〜30倍、福島第一原発の方が多い。ただし、被害でいうと局所的高濃度、あるいは熱線による被害は、広島と長崎のほうが大きかった。総量としては福島第一原発の方が20〜30倍多くて広域的である。「長期的低線量被曝」と、「局所的高線量高熱被曝」の違いです。

ですから、低線量で広域的、総量が非常に多い、人口の多い都市部にも、山間部にも、田畑にも降りそそいだ、こういう被曝は歴史上初めてです。この影響は、たとえば野山の動植物がどうなるか、動物には蓄積していくからどうなるのか、田畑の食品はどうなるのか、人体はどうか、まさに現在「実験中」なので、広島と福島は土俵が違っている。別の状況が起こったと考えるべきです。長崎、広島の教訓は、使える部分もあるけれど、単純に「広島、長崎ではこうだったから福島ではこうだ」という言い方が合わないところがかなりあります。たとえば広島・長崎では、ほとんど内部被曝の影響は考慮されていないし、データは、隠されているかもしれませんが、公開はされていません。しかし今回は長期的な内部被曝の影響が大きく入ってきました。

長崎大（現在は福島県立医大）の山下俊一教授が、「100ミリシーベルトまで大丈夫」と言っていますが、あれは長崎、広島の話であって、福島にその話をもってくること自体が間違っている。違った状況にあるものに同じ尺度をもってきているということです。長崎、広島と福島の比較については、参考にすべきところと、してはいけないところが明確にある。

■「長年、草も生えない」⁉

原爆の後、「長年、草も生えない」と言われましたが、そうではなくて、再生力はあるんです。生物というのはしたたかで、たとえばセシウムの物理的半減期は30年ですが、生物的半減期は1年もありません。腸肝サイクルを通じて3、4か月で放射性セシウムの半分は体外へ一部は放出される。

しかし一方でセシウム137の物理的半減期が30年ですから、食品汚染が持続すると、体内のあらゆる臓器に蓄積されていきます。すなわち、摂取量が排出量を上回っている場合は、体内蓄積が起こります。さらに、し尿、排泄物の中に残って、また別のところに影響を与えていくというように、ずっと影響は残っていく。そういう影響を追いかけていく必要があります。だから生物はやわじゃないけれど、影響としてはずっと残っていきます。一見、目に見える被害、「草も生えない」ような被害については、言われたほどにはならないけれども、影響としてはずっと残る。遺伝子に対する影響、遺伝子を損傷する影響というのは、植物だろうが動物だろうが、ずっと残っていきます。それがどういう害になるか、奇形が出るか、それをまさに「実験中」なんです。

放射性物質の長期的循環による被曝の影響の被害は、ずっと残ります。どんどん拡散して、食物連鎖で体内に入って、排出されても環境影響は消えないで残っていく。その被害のあいだに遺伝子にヒットするという影響がずっと続きます。

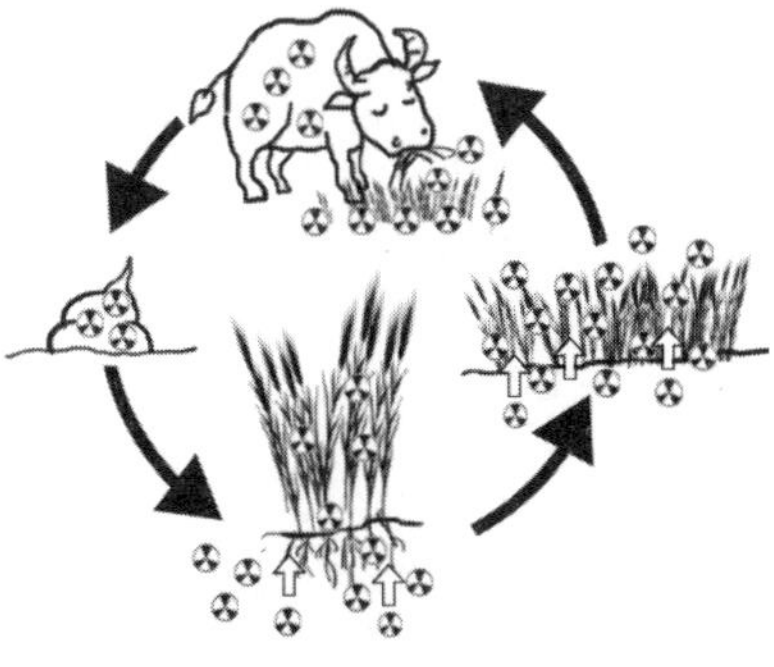

■チェルノブイリの世代を超えた影響について

今回の事故は、チェルノブイリとも違う面があります。チェルノブイリという、人があまりいない農地で起こった事故と、福島を中心として、東北、関東一円の大都市を含む地域で起こったという違い。これも歴史上初めてです。そういう比較も、適切か、そうでないか、きちんとすべきです。

胎児が8週〜15週の非常に感度のいいときに――遺伝子は細胞分裂するときに一番感度がよいから――母体内で被曝するということは、直接的に影響を受けやすいんです。それから、たとえばお母さんが影響を受けて、その2年後に妊娠して、生まれてくる胎児への影響は「遺伝的な影響」です。

胎児の間接被曝による影響と、時間をおいた遺伝的影響もあるのかもしれない。疫学調査は少しずつ出てきていて、アメリカの原発の周辺の調査がかなりやられており、やはり周辺にがんが多いという結論が出ています。

そういう疫学調査、プラス基本的な情報――「許容値がない」といった理論から推測して、今は内部被曝をできるだけ避けるとか、そういう議論をきちんと積み上げていくことが重要です。わからないという議論は困るのです。ここまで分かっているという整理がきちんとされていない。マスコミは「わからないんです」と言っていて、「ここまではわかっている」という議論をしていない。まったくわからないのではなくて、定量的にわからないところがある。定性的に許容値がないとか、そういう話はだいたい国際的に合意をしてきているのに、それもわからないようにするのはまずいと、私は思っています。許容値がないというのは、基本的に「ここまで大丈夫という量はない」と整理できます。少ないほうがいい。

たとえば学校の運動場は、文部科学省が最初は「3.8 μSv／h」と言っていたのが、「年間1 mSv」となった。これは「許容値がない」ということで、できるだけ少ないほうがいいと文部科学大臣は言ったはずなのに、片方でまだ許容値の話が出てきているというのは、そこは政府の側で基本論理が整理されていないのです。適当につまみ食いで基準を決めようとしているので、いくら説明しても市民は納得しないし、あやしいと思っている。マスコミもあやしい解説をしているから、市民は信用しなくなって、自分たちで測ろうということになってきました。最初に「パニックを抑えよう」という論調になったから、市民に信用されなくなって、本当にピンチです。「騒ぐな」という論調は今も変わりません。

2 除染をどう考えるか

■食品に検出されたところは、土壌を除染すべき

2011年6月段階から、静岡のお茶にもセシウム汚染が報道されました。川勝知事は、「乾燥茶と生茶で違う」、風評被害だと言っていました。知事の立場としては、そうなのだと思います。乾燥茶の方が濃縮されて、当然キログラムあたりベクレルで高くなりますから。

現地の研究機関が茶葉の汚染を調べると、３月段階に出ていた古い葉に放射性セシウムが付着して、そこから吸収された汚染が、６月段階の一番茶やその後の二番茶にも出てくる「転流汚染」が明らかになってきました。現地では、古い茶葉や枝の剪定を除染方法として検討しています。私は、そこの土壌も調べるべきだと思っています。土壌も汚染レベルは古い葉ほどではないけれども、やはり汚染されているのです。２０１２年になって、出てこなければ幸いなのですが、土壌からの間接汚染もきちんと調べるべきです。銘柄茶である以上、除染目標は「汚染ゼロ」でないと商品価値が出てきません。銘柄商品としては「基準以下だから大丈夫」ということでは通りません。

物理的、化学的、生物的汚染が重なり、濃縮型汚染になったのが「茶葉の汚染」です。ですから、愛知県にまで広がる広域汚染になりました。よく似た広域型汚染の事例として「焼却灰汚染」があります。これらの汚染が出た所は、草木や土壌も汚染の蓄積がないかということをきちんと調べて、消費者に安心してもらうというのがまず基本です。それ抜きだと、下手すると２０１２年もまた基準以下ではあるが中途半端なベクレル数が出てきて、商品価値が下がるということになります。

「汚染は元から断つ」という基本をきちんとやらないといけません。食品汚染が出たところは土壌を調べて、レベルが低くてもきちんと除染をする。そうしないと、ゼロにはならないので、商品価値は落ちる。そのリスクは非常に大きいです。

■なぜ「除染」に着目したか――福島県の高い汚染度

――これだけ広範囲の高濃度の放射能汚染ということは、そもそも前例があまりない状況だからですが、「除染」というのはこれまでほとんどやられてこなかっただろうと思うのですが？

チェルノブィリの事故では「除染」が行われました。放射能が相当ばら撒かれたのですが、農地なども多かったので、たとえばナタネを植える、植物の種類を汚染されないものに変える、放射性セシウムの吸収量を少なくするために追加肥料を投入する、牛乳汚染を減らすため飼料を変更する、餌にプルシアンブルーを投入して家畜の内部被曝を減らすなど、主として食品の除染対策がありました。一時「チェルノブィリでヒマワリが除染に役だった」というような報道がありましたが、それは事実と違うようです。ナタネの栽培についても、除染のためだけというよりは、ナタネ油までは汚染されにくいという点に注目して、油の利用と飼料を得るために栽培されています。

今回の福島事故では、いわゆる福島県中通りといわれる伊達市、福島市、二本松市、本宮市など都市部が汚染された。しかも、人口で言うと福島市30万人、郡山市33万人というような大都市が大量の放射性物質で汚染されました。そのような福島県中通りの大都市で、子どもたちの9割以上がまだそこに住んでいます。そういう場所が汚染されるというのも初めてですが、こういう所を住宅、道路、学校、公園、田畑、森林を含めて除染するというのも、技術的に初めてのことになろうかと思います。ですから、大企業のもっている技術も含めて、政治的にも、技術的にも、経済的にも、あらゆるマンパワーを含めて、総力戦で除染をしなければいけないという状態にあります。そのことに早く気づく必要があったということです。

私は、反原発を唱えつづけてきた研究者が集まっているエントロピー学会で、今代表世話人をやっています。東大を退職された井野博満さんや京大原子炉実験所（大阪府熊取町）の小出裕章さんも会員です。ここでシンポジウムを4月23～24日に同志社大学でやったのです。

その時に、福島県が実施した県内の小・中学校、幼稚園の運動場の放射能汚染のデータがあって、220～30か所の数値が公表されたんです。1 cm、50 cm、1 mの場所で測定したデータです。それまで福島県には、県庁の近くにモニタリングポストがあって、4月の段階で1.6 μSv／h程度の数値が公表されていて、新聞報道では「たいしたことはないだろう」ということでした。ところが、学校の運動場の地上1 cmのところで測ると、6 μSv／h、5 μSv／hなどの数値がごろごろ出てくるのです。学校の運動場で起こっていることは、ふつうの民家の庭でも起こっているし、通学路でも起こっているはずで、これはどこでも起こっているのではないか、これは何だと、その時の福島県のデータを見て、私はびっくりしました。

ちょうど4月23日の学会で発表する前に公表されたそのデータを見て、えらいことだ、こんなことを放置できない、と思いました。しかも福島市という人口30万人の県庁所在都市でそうなっている。ここは福島第一原発から60 km離れています。この時に私は、「取り除くしかない」と思ったのです。

それから、原発から10km、20km、30kmの地域、飯舘という40kmの所も計画避難地域になり、避難するので当面被曝を免れるけれども、60kmの福島市では多くの市民は普段どおりの生活をしているわけです。

それで、4月23日の段階で、京大を退職された荻野晃也さん（放射能の専門家）に相談しました。荻野さんは京大内の放射能汚染事故の際に除染もやっていたし、放射線の取扱いの資格も持っている方です。私は荻野さんに「主戦場は福島市だ」と言ったんです。荻野さんも「そうだな」と仰いました。つまり、普通の生活が営まれている、30万人の大都市が汚染されていて、そこでの子どもたちの被曝はどうなるのか……ということで、その時に「除染」ということをかなり意識していたのです。

たまたま、そのシンポジウムには、福島大学から中里見博先生が来られていました。学会員ではないのですが、やはり不安だったのだと思います。懇親会の席でお話をしましたら、福島大学では、学長が安全宣言を出すと言っているらしい。そういう話を聞いたので、それはおかしいと申し上げました。

私は中里見先生を通じて、「5月に除染したいから、除染をモデルとして実施させてくれる民家を紹介してほしい」と言ったら、「3軒ほど紹介します」と仰っていただきました。そのうちの1軒が、除染プロジェクトの現地事務局長的な役割をしていただいている深田和秀さんでした。そして、その後のプロジェクトの主力メンバーとして活動しておられる福島大学の荒木田岳先生の新築用敷地も測定しました。５月に除染の調査に入り、６、７、８月と続けてモデル除染をやってきて、民家10軒、果樹園、児童公園……というようなさまざまな場所を、民家の屋根から庭、駐車場、周囲の側溝などをモデル除染してきたというのが、私の福島除染の経過です。モデル除染であるため、まだ虫食い状態でしか実施できておらず、申し訳ないと思っています。

■放射能は「薄めてはいけない」

放射性物質、放射能というものは、「拡散（diffusion）させてはいけない」という基本原則があります。これは、「集団被曝線量」という考え方で、〈集団被曝線量＝一人の被曝線量×人口〉です。放射能を考えるときの基本的な考え方です。

例えば、１人が100 mSv浴びると、100×1で、100 mSv人が被曝線量です。10人が10 mSv浴びた場合の合計も100 mSv人ですし、100人が１mSv浴びた場合も100 mSv人です。このように、集団被曝線量はそれぞれ100 mSv人で変わらないけれども、１人が浴びる場合と、10人が浴びる場合と、100人が浴びる場合は、１人あたりの線量は減っていくけれど、掛け算すると変わりません。

これは、放射能の人体影響に関して言われる、「閾値《しきいち》はない」というモデルと関係します。つまり、「ここまでなら安全な量というのはない」というＬＮＴ（Liner Non-Threshold）モデル、これまでの放射線研究の中で国際的合意となっているものですが、つまり拡散させると一人の被曝量は減るけれども、被曝する人が増えるということになる。集団被曝線量は変わらないので、そういう意味で、放射性物質というのは、薄めてはいけないということになります。

放射性物質は、他の物質と同様、そのまま放っておくと薄まります。雨が降って海に流れるという自然の流れは、エントロピー増大の法則で、物質というのは固まっている状態から拡散する方向に自然にいきます。この状態がどんどん進むと、除染しようとしても取れない。どこにあるか、情報がなくなっていく。海へ行って、魚へ行って、あちこち食べ物に回って内部被曝する……というように、どんどん食物連鎖の輪に入っていくので、その輪に入ると被曝することに関して止めようがなくなります。

それに対して、放射性物質が落ちた場所は測ったら分かるので、あるうちに取らなければいけないし、分かっているうちに取らなければいけない。ある意味では、ここだけがチャンスなんです。そこにホットスポットがあるというのは、ここに放射性物質があるということがわかるわけです。だからそれさえ取ればいい、取らないと広がっていく。

ここにも誤解があって、自分たちの被曝量を少なくするために広げてしまおうというようなやり方です。いま除染活動の一番典型的なやり方は、圧力洗浄といって、水道水に圧力をかけて屋根を洗ったり、側溝を流したりする。これがいま最も中心的な除染方法ですが、こ

れは完全に間違っている方法です。取り上げて、固めて、保管して、基本的には私は福島第一原発、第二原発に返すしかないと思っていますから、そして返す。――ということをやるしか、被曝から逃れる方法はありません。

私はいろいろと除染のやり方を考えたのですが、この基本をはずすと、だいたい失敗します。徹底的に固めて取るか、吸収するか、はがして取るか、のどれかで、一時保管するにしても、できれば福島第二原発や福島第一原発に返す。それが東電の責任ですし、原発を認めた国の責任として、それを認めさせる。これ以外の方法、たとえばリサイクルしてセメントに利用するとか、どこかに放射性のガレキを集めて他の自治体で処理するとか、いろいろ案はあるけれど、だめです。おそらく失敗します。

■高圧洗浄の誤り

除染ということで、高圧洗浄水を使用するのをよくテレビで見ますが、それは結局、放射性物質とは何かがわかっていない。そこから移動するだけでは、取れたことにならないのです。「除染」というのは、そこからきちんと取り上げて、安全に管理して、東電へ持っていくと、そういうのが取り上げたということです。あの高圧水は、放射能が移動するだけで、町内会でやり始めたら汚染の押しつけあいになります。そんなことをしたら、大混乱ですよ。いまだにあちこちでやっているのですが、実はこの方法では少ししか取れないんです。屋根なんかには材質の中に浸透していますから、屋根瓦の色が変わるぐらいに剥がないと、セシウムは取れません。これまでに降った雨でも取れないものが残っているのです。水をかけたぐらいでは取れない。それが取れたと思って安心してしまう。

屋根の線量が高いから、どの家でも、二階の方が一階より高い。だから「二階には行かない」とか、「子ども部屋だけれど使いません」とか言っています。それで、窓から離れて一階のリビングのまん中あたりに寝ている。立派な新しい家なのに二階は使わない、リビングだけで生活していますというケースを見ました。セシウム137は半減期が30年、それで半分ですから、除染しないでいると、もうほとんどずっと被曝しつづけるわけです。

「避難しないなら除染するしかない」とお話しするのですが、「大変だろう」とか、多くの人が「できない話」から始めるのです。「できない話」はいくらでもできます。だけど私は「できない話には乗りません」と言っています。

ここに来て、新聞も政府も「除染」「除染」です。「取り除けるならいいのではないか」と思っているかもしれないけれど、中身は無責任の極みです。

■除染は「原理的にはできる」

このように、放射性物質とは何かということをある程度理解すると、基本的にはその場で取って、固めて、保管して、東電、福島第一原発に返す。このルールを守れば、それがいくら大変だろうと何だろうと、とにかくできるのです。一見、それは大変ですよ、実際の除染は、10人ぐらいで朝から晩までかかって一軒できるかどうかというようなものですから。でも、それを「大変だからできない」と見るか、「いや、それだけやったらできるのだ」と見るか。全部やるという覚悟をするかしないかです。その覚悟をすればできる。いくら時間がかかろうとどうしようと、そうしないと被曝から逃れられないのです。できるかできないかといえば、やろうと思えばできるのです。ただ大変なだけです。むちゃくちゃ大変です。でも、原理的にはできる。

しかし、それをだれがやるのかという問題です。住民がある程度やらないと、だれも助けに来てくれないというのが現状です。いま、政府は避難地域以外は地方自治体に下駄を預けようとしている、自治体は業者と町内会に下駄を預けようとしている、町内会は住民に下駄を預けようとしている――この究極の無責任体制が、今の政府です。それに対して私が言いはじめたのは、被曝しないために、とりあえず自分で除染して、ツケは全部東電に回そうということです。最後に東電に返す――これを言い始めました。

後で詳しく言いますが、いま福島では、洗濯のりのポリビニルアルコール（polyvinyl alcohol: PVA）を使って取っています。固めるのに洗濯のりを使ったらいいのではないかと思いついたものですから。「固める」と「剥がす」が、両方、ポリビニルアルコールでできるのです。そのへんの百円均一で売っている材料です。除染技術の一例ですが、そういう技術的な思いつきがあったのは、大学、大学院時代にやった研究が少し役に立ったのかもしれません。

■除染は実践しながらやるしかない

除染というのは、単に理論だけではなくて、実際に現場に行って、ある程度被曝しながら、実践しながらやるしかないものです。しかもこういう大都市の放射能汚染は初めてなので、技術的にもいろいろ検証しながらやるしかない。適当に理屈だけを言っていればいい世界とはまったく違うところに踏み込むわけです。「鉄の意志がいる」という言い方があるけれど、次から次に困難な壁が迫ってくるわけで、それを乗り越えていかないとてもできません。私は多少無鉄砲だから、福島で子どもたちが被曝しているという状況がわかった段階から、見ていられないという感じになったのです。

東大の児玉龍彦教授も除染に入っています。彼は理屈がわかっている人で、しかも単に理屈だけではなかった。それで除染に入ったのです。児玉さんが国会で証言して非常にインパクトを与えたのは、単なる理屈ではなくて、南相馬で実際に除染に入ったということがあった。そして取り除いたものを大学に持ち帰って処理している、しかも放射線や医学の専門家です。ただ一般的には、放射能、放射線がわかっている人は、自分の専門の中でそれを生かしたいということになってしまって、除染の専門家とはまったく違う。

除染の専門家は、はっきり言ってだれもいない。除染の技術は一からなのです。ですから、その「一から」のところに飛び込む、ある種の決断がないと、なかなか除染に手をつけられません。それで、たいてい人は、除染は難しいと感じたのだろうと思います。「お前、いつまでこんなことするのだ」と聞かれることがあります。しかし、いつまでかかわかりません。「ある程度、除染できる原理とシステムが構築されたら」と答える以外に言いようがありません。

■「除染」と「避難」

私は「除染」だけだとは考えていません。もう一つ、避難する、疎開するということがあります。どちらかというと、子どもたちの生活ということを優先して考えた場合に、避難できる人はとにかく避難すべきだし、少なくとも夏休み中、疎開できる人は疎開するべきです。はっきり言って、現在の福島市のレベルでは、子どもたちが普通に住む場所ではないということは明らかです。だから今住んでいる人たちも、家の中にじっと閉じこもって、学校に車で送り迎えして、野外で遊ばせない……そういうことをやっているわけです。福島の子どもたちはそういう状況にいま置かれているので、できるなら集団的に避難や疎開をすべきだと、私は基本的に考えます。

しかし、実際に現場に入ると、いま現実に避難・疎開している子どもは一割未満です。残りの九割以上はまだそこに住んでいます。つまり、家族が生き別れになる、お父さんの仕事の関係、そもそも避難しても今のところ何の補償もない、お金がない……さまざまな理由があって、現実的に避難できない。避難できない人がいる以上は、除染するしか仕方がない。ですから、除染というのは、あくまでも考え方としては二次的なものです。究極的には除染しないと戻れないのですが、当面は避難・疎開することは大切な被曝防御策です。

■「避難させなくてもいいための除染」では困る

まず、国が避難させるべきだった。基本的に福島県中通りは避難地域にするべきでした。それを飯舘や伊達の一部にとどめて、なぜ福島市が避難地域に入らなかったかというと、人口が多いとか、新幹線、東北本線、東北自動車道が通っているような所は避難地域にできないとか、いろいろ政治的判断があったのでしょう。そういう国会議員の発言もあります。しかし、そういう理由で避難させないというのはまったく無責任で、国はいくら金がかかろうと避難させるべきだった。それをしなかったことのツケが、いま全部地元の子どもたちや住民に回ってきているわけで、そういう意味で、政府の考えている除染というのは、「避難させなくてもいいための除染」になっているのです。「たいしたことはない」、「避難しなくても大丈夫」、だから「除染しよう」……みたいなことになっている。

今、自主避難ということで、福島県も人口が減りつつあります。それは政治家にとって困る。学校も成り立たない、商売も成り立ちにくい、それが困るから除染と言っているけれども、「被曝を少なくするため」というのが抜けているのです。自分たちの都合で除染ということを言っているのであって、これは基本的に考えがまちがっています。

この8月に出てきた除染基本計画では、年間1 mSv以上の汚染地域は国が支援すると言っています。ただし「自治体に計画を出させる」と。ほとんどの自治体にはそんな能力はありません。無責任です。そこで生活している人がいるのに、その程度にしか考えていないということです。東電と国が費用もノウハウも全面的に責任をもつからやれと言うべきなのを、自治体に計画を出せというわけです。国がサポートしてやるからと。これは無責任の極みです。それが8月に出て、私は「何だ、これは」と思いました。国や自治体が考えている除染というのは「みんなでがんばろう」と、そんな感じで出してきている計画なのです。

■子どもと妊婦の被曝を少なくする――避難と補償

私たち「放射能除染・回復プロジェクト」の活動は、あくまでも「子どもたちと妊産婦の被曝を少なくしよう」という第一原則があります。そのために、「放射性物質は拡散させてはいけない」という原則があって、「汚染者負担原則で東電に返そう」という原則がある。避難する方が、被曝量を少なくすることができるのです。ですから「除染するから避難しなくていい」のではなくて、「避難できるなら避難しよう」、「疎開できるなら疎開しよう」ということときちんと話をつながないといけないのです。そこがどうしても抜けてしまって、住民の方でも「避難か、除染か」ということに矛盾を感じて、悩むんです。除染をやっている方も「避難なのか、除染なのか」と。でも、「避難できるなら、避難したほうがいい」。けれども、九割以上が避難できないという現実がある以上、そこは除染するしかない。

九割がた避難できないというのは、「避難した時の生活にまったく補償がないに等しい」ということと、「仮に補償があったとしても、やはり自分が住んでいるところを離れたくない」ということの両方です。補償がないからというのは、やはり非常に大きいでしょう。自費で避難するのは、経済的に大きな負担です。それ以外にも当然、仕事が地元にあって、避難しようと思うと家族がバラバラになるという事情があります。実際に、避難している人たちはかなりの率で家族がバラバラです。私が除染に入った所は、だいたいお母さんと子どもたちは京都や福岡、新潟などに避難していて、仕事のある男の人たちが残っています。週1回、月1回、土日は会いに行く。また、夏休みだけ疎開していても、夏休みが終わったら帰ってこないといけないとか。一時的に避難しても、経済的な理由、あるいは家族がバラバラになるなどの理由で戻ってくるとか、本当にさまざまな事情があります。お金の面と、仕事、家族関係……現実に福島に住んでいる人たちがおかれている立場は、本当に悲惨な状態です。

今のところ、避難地域に指定されたところは何とか補償の話があるけれど、そこからはずれた所はわずかな補償しかなくほったらかしで、そこが非常に問題です。そここそが、人口も多く、実際にいま被曝している所ですから問題なのです。ですから、避難、補償も含めてあらゆることを全部、東電と政府がやりますということでなければならない。ところが、後は各自治体でやりなさいというような感じになっているのがまったく無責任です。自主的避難も補償します、集団的な避難地域の面倒もみます、とやらなければいけないのに、それをやらずに無責任に逃げているというのが現状で、そこが一番問題なのは明らかです。

8月に出てきた除染計画について、細野原発担当大臣は、「これからは除染が一番大事です」というようなことを言っています。「これからは」なんて言いますが、最初から大事だったのですよ。4月ぐらいから除染が大事でした。

■汚染者負担の原則――「責任は東電と国である」

そもそも、除染にたいする基本思想が、今まったく間違っているのです。除染とは何かということに関して、何のために、だれのためにするのかということを、きちんとしなければならない。どこに責任があるか、ということです。まず、①「子どもたちの被曝を少なくする」ことが、第一原則です。それから、②「拡散させない」――そのために除染する。それから③「責任は東電と国である」――これを明確にしないと、いま、責任がどんどん下へ下へとぼやかされて、責任だけでなく義務みたいな事態も生じてきているのです。「各家庭で除染するのは義務だろう」と、これはもう戦時中の隣組みたいな話になってきているのです。お宅はやった、やらない……そんな議論が出始めているんです。こんなむちゃくちゃな、自己責任みたいな議論も起こりはじめています。

2011年8月、福島市で一番放射線量の高い、大波というところへ行った時の話です。大波の隣が伊達なのですが、伊達で隣組的な話が出ているということを聞いたんです。除染するのは自分の責任だろう、あるいは義務だろう、というような議論が出はじめていて、非常にまずいと思いました。責任は東電にあって、電話一本で東電が取りにくるべきで、費用も払う――そうすべきです。「住民の義務」みたいになるのは、非常にまずいと思います。私はもう一度、「責任と義務をはっきりさせて除染する」ということをしないと、わけのわからないことになると思っています。

いま、除染については東電がどこにも出てこないですね。国や自治体という話はあるけれど、除染に関して、東電は出てこない。いったい東電はどこに隠れているのでしょう。今は福島第一原発の収束で忙しかろう、まずそこに集中してください、除染は国にお任せください、みたいになっているんでしょうか。しかしそれはまったく違います。絶対に東電の責任です、それを抜かしてはいけない。汚染者負担の原則ですから、汚染者が費用も負担し、そして除染した放射性物質は東電に返すべきです。それをはずしてはいけない。除染の話の中にほとんど東電という名前が出てこないのが、不思議というか、責任をぼやかそうとしているのだろうと思いますが。

「福島第一原発から出たものは、福島第一原発に返すしかない」

放射性汚染物の最終処分場に関する議論ですが、今、福島県の佐藤知事は「福島県内には造らせない」と言っているのです。それを受けて細野原発担当大臣も、福島県内には造らないと言っています。平野復興大臣も造らないと言っています。これもまた非常に無責任で、福島第一原発から出たものは福島第一原発に返すしかないのです。福島県内に造らなかったら、どこに造るのですか。他の県に造れるはずがない。

そもそも「最終処分場」という言い方が間違いで、青森県の六ヶ所村（最終処分場ではない）は、他の県の廃棄物も全部受け入れている処分場です。福島第一原発の場合はそうではなくて、元々そこにあったものを返すだけ、福島第一原発の放射性物質だけを受け入れるということです。それを「最終処分場」と呼ぶから、他の原発の廃棄物も受け入れるという理解になって、当然、県民は反対する。「福島県民は放射性物質の被害まで受けて、なおかつその処分場まで受け入れるのか」と知事が言っているわけで、これは県民感情を代表していると言えるでしょう。

しかしそれでも、福島第一原発の放射性物質は福島第一原発に返すべきです。というのは、そもそも原発を受け入れて造ったということは、そういうことも含めた責任を取るしかないということなのです。

菅さんが辞める前に、中間処分場は福島県に造ってくださいと言いました。知事は、今ごろになって言うのか、みたいな言い方をしたところですが、分かっていない。自分たちが福島第一原発を認めた、受け入れたということの責任は、少なくとも福島第一原発から出た放射性物質をもう一度そこに返すということなのです。

そのときに、福島第一原発はいま立て込んでいるから、福島第二原発を中継地として使えばいい。10 km離れた南側に第二原発がありますが、ここは、1、2、3、4、5号機とあるけれど、もう廃炉しかない。どう考えても動かせないから、あの敷地が空いているんです。だからいったんあそこへ受け入れて、福島第一原発が落ち着いたら、いずれにしろ何十年もかかって廃炉にするのだから、その中に除染で出てきた放射性物質も閉じ込めて、コンクリートで固めて、中長期的には50年後に世界遺産に登録すればいいでしょうと、私はよく言います。要するに、それぐらい除去物を閉じ込めてピカピカにして、放射線が出てこないようにすればいい。

除染の方法もまだはっきり分かってないし、一番問題なのは、取ったものをどこで一次保管し、どこで最終処分するかもほとんど分かっていないということです。そこに責任者の東電も入ってこない。今見えてきている構造は、先ほども言ったように、とにかく国は自治体に、自治体は出入りの業者に押しつけようとしている。この前、福島市で造園業者さんから話を聞きましたが、いろいろ実験してうまくいかなかった後始末を業者に回しているんです。業者は市から言われたら、お得意だから少々無理をしてもきかないと仕方がない。また、後は町内会に100世帯あたり50万円の助成金を出して、「圧力洗浄機を買え」というやり方です。これも無責任もいいところで、このように下へ下へと責任を押しつけて、自分たちは何もやらなくてもいいというような、それがどうも除染計画ということらしい。これは計画でもなんでもなくて、ただの押しつけです。

■日本原子力研究開発機構の不十分な除染方法

いま、福島市や伊達市に入ってきているのは、日本原子力研究開発機構です。これは高速増殖炉「もんじゅ」を推進してきた、4000人の独立行政法人ですが、「もんじゅ」はだんだん廃止になっていくと思われるので、仕事がだんだんなくなるわけです。それで必死になって福島市に常駐部隊が入って、基本的に伊達市の除染をやっています。伊達市でやっている除染の方法は、屋根は圧力洗浄で、道路は研磨機で削って、土は取ってという、その様子を細野担当大臣や、前の幹事長の岡田さんが見に行っています。これでいいと思っているふしがあります。

原子力研究開発機構が伊達市でやっているような方法を見て、これでいけるということですが、不十分です。2011年8月に伊達市の除染をやっているところへ行ったのですが、それは一生懸命やっておられます。だから、私は、原子力研究開発機構だろうと、適切な方法で、効果的できちんとやってくれるなら、何も私たちがのこのこ出ていく必要もないと思うぐらいです。どうもそうはなっていなくて、仕事を囲いこんでしまうような構造がみえます。政府はあれで「技術的モデルができた」と思っているかもしれないけれども、実際には簡単な所しかやっていない。運動場なんて、一番簡単です。とにかく取って、穴に埋めたらいいのですから。難しいのは、屋根などです。それがまだきちんとできていない。

■企業が参入して、きちんとした技術で

除染には、すごいお金が流れます。場合によっては10兆円以上にもなるから、利権なのです。私は、企業がそれに参入して儲けるのはいいと思っています。というのは、企業のもっている技術が必要だからです。これはボランティアではできない。そんなレベルではありません。だから、あらゆる企業が参入して、きちんとした技術で、たとえば公開実証実験をやる。国際的にも役立つ技術で参入すればいい。どこかが独占するのではなくて、公開で、一番役立つ技術をどんどん採用する。そのシステムを作らないといけません。どこかが利権を囲いこんだりするのはだめです。

役立つというのは、①除染効果があること、②除去量が少ない、③コストが適正である、④被曝量が少ない、⑤住民も含めてマンパワー的にもいろんな人が実施できる、いろいろなバランスがあるわけです。高すぎるのは無理です。また、ある企業にしか委託できません、というのは独占になります。いろいろな除染があるので、国際的にオープンに除染技術を公

開して、国際コンペをやる。公開実証実験をやって、いいところをどんどん採用していくことが必要です。

私は、2011年8月1日に「除染マニュアル（第2版）」をエントロピー学会とNPO法人「木野環境」のホームページで公開して、そのお蔭で企業からのコラボレーションの申し入れがかなりきています。そのうちのいくつかは実際に共同開発をやろうと思っています。そうやって、どんどん技術改良をしていかないとできません。

具体的にコラボレーションをしている企業を紹介します。まず、京都の株式会社「大力《だいりき》」という、壁紙施工用および建具用澱粉系接着剤のメーカーとは「壁紙方式」という除染方法を開発してほぼ実用化の域に達しています。名古屋の株式会社「ダイセイ」という各種景観資材の施工及び販売、各種リニューアル工事を行っているクリーン業者とは、道路、壁、屋根などの、密封空間における「少量水超高圧ビーム洗浄＋吸引＋ろ過」という方式のハンディータイプを開発中です。株式会社ライナックスからは、密封容器内における「ブラシング＋吸引」装置の試作品の提供を受けて、道路、壁、屋根などのブラシングについてその効果を検証中です。この装置については、材質の厚さ方向における放射性セシウムの浸透の深さを測定する際にも使用可能です。

日本合成化学および大阪の大成化薬株式会社からは、土壌を固めたりするためのPVAの粉やPVAの特殊フィルムの提供を受け、実証実験による効果を確認しています。ダイオ化成株式会社、ダイオテック株式会社とはプルシアンブルー付き不織布の放射性セシウム吸着効果について現地における実験を行いました。京都の宇治にある株式会社東悦堂とは、放射性セシウムで汚染された雑草など、枝の体積減少を目的とした堆肥化バクテリアの研究について協力しています。現時点で名前は出せないのですが、ある繊維メーカーとは三次元布の共同開発を行っています。企業ではないのですが、産直活動体である「関西よつ葉連絡会」からはアロカ社のシンチレーション型測定器を貸与していただき、現地で測定に使用しています。

これ以外にも、除染に関する情報交換をしている企業や運動体は多くあります。マスコミの方々の取材についても可能なかぎり、情報提供をしています。

■除染は「トータルの技術」――家一軒まるごと除染

――先生がホームページに出しておられる除染マニュアルですが、先生以外にもこういうマニュアルを公開しているところはありますか。

福島県が町内会に、除染するということに関して、こんなことをやりなさいというのはありますが、それはマニュアルというほどのものではなくて、「被曝を避ける心得」という程度です。他にも放射能関係の学会レベルで出はじめていて、すでにいくつか「マニュアル」と称するものはあります。それから、ここにきて、「こんな技術で除染ができる」というのが増えてきました。新聞にも出てきていますが、公開されて、本当に役立つ技術をどんどん取り入れていくのは、私はそれでいいことだと思っています。

そういう技術は、だいたいが、「ここだけはできる」という一部の技術が多いんです。でも、除染というのはトータルの技術で、家一軒をやろうと思ったら、土もある、畑もある、屋根もある、壁もある、道路もある、側溝もある……全部あるのです。ですから家一軒まるごとできないと、屋根だけとか、側溝だけとかだと、あまり意味がないわけです。そういう意味で、総合技術的に家一軒単位でできる、町内の10軒でできるという、そういうモデルがいるのです。

技術的に言うと、まだまだ玉石混淆で、役立つ技術とそうでない技術をきちんと見極めるために、実証実験がいります。しかも、室内実験と現場は違います。「室内実験でうまくいった」という話が多いのですが、現場へ行ってやってみると、かなり違うのです。たとえば屋根の上を考えたら、私は命綱をつけずにやっていましたけれど、足場をつけないとすべるような所を歩いて除染するわけです。屋根瓦の上を歩いてセシウムをどう取るかというのは、実際に屋根の上に上がってやらないと分かりません。現場へ行くと、二階の屋根の端っこで除染するというような話にどうしてもなるので、やはり現場へ行ってちゃんと実証実験をやって、効果を確認していく必要があります。

■住民参加をどう考えるか

――地域住民たちは、除染にたいしてどういうスタンスを取っていて、これからどうやっていくべきか、そこはどうでしょうか。

ここは非常に重要なポイントです。住民がどういう役割を演じるのか。現在は、強制的に被曝させられているという立場です。そういう立場の住人が、子どもを抱えて、家庭的にもいろいろ悩みを抱えて、場合によっては夫婦の価値観が合わなくて、避難するかどうかで離婚したり、家族が生き別れになったり、友だち関係がうまくいかなくなったり……、社会的に、十分悲惨な目にあっているのです。多くの住民は現在受け身で、だれかが何とかしてくれるだろうと待っています。自分たちが自ら動くという発想は少ない。いずれ自治体や国が動いて、助けに来てくれるだろうと待っている人が多いのです。一部の住民は、避難したり、また除染も自分たちの手でやろうという人たちが出始めています。

農家、農地の除染については、少し事情が違います。大事にしていた土が放射性物質で全て汚染されたのです。とくに有機農業をやっているグループなどは、剥げないのです。土が大事なのです。土を剥ぐということに、非常に抵抗があります。剥がずに何とかできないかといろいろ実践しているグループもあります。

今のこの状況で、住民の主体性、住民の関わりというのをどう考えるか。お金を出せばやってくれるという企業もあります。たとえば、地元の造園業者がお客さんから頼まれて除染をやったのです。ところが、除染した除去物を造園業者さんの土地に積み上げたら、近所から文句が出て、今は断っているという話を聞きました。ですから、お金を出したらやってもらえるかというとそうでもない。仮にそうなったとしても、相当高いお金を取られるでしょう。

そうすると、東電に請求するまで、自己負担で当面立て替えるしかないのが現状です。そこへ外部から応援に入って除染をやる、というモデルです。２０１１年８月段階ではそういうやり方でやろうとしていて、そこに参加してくる主体性をもっている住民は、少ないけれどもおられます。

ということで、いまはモデルを作っている段階です。まったくの業者任せというのは、なかなかうまくいきません。個人の家であれば、家のベランダや、場合によっては部屋の中をやることもありますから、プライバシーも問題になりますし、そういうことをお金を出してやらせて、住民自身が「私は知らない」という姿勢でいるのは、かなりむずかしい。何らかの形で住民自身が関わりながら、業者が入ってやるというようなモデルがいるだろうと思います。

現在は、被曝を少なくするには自分で動くしかないという状況です。本来は東電が除染すべきですが、住民の主体性を出すしか「仕方がない」のです。私はそう言っています。受け身でいても、助けに来てくれない。やれるところはある程度自分で動いて、それにプラスして助けに来てもらう。放射線量の高い住宅は、市町村が除染をはじめるでしょうが、時間がかかるのでなかなか順番が回ってこないでしょう。

住民は過酷な状態なのです。被災して、被曝し、かつ自分の主体性を求められて、社会的にもさまざまに困難な状況を耐えしのんでやっているのです。これは本当に悲惨なことです。

■地域のネットワーク

――住民の中から自発的にリーダーが出てきて、地域でまとまっていくような、そういう状況にはまだなっていないのでしょうか。

今はまだそうなっていません。避難・疎開を支援する活動や、子どもを守るネットワークはけっこうあって、メーリングリストを作ったり、そこに参加したり、それなりに関心はあります。でも、除染というのは技術的に前へ進めなくてはいけない。しかも単発の技術ではなくて技術を総合化する必要があって、一種の総合技術のコーディネイトみたいなことがいるのです。それはかなり難しいことで、マネジメント能力もいるし、お金の問題も入ってきます。

そういうネットワークを作る必要はあります。つまり、除染において必要な技術の説明を、町内会などの地域の組織で除染をやるときに説明できるリーダーを養成するということは重要だと思います。これは少しずつ始まっていくと思います。「除染リーダー」というか、地域で説明のできる人を増やしていくというのが、第一段階として大事です。既に何人か生まれつつあります。地元のリーダーが、除染関連メーリングリストで「こういう要請があるので事前調査に行ってきます」と、そういう話が進みつつあります。

■除染参加者の年齢制限
――除染に学生を積極的に参加させるのはやめておいたほうがいい、と先生は思われますか。

私たちは、「除染参加は50歳以上」と年齢制限をかけています。でも、まだ30歳前ぐらいのドクターの学生も参加しているんですが、「できるだけ現場では手を出すなよ」と言いながら、実際はお手伝いしてもらっていたりしているのです。そういう学生が少し来ています。被曝しないと除染できないですから、ご両親も心配だろうし。

参加したいという学生は、ぱらぱらといるのです。この前も京都で講演した時に「参加したい、次の除染のときに行きます」と言ってきました。でも、結果的には「駄目」ということになりました。もちろん、実際にマンパワーは必要で、若い人がいないのはしんどいけれど、年齢とともに放射線被曝の影響がかなり違いますから、これは本当にどうしようもない。子どもたち、それから20代、30代、そして私のように60代、それぞれ違うのです。60代ぐらいになると、被曝しても明らかに感度はかなり低いのです。だから、年寄りが被曝してでもがんばろうということで、シニア部隊というのができています。原発をここまで許してしまった年寄りの責任という面もありますから、年寄りが責任を取るしかないというのが、一つの考え方としてあります。

でも、本当は学生にいろいろ体験させる必要があるので、除染の終わった場所に来てもらうとか、次の第二ラウンドでは「学生を連れて来られるぐらいに除染する」という……。それでも、学生をそこへ連れ出すために、大学の教員としてその父母を説得する自信はありませんね。だから今の状況では、モデル構築段階の除染や、測定だけでも、なかなか現場に学生は連れて行けません。

むしろ宮城、岩手などの、原発ではない被災地のボランティアであれば、私のいる京都精華大学でも、大学で単位として認めるという形で、授業としてやりつつあります。福島については、私と細川（弘明）先生、同志社大学の和田（喜彦）先生、ゲルマニウム半導体分析器で分析担当をしていただいている大阪大学の福本（敬夫）先生、関西からは全員「50歳以上」が出かけています。

本格的な除染については「訓練を受けた人が仕事として行うべきでボランティアではできない」ということを認識しておく必要があります。

■除染の機械化

今までは肉体労働で除染をやってきましたが、少しずつ機械化を考えています。何しろ、被曝しながらやるわけでしょう。深さ1 mぐらいの穴を掘って、放射線レベルの高い土を穴に入れて、足で踏んづけて、土を被せる。これは人間がやるべき作業と違う。ミニパワーシャベルなどを入れてやらないと、もたないと考えはじめました。

庭を1m掘って、取った土や雑草などを入れて、固め液で固めて、足で踏んづけて、直方体にして、豆腐のごとくきれいに並べて、無駄な空間がないようにして埋めて、そして土を被せる。それから空間線量を測って、およそ0.5μSv/hまで下げられたらOKにしようというのが基準です。除染する前は10mSv/hくらいあるわけですから、それを0.5に抑えてよしにしようと。本当は0.5でも高いです。0・05が通常の世界なんですから。東京あたりで0.5が出たら大騒ぎです。

最後に、赤いペンキで埋めたところに印をつける。本当は「東電、持って帰ってください」という引き取り要請看板を立てたかったのです。でも、運動はまだそこまでいっていない。そこらじゅうに「ここに埋まっています、お預かり物をお返しします」と看板がある、そういうのがいいなと思っています。それを全部記録して、内容証明で費用の請求書を送りつけるという運動をしなくてはいけないと思っているんですが、やるべきことがまだまだ多すぎて、まだそこまではいっていません。

私は実は、あと1年で定年なのです。間伐材で小屋を造ったり、学校の隣に土地を借りてハーブを作ったりトマトを植えたりして、そんなことをやりながらゼミをやって、これはなかなかいい余生だと思っていた矢先に、大震災、原発事故が起きました。茅葺《かやぶ》きの古民家を再生させ、ハーブや野菜を栽培するという世界の方がいいと思っていたけれど、世の中が大変なことになってしまって、やり始めると除染活動がやめられなくなってしまいました。

事故が起こるまで、私の周りは反原発専門家だらけで、私が手を出す必要がなかった。原発には手を出さないでおこうということを守ってきたのに、手を出してしまった。

■企業とのコラボレーション

先ほど申し上げたように、企業から協力の申し込みがあります。私の方は、どうしても住民ができない所、とくに屋根ですけれど、これは企業、または高い所に慣れている専門家に任せないと、また別の命の問題が起こるので、そこは別働隊がいると思っています。

基本は民家モデルです。田畑にも手を出していますが、一番難しいのは森林です。面積にして最も大きいのは森林で、最もやっかいです。ですから、森林はすぐに手を出すのではなくて、少なくとも民家や田畑を守るために森林をどう管理したらいいか、というものにとどめています。

企業は中小企業ばかりですが、これはホームページで「除染マニュアル」をアップした成果です。私のところへのコンタクトや、大学にコラボレーションの申し入れがあって、4、5社のうち、ある程度原則的に合うところに呼びかけて、いま3社ぐらい、企業参加による新しい製品開発を含めてコラボレーションを呼びかけています。

積極的に言ってくるところは、それなりに意識をもっていて、話をするとわかるんです。ですから、単に儲けるということだけではありません。もちろん、私は儲けていいと思います。ただし、きちんと効果があって、きちんと実証をやって、それで儲けてくださいということです。そうしないと、ひどい話で、行政が業者さんに「最初はボランティアでやれ」と押しつけているのです。それは、少々言うことはきかないといけないけれど、それはひどい。だから、むちゃくちゃ儲ける必要はないけれど、ある程度、儲けにつながらないと継続しません。独占にならない形で、企業の参加というのもそれなりにあっていいし、もっと大手も参加してもいい。「クリーン」を打ち出している企業がもっと来てもいい。

非放射性セシウム（133）で標準濃度の汚染水を作って、それで地元企業で汚染実験ができます。放射性セシウム（134、137）と非放射性セシウム（133）とは、反応や、性質が同じなのです。だから研究室内における非放射性セシウムで除染の基礎実験をして、前後のセシウムの濃度を測ればいい、ということが分かりました。そういう実験を企業にやってもらって、除染技術の実証の基礎ができてから現場にその技術をもっていくということです。

■ＳＰＥＥＤＩは役に立つか

事故が起こって避難する時、最初は放射能雲があっちこっちに行く。ＳＰＥＥＤＩをもっとちゃんと公表すればという議論が国会で取り上げられたけれど、ＳＰＥＥＤＩみたいな予測をいくらしても、事故直後の避難には役立ちません。なぜかというと、**口絵1**の福島第一原発と**口絵3**のチェルノブィリの放射能雲の拡散方向を見てもわかるように、放出がそれぞれ4方向と6方向あり、その放出日時が偶然です。さらに風向きは変わる。こちらへ逃げても、風向きが変わったらどうしますか。SPEEDIで風向きを決められませんから、いくら正確でも、あれは避難に直接的には役立たないのです。SPEEDIで予測できるのは、ある程度の上空を飛んでいる放射能雲の広がりです。それが、地上に落下して人体に影響を与えるところまでの予測はできないのです。ですから、稲わらの汚染なんかも予測できません。風で流れ、雨が降らないと汚染は出てこない。風と雨の二つ偶然を重ねて予測することはできません。その議論はほとんどされていません。100億円以上かけて開発したSPEEDIですが、最初に放射能雲が飛んでいる時は、とにかく「遠くへ逃げるしかない」んです。とにかく距離をとる。あの時、アメリカは80 km以上逃げるように指示しましたが、あれは正しかったのです。今の福島の状況を考えると、80 km以上逃げるべきでした。

しかし一旦、放射性物質が落ちたら、今度はそこから出る放射線が問題なので、これは米エネルギー省の技術支援で文部科学省が実施している航空機モニタリング調査の手法を早くに取り入れ、γ線測定をすればいい。そうするとすぐにデータが出ますから、これに合わせて避難計画をすべきでした。あちこちにモニタリングポストを設ける必要はない。

この技術は、非常に重要です。どうして評価されないのか、不思議です。航空機で早くγ

線を測定して、放射性物質がどう落ちたか、どう放射線が出ているかという測定をやればいい。

もう一枚は、群馬大学の早川（由紀夫）先生がホームページで公開されている、よく似た地図があります。これは測定ポイントを拾って、等濃度線を描いています。これを見ると、一関、日光、流山……これらも除染対象です。東京あたりもあるかもしれません。除染対象は、現在の避難地域、それから1〜20 mSvの福島県中通り、それからその外側――この三つに分かれます。この面積、何万km^{2}もあります。

ＳＰＥＥＤＩ的技術は、事前のシミュレーションや、事故後の後付けには利用できます。しかし事故直後の避難には役立ちません。シミュレーションを避難に役立てるためには、事前に具体的マニュアルを作成しておく必要があります。

幾つかの自治体が、避難に役立てるとしてＳＰＥＥＤＩ的技術の導入をはじめています。これは、「役立たない技術に無駄なお金を投入する」という同じ過ちを繰り返そうとしていることにならないか心配しています。本来は事故調査委員会が「ＳＰＥＥＤＩは福島第一原発事故においてどのような役割を果たすことができたのか」を調査して報告して、これからの教訓とすべきです。

■除染のための地図をつくる

3月の早い段階で米エネルギー省と文部科学省が計測をして、早くに地上に落下した放射性物質による汚染分布データが出ているのに、なぜこういう情報をもっと利用しないのか。それを避難の計画に使わないのか。近くでも汚染されていないところ、遠くでも汚染されている飯舘のようなところがある。20km圏から、飯舘へ逃げて、2〜3日経ってから飯舘も危ないということで、福島市に避難したという人がいます。でも福島市もこれだけ汚染されています。玉突きで行ったところが次々に……ということで、悲惨なことになっている人もいるのです。最初はとにかく遠くへ逃げる。その後は、航空機のモニタリングの図などにより避難計画をすれば、こんなことは起こらなかったはずです。

いろいろ検証したのですが、55万Bq／m^2がチェルノブィリ事故の際の強制的避難地域ですが、福島市の一部がこのレベルに入っています。チェルノブィリ事故でいうと、福島市中心部は避難地域です。福島市は中心部がやられている。信夫山《しのぶやま》公園というのがあって、そのあたりに私たちは今、除染に入っています。私は、除染するときには、この汚染濃度分布について、地図の上から濃度境界を書き入れて、行政区分も入れたものを使っています。それに、福島市の正確な大地図を重ねて、「あなたの家はこれぐらい」「この家はここに入っているよ」という議論をします。

■Sさん宅の除染

除染に入るときに、どの家が濃度分布的にどこに当たるかということを知る必要があるからです。そうして見ると、御山の信夫山公園の辺りが高かった。そこに5月に除染に行った時には、民家を除染させてもらおうということでしたが、御山小学校の前に行った時に、校長さんが出てきて「測定の許可を取りましたか」と言うのです。校門の中へ入らずに、校門の前の畑をやっているのに。ひどい話です。

その時にも、単に学校の問題ではなくて、通学路も問題だという意識がありました。それで地元の住民に「通学路を案内してください」と頼むと、お母さんが2人出てきて、そのうちの1人がSさんでした。Sさんに通学路をずっと案内してもらったんです。Sさんのお宅は御山小学校の近くで、実は自分たちでも測定しておられて「うちはちょっと高いのです」と、ちらっと言われたので測ったら、玄関のすぐ横の雨どいの下で50μSv／hが出た。本当にびっくりしました。

これはいけない、と、その時には除染の道具は送り返していたけれど、買い物袋を持ってきてもらって、素手で1cmほど剥いで、袋三つほどに入れて、埋めて、「来月、きちんと除染しましょう」ということにしました。終わって、手を洗いに中に入ったら、おばあちゃんと子どもさんが2人おられました。こんな数字が出たところに、子どもさんがおられるとは思わなかった。夏は京都へ子どもさんと避難しに来られて、うちの京都精華大学の夏季の子どものケアに参加されていますが、6月にはまっ先にSさんの所を除染しました。

「避難アンド除染」です。避難先を紹介することもやっています。Sさんのお宅の周辺には、まだ人が普通に住んでいます。私が行った時、ばらばらと人が寄ってきて、「うちも」、「町内会でやりたい」とか、いろいろ言われたけれど、ほとんど除染は進んでいません。数値は高いままです。そして、避難しているところは少ない。

住民は、「お金がない」と言います。「金持ちだけが避難できる」と。だから、避難した人も非常に後ろめたい。職場なんかで「あの人だけ逃げた」「私らはがまんしているのに、なんで逃げるのか」と言われる。本当に大変な世界です。中を知れば知るほど、放射能汚染もあるけれど、社会的人間関係、家族関係、友だち関係、職場関係……それらがすべてぐちゃぐちゃです。少しの価値観の違いで、本当に離婚になったりする。「避難しないといけない」と「仕事が大事」とに分かれてしまう。ふだんからうまくいっているところはいいけれど、うまくいってないところは、そこで亀裂が広がる。本当に基本的人権違反です。

■大都市と放射能汚染

2011年8月に、福島市大波へ行きましたが、ここも放射線量が高い。屋根の一部の除染実験をやりました。たとえば、ここだと、側溝などで50μSv／hぐらい出てくるのです。避難地域の除染ももちろん大切ですが、人が住んでいるところが問題です。福島市でも九割がた、普通に住んでいるのです。通学路が高い。企業の管理地も高い。ヤマダ電機、イトーヨーカドーのように、量販店の駐車場も高い、ＪＲの福島駅前、県庁、市役所も高い。企業の管理地は生活領域に入ってきますから、企業は企業できちんと除染しなくてはいけません。県庁の玄関で20μSv／hを計測しました。

福島県中通りでは、新幹線の中で0.4μSvが計測できます。通過するだけで少しだけれども被曝するわけです。本当は、福島駅周辺は、完全に避難対象地域です。でも、県庁があって、市役所があって、新幹線が通っているからできないという議論のようです。駅前に降りて、駅前広場に大きなケヤキがあって、ケヤキの裏ですぐ4、5μSvが出てきて、そこでバス待ちの客が座ってバスを待っているのです。

２０１１年6月には阿武隈川の河川敷に行きましたが、ご婦人が本を読んでいたんです。測定すると4、5μSv／h出てくる。ご婦人の側で測ったら、パッと立ち去られました。河川敷は軒並み高い。雑草がぼうぼう生えていますね。子どもたちが遊びに行ったりしますよ。国有地ですから、国土交通省が除染するべきです。1～20μSvのところからは、そこらじゅうにホットスポットが出てくる。県庁の近くの、高い位置で測っているモニタリングポストで1μSv／hという数字が朝日新聞に出ているんです。とんでもありません。

人口30万人、県庁所在都市、新幹線が通っている、だから避難できない。除染もしなくても大丈夫だという話になっている。タブーみたいになっているのかもしれない。言い始めると、いくらでも出てくるのは決まっている。そのふたを開けたくないというのが、政治家にもマスコミにもあるのでしょう。福島市も象徴的です。今、通学路、避難経路で、「ここは通るな」とか「迂回しろ」とかいうことを始めたのです。できそうなことをやり始めました。

南相馬は、いろいろバラエティあるモデルです。高い線量がある避難地域から、実際にそこで生活している人がいる都市もあります。飯舘は、一部、保養所と工場が残ったけれども、ほとんど人がいない。もっと原発に近づくと、ゴーストタウンです。南相馬は、人がいて、情報があって、話が聞ける余地がある。馬追いもやって、いろいろなことをがんばってやっています。

■除染の計画

――いま出ている、具体的な除染目標は、どんなものでしょうか。

2011年8月段階では、除染の計画というより、自治体の計画でしょうか。たとえば「伊達市は全域除染する」と決めています。決めたのはよかったけれど、どんどん下へ責任を押しつけていっている典型が伊達市です。郡山は、学校を独自に除染すると決めました。福島市は、県と国のせいで動きがありません。そのように、自治体によって差があります。それは自治体の首長の意識や能力の差があると思います。

だから自治体が計画を出すといっても非常に格差があって、どういうふうに出てくるか、わからない。たとえば、福島市の運動場を除染した後の土は、積んであるのです。運動場という簡単な場所でも、まだそこに積んだままで、何のために除染したかわからない状態です。積み上げてあるから数値は高い。そういう状況ですから、住宅まではとてもとても手がまわっていません。住宅の除染はむずかしいのです。屋根や敷石、さまざまなパーツがありますから。

ですから、自治体に任された1~20mSv/hの範囲がどうなるか、よくわからないのです。子どもたちの被曝という面でいうと、そこが除染の主戦場なのですが、私はどういう計画が出てくるのかよくわからない。今年中に出るのか。

ともかく、急がないといけません。時間との勝負です。どんどん拡散し、被曝する、両方あるので、拡散を防いで被曝を防ぐという面では、時間との勝負です。急がなければならない。放っておくと食品汚染が出てくる。だから除染が大事なのに、責任を回避するような策ができればいいという感じでとらえている。

現場に行くことが、今は重要です。ところが、ちらっと見にいったぐらいで、除染の何たるかをわかっているとは思えない。現場を踏んでいない。だれか政治家で除染がわかる人が出てくればと思います。とくに1~20μSvの間の地域を、今そこが最も無責任なので、被曝の値を下げるには、そこが最も重要です。

こんなことが起こったのは歴史的に初めてだから、歴史的事件ですね。当然、国際的にも非常に注目されている。だから除染をどうするかというのは、技術も含めて、後世への影響が大きいと思います。

■処分場の問題

当然のことながら、東電がまずあらゆる損害の賠償をし、除染物は引き取るべきです。その責任を明確にしていないから、中間貯蔵地、仮置き場を引き受けるところが少ないのです。除染そのものよりも、除去したものをどう処分するかという方が難しい。持っていきようがない。がんばれば、取るのはできます。取ったものをどうするか。住宅の場合は、仕方がないから「敷地内処分」――他に持ち出さない、それしかないんです。持ち出した途端、集めた途端に揉めます。なんでうちに持ってくるのか、うちの近くは嫌だ――絶対にそうなります。

それに、拡散させないという意味では、遠くに運んだらいけない。できるだけその場で処理する。遠くに運ばない、混ぜない、シンプルに固めて取る、その場で処理する――これが原則で、遠くへ運んだらそれだけで汚染が広がります。トラックに積むだけで汚染が広がります。

そして最終的には、福島第一原発に戻します。きちんと安全に処理しますということを、政府が絵に描いて、東電の福島第一、第二原発は国有化する。第一、第二に汚染物質を返す。ただし、他の原発のものは受け入れない、福島第一原発のものだけを受け入れる。いずれにしろ、双葉、富岡などの原発に近い所はすぐには戻れませんから。残酷なようだけれど、現実的にはその案しかないでしょう。

県を越えた、宮城県、千葉県、茨城県などの比較的高い線量の放射性汚染物も、福島第一原発に戻す。その代わり、他の原発のものは受け入れない。その意味では処分地ではない。処分地という言い方がだめです。

基本は、そこを政府がきちんと確認する必要があります。これは総理の決断事項で、総理が決断する以外にはありません。議論したら、絶対にうまくいかない。菅さんがやるべきだったのですが、再生エネルギーにいってしまった。恰好がいいので、いいとこ取りしようとしたのです。除染は非常に苦労の多い仕事なので、菅さんはそこに手をつけなかった。

その場で埋めて、そのまま東電に運ぶとしても、むずかしいんです。そういう意味では、中間処分場がいるかもしれない。これがまたむずかしい。町内で出たものをどこか一か所にまとめるような、仮置き場、そして中間処分場を造れるか。裏山か、空き地か……大変です。近所の人から文句が出ます。民家はまだ敷地があるけれど、道路や側溝は自治体の管理で、取らないとまた放射能が生活空間に入ってきて……、どうするのかということになります。だから、確かに中間処分場はいるのです。

みんなで合意できるような、全員が被曝から逃れられるような、そしてその利益を享受する代わりにここは合意しよう、という姿勢が必要です。それは信頼関係や合意形成というプロセスを踏まないとできない話で、それを抜きに内緒で押しつけるというのは、後で絶対に問題になります。そういう問題をクリアする必要があります。厄介ですね。行政にとっては、一番やりたくないことです。

■汚染物は、福島第一原発に返そう

「除染して出てきたものを福島第一原発に返そう」というのは、全国的な運動にならないとできません。今、福島を最終処分地にしないでおこうという、県知事のスローガンみたいな話に政治家も乗っていますが、それは違う。元あった所に返すしかない。これをしないと収まるところがない。今回の事故で出た放射性物質は福島へ返すしかないのです。それをまた各自治体が、京都、滋賀は福島県に協力するといって、最初、ガレキは各自治体に持ち帰ろうと決めたのです。でも、放射性物質に汚染されているガレキは大騒ぎになる。一時期、各自治体でガレキを引き取ろうという案が出たのですが、それは放射性物質で汚染されてないガレキの話で、汚染されたガレキは違うのです。あれを持ち出したらえらいことになります。絶対に反対運動が起こる。蜂の巣をつついたみたいになる。

福島県以外の放射性物質汚染ガレキが、津波を受けた宮城や、それから茨城、岩手などにもあります。そこまで放射性物質は行っているのです。まだ整理がついていない。福島を最終処分地にしないという議論が最初に出てしまっているので、今のところ落としどころがありません。ないままに政府は除染計画を立てていて無責任です。

■除染を仕事にすべき

私は、除染を仕事にすべきだと思っています。たとえば、飯舘から福島市飯野町に避難している人たちがいます。農業をやっている人が多いのですが、機械を持っているけれど、仕事がない。いずれ自分たちの手で除染をするという技術に対して、たとえば政府なり東電が日当1万円以上出す。自分の農業機械の技術を使って、除染して、それを仕事にするということで、じっとして避難しているよりも、除染を仕事にしたほうがいいという人はいると思います。避難している人の中から、全部ではないでしょうが。そういう意味で、除染を仕事にするというのは重要です。もちろん、訓練を受けなければいけませんし、被曝しながらの仕事になるのですけれど……。

福島市にいて、作業しないでいる時も被曝しているけれど、除染作業をするときには、一時的に外部被曝量や、内部被曝が増えるかもしれません。しかし、ある程度以上の年齢の人には、それを仕事としてやって、自分たちの所もだんだん復興していくという、そういう仕事の選び方というのが、全部ではないけれどありうると思っています。

また、地元企業も、除染を仕事にするということをしていかないといけません。地元企業の参入も当然ありです。地元企業が中心になったほうがいい。基本的にボランティアや住民だけでできるレベルは、明らかに超えています。私が今企業の協力を大事にしているのは、それがないと現実的に除染なんてできないからです。マンパワーでは、たかが知れています。企業がきちんと仕事でやるような仕組みを作らないと、全部はできません。

福島第一原発での被曝労働には、日給3万円と聞きましたが、除染には日当1万では少ないので2万円ぐらいのレベルを出さないと、当然こちらも被曝労働になりますから、一時的にしろきちんと線量計をつけてやる必要があります。そういう人たちは1mSvが基準では難しいから、3mSvとか、積算でコントロールするなどしないとだめです。そうやって専門家を作っていくというモデルが必要だと思います。

■トータルな「除染セット」

除染作業の内容は工務店、造園業者的な仕事が多いんですが、それだけではありません。家1軒をトータルで考えると、土の除染はできても、屋根はわからないということが、企業だけだとあるはずです。それを全体としてコーディネイトするのが除染作業です。そのモデル的なシステム化が必要です。

最終的には、ノウハウ、人、除染セット、これらをワンセットにして、トラックに積んで、費用は東電に請求書を送るというシステムを整える必要があります。

たとえば、町内会単位、あるいは10軒モデルで今のようなシステムで成功させて

みる。助け合いながら順番にやって、昔の結いとか助け合いの中に企業も入ってきて、補償もしてもらってやるというのが理想です。2、3人の家族ではできません。10人ぐらい集まってこないと。それでも住民ができる部分がかなりあります。

私たちは京都から2、3人で行って、あとは地元の人が参加して、全部で10人ぐらいで作業をやっています。それで1日に1、2軒で、3泊4日で何軒できるかという感じです。部分的に減ったというのは絶対にだめです。トータルで減らないと。

▒現場でしか分からないこと

私は4月から除染計画を始め、5、6、7、8月と現場に入りましたが、入らないとわからなかったことがかなりたくさんありました。毎回入るごとに発見していて、それに基づいていろいろ文献を調べたりしています。

放射能の専門家でも、「除染」というのはまだ理解していないことです。私にしてみると、逆に放射能の専門家ではなかったから、入れたというのがあるかもしれません。

私たちのグループで福島に行っているのは、私はもともと理系ですが今は人文学部で、細川先生も人文学部、同志社大学の和田先生は経済学部……と、理系の現役は大阪大学の福本先生くらいなのです。「もっと自然科学系を連れてこい」と言われるので、「ぼくはもともと機械科だ」と言っても信用してくれないのです。それはともかく、自然科学系の研究者はあまり来ていません。

実際に現場に入っていろいろなことに関わっていると、色々な話をウワーっと聞かされるんです。そういうことにつきあうしかありません。仕事の話から、つきあいの話から、友だち関係から、学校の先生でも避難したというだけで「逃げた」とかいろいろ言われる――地元の人からそんなことを言われたら、本当にショックです。そういう話がいろいろあるので、福島は大変な状況です。

「歴史的転換点」としての福島

高速増殖炉や、プルサーマルで核燃料サイクルが出てくるのは、どんどん物質が変わって、また新しくウラン238から始まって235ができたりするので、途中でプルトニウムができて、これでまた原発の燃料にすればいい、というのでやり出したものです。

エネルギーというのは、アインシュタインの、エネルギー＝質量×光速の2乗（$E=mc^2$）という公式、あれは分裂するときに少し質量が減るのです。そのエネルギーで高熱を出します。核分裂ということでいえば原爆も原発も同じで、原発の燃料はウラン235が4％程度です。原爆はウラン235が100％で、ドーンといく。原発はウラン純度が少ないだけで、原理は同じです。広島原爆はウランだけで、長崎はプルトニウムでできていました。

原発の技術があれば原爆の技術というのは、あっという間にできてしまう。だから国家政策として、日本はいつでも原爆を作れるぞ、そういう技術をもっているぞということで原発を維持したいというのは、基本的にあるはずです。もちろん、非核三原則や平和憲法があるので作れないけれど、いつでも作れるぞという姿勢ですね。だから原発をやらなければいけないというのは、政治家のある部分には、基本的に国家政策としてあると思います。

それよりも、原発と原爆を分けて「ノー・モア・ヒロシマ」や平和運動をやってきたのは基本的にまちがっていたということを、今年になってやっと言いはじめました。最初からアメリカの「平和利用」というお題目に乗せられてやってきた話であって、今になってやっと反省している。福島があって、やっと「それが間違いであった」と言うことができたのです。

2011年7月に、愛媛県松山に行きました。環瀬戸内海会議というのがあって、『ゴルフ場亡国論』以後、つないでいる運動があったのです。四国には伊方《いかた》原発があり、山口県の祝島《いわいしま》は原発工事が止まっています。大変な努力で住民が止めたのですが、それは福島が起こったから止まったんです。私が「あなたたちはがんばってここまできたけれど、実は県知事が工事をストップしたのは、それは福島が起こったからだ」と言ったら、地元の人は非常にショックを受けていました。福島の悲惨さと引き換えに、祝島も、伊方の新増設も新稼動も止まったという言い方をしたのです。福島は「歴史的転換点」になったのです。

（2011年9月1日収録／於・藤原書店催合庵）

も放射能で汚染された砂、土が移動するだけで、新たな汚染場所を生み出すだけである。

(5) 汚染者負担原則により、除染された放射性物質は東京電力が引き取る責任がある。圧力洗浄は、東京電力の責任をわからなくしてしまうことになる。

(6) 集団被曝線量の考え方では、集団被曝線量＝１人の被曝線量×被曝人口という式で与えられる。この式では、圧力洗浄によって、一人当たりの被曝量を少なくすることになるが、放射能は薄められて拡散するため被曝人口が増え、集団被曝線量は変わらないことになる。除染においては「放射能は薄めてはいけない」ということになる。

阿武隈川でとれるアユ、ヤマメ、ウグイ、イワナからセシウムが高濃度で検出されている。海底にもホットスポットができはじめている。福島県全域で圧力洗浄がはじまれば、これまでの汚染に加えて助長することになり、漁民だけでなく、近隣国からの国際的非難も生じるものと思われる。

(2) 圧力洗浄は放射能除染のチャンス（情報）を失くしてしまう。

①「圧力洗浄は、雨で放射能が流されていくのと同じこと」という考え方があるが、これは大きな間違いである。確かに雨で流されることは防止できない。これは自然現象であり「仕方ない」のである。一方で、圧力洗浄の場合は、事前測定によって「そこに放射能がへばりついている」という情報があり、適切に剥ぎ取って除去すれば除染できる。

②ホットスポットが見つかるということは、「そこに放射能が固まって存在する」という情報が得られたわけで、効果的に除染するチャンスが得られたことになる。圧力洗浄は、そのチャンスを失くすことにつながる。

(3) 屋根やコンクリートにへばりついているセシウムは、圧力洗浄で一部しか除去できない。

①セシウムには「水に溶けて流れだす」という面と、「土や屋根材にへばりついたら、なかなか取れない」という二面性がある。すでに、放射能雲が雨によって福島市などの土壌、構造物に固着されてから1年近くが経過し、雨によっては除去できないセシウムが残っている。そのため、圧力洗浄のみでは、材質表面からは一部のセシウムしか除去できない。

②このように、しつこくへばりついているセシウムを、無理やり除去するためには、大量の水が必要となり、それだけ低レベル汚染水ができてしまう。

③一部しか取れないことを認識していない住民は、圧力洗浄で十分除去されると誤解し、安心してしまって被曝が続くことになる。

(4) 砂、土壌にへばりついた放射能を圧力洗浄する場合の問題点

砂や土の表面にへばりついたセシウムは、圧力水では除去されず、砂や土そのものが移動するだけである。側溝などを、圧力洗浄すれば、この場合

〈付録〉放射能除染において、開放系で圧力洗浄機を使用することの問題点

環境省が提唱している除染ガイドラインによると、高圧水を放水して放射能の一部を除去するため圧力洗浄機を使用することになっている。ガイドラインでは「洗浄水が飛散しないように注意する」、「一部の洗浄水については回収する」というように説明されているが、現実に実施されている様子をテレビなどで見ると、「開放系における圧力洗浄方式」が中心となっている。この方法にはさまざまな問題点があり、町内会単位でなされるような住民による除染には使用してはいけない。私たちは、別資料に示すような代替の除染方法を提案する。

屋根、壁、コンクリート、アスファルトなど比較的固い表面にへばりついた放射能（多くはセシウム134、セシウム137が中心である）を洗浄する場合について、問題点を分類して指摘する。

(1) 圧力洗浄機放水によって除去された放射能は、水の中に溶け込み混合して移動して場所を変えて新たな汚染場所を生み出すだけであり、除染したことにはならない。

①圧力洗浄機の放水によって屋根、壁、コンクリートにへばりついた放射能の一部は除去される可能性はある。しかし、除去された放射能は水に溶けて移動し、建物近くの土壌や側溝に流れだし、滞留して新たな汚染場所を生じる。

②このような圧力洗浄を各家庭で実施した場合、隣近所への放射能汚染の押し付け合いになり、「自分のところさえきれいになればいい」という身勝手な行動が、国によって公認されることになる。これは、住民間に不信をもたらし混乱のもとになる。

③すでに、これまでの雨によって除去された放射能は田畑、下水道を通じて川へ流れだし、一部は海の汚染物となって魚や海底に蓄積し始めている。

されているかどうか監査するため、実施組織内に監査役を置き、定期的に除染監査を行う必要がある。

(3) 除染実施責任者は除染対象地域に関して、環境省、文部科学省、農林水産省、関係自治体、研究機関などが公開している記録を収集し、分析をして、関係者に周知徹底し、それらの記録を誰でもが見ることができるようにしなければならない。

■除染実施に関する監査

(1) 除染実施責任者は、除染計画書、除染プログラム実施、除染実績に関して、第三者による客観的評価を行うため監査チームを編成する必要がある。

(2) 除染実績の監査チームは、①除染前後における対象地域の放射能低減効果、②除染に要した費用、③除染によって発生した廃棄物量とその安全管理状況、④作業中の被曝実態、⑤除染技術の妥当性、などについて客観的な評価を行い、目標の達成などに不適合がある場合、または除染方法に是正措置があるような場合は除染実施責任者に報告する必要がある。

(3) 監査後、除染実施責任者は、監査チームに対して、不適合の改善策および是正措置について検討して改善を報告する必要がある。

■責任者による見直し

(1) 地域単位の除染については、数年から十数年の長期になる可能性がある。除染実施責任者は1年単位で、除染実施に関して、目的・目標が適切であるかどうか見直す必要がある。

(2) 除染監査などにおいて不適合や是正措置があった場合、除染実施責任者は改善策を提案し、見直しをする必要がある。

9 「点検および是正措置」と「見直し」

「監視測定、不適合是正措置、予防活動、記録、監査」と「実施責任者における見直し」について。

■監視・測定

(1) 除染効果を確認するためには、事前および事後の放射線量測定が極めて大切である。

(2) この場合、一部分の除染を実施して、空間放射線量をしても、除染を実施していない部分からのγ線侵入があり、正確な数値が測定できない。

(3) その測定誤差をなくすため、鉛板で測定器を囲って、測定を行う必要がある。

(4) 効果的な除染を行うためには、屋根、コンクリート、土壌など除染対象物の表面からどの深さまで放射性セシウムが侵入しているかを、必ず確認してから、それに適した除染方法の組み合せを選択する必要がある。

■是正措置、予防活動

(1) 除染方法の選択、組み合わせなどにおいて、効果的でなかったり、外部被曝、内部被曝の恐れが判明したりするような不適合が見つかった場合は、すみやかに是正措置をとる。

(2) 除染の際の被曝リスクを避けるため、服装や道具・機械の使用については、被曝線量を少なくするような予防措置をとらなければならない。

■除染記録の収集・保管・公開

(1) 除染の前後における測定記録、写真撮影記録をとり、関係者がいつでも見ることができるように保管される必要がある。

(2) 除染実施責任者は、これまで説明してきた除染マニュアルが適切に実施書が作成されるが、それらのすべては除染責任者によって保管・管理され、実施者はいつでも見ることができる体制が必要である。

(3) 日々の作業手順書を作成し、作業管理が適切になされる必要がある。

(4) 作業時の事故、重大な被曝事故などが生じる恐れがあり、その際の連絡体制、緊急事態に即応できる対処の体制を作っておく必要がある。

(4) 田畑、果樹園、牧場、山林などの除染については、業者に任せるより、長年それらの土地を管理し、除染に役立つ機械を保有してきた農業者、牧畜業者、山林業者に、除染訓練を経験したのち任せ、適切な除染経費と人件費を東電が、又は政府が保証することが重要である。とくに、避難中の住民については、「仕事がない」ことが最大の悩みになっており、一刻も早く自分たちで除染を実施し、本来の仕事に就けるようにすべきである。

(5) 民家等の除染についても、地元住民が除染訓練をうけて参加する方が効果的である場合が多い。この場合も、除染費用と人件費を東電又は政府が補償することが重要である。高齢者の場合や屋根など高所作業の場合などは業者に任せるケースもあるが、住民自らが除染に参加して、復興につなげていくことも大切である。なお、除染活動については、被曝リスクを伴う作業であるため、住民参加の場合も適切な訓練を受けて参加すべきである。現在、一部自治体で募集されているような「除染ボランティア活動」に頼るべきではない。

■除染に関する訓練・周知・能力

(1) 除染作業には外部被曝、内部被曝のリスクが伴うので、実施者には適切な訓練、除染方法の周知徹底、能力の確認が必要である。

(2) 緊急性があるため、除染方法を具体的に設定して、その任務に限定した訓練、周知、能力確認を行うべきである。放射線管理者など既存の資格試験を活用する方法もあるが、形式的に流れる恐れがある。

(3) 訓練、周知、能力確認は、除染計画を立案する市町村が主として実施すべきである。この場合も、具体的な除染計画の役割分担に応じた訓練を行う必要がある。全般的な訓練を行う必要はない。

■情報交換・文書管理・日々の作業管理・緊急時対応

(1) 除染方法については「実施しながら改善する」必要があり、他の地域における成功事例などいち早く察知して取り入れる必要がある。これはすべての除染実施主体において行われるべきである。

(2) 除染計画書、除染実施日程、事前測定結果、事後測定結果など多くの文が含められることから、国及び地方公共団体は、環境汚染への対処に対しては住民参加等への協力を求めるものとする」とされている。

＊現実には、被曝から逃れるため、住民が自主的に除染を実施したり、業者に依頼して除染を行っている例もあるが、多くは政府や自治体が実施する除染に期待しながらも、実績が上がらないことに絶望している住民が多い。

(3) 基本方針によると「環境への対処については、各省庁、関係地方公共団体、研究機関等の関係機関、事業者等が結集して、一体となってできるだけ速やかに行うものとする」とされている。

＊現実には、関係省庁のうち道路や河川を管理する国土交通省は除染活動にほとんど参加していない。避難地域については自衛隊が出動しているが、自衛隊が適切な除染方法を知っているわけではない。事業者としては大手ゼネコンに入札される手筈になっているが、ゼネコンも適切な除染ノウハウを持っているわけではない。地方公共団体の実施する除染については、地元業者に発注されているが、公園や運動場など簡単な除染については実施できるが、民家屋根などの除染方法が確立されていないため、発注された業者も困っている。

■除染を実施する運営主体の提案

(1) 除染の第一義的責任は東京電力にある。除染主体として、東京電力が出動しなくてはならない。

(2) 放射能が降りそそいだ地域の一級河川の河川敷や国道など、道路の汚染は放置されたままである。これらを管理している国土交通省は環境省にゲタを預けることなく、主体的に除染を行う必要がある。地方公共団体も、管理する道路、河川、側溝、公園などを速やかに除染すべきである。

(3) 福島市における除染の経験からすると、新幹線内でも短時間被曝するし、福島駅前広場などは街路樹下は結構な放射線量である。さらに、駅前の大手量販店などの駐車場は放射線量が高く、通学路に面しているし、買い物客の被曝原因になっている。このような事例から、JR、大手量販店、大手製造業などは「人、物、資金」を有することから、自らが主体的に除染を行い、費用は東電に請求すべきである。

8　除染の実施及び運営

(1) 組織体制と運営　(2) 訓練・周知・能力　(3) 情報交換　(4) 文書管理
(5) 日々の作業の管理手順　(6) 緊急事故対応

■組織と運営

(1)「平成 23 年 3 月 11 日に発生した東北地方太平洋沖地震に伴う原子力発電所の事故により放出された放射性物質による環境の汚染への対処に関する特別措置法」の基本方針が、平成 23 年 11 月 11 日に公表された。

(2) それによると「環境汚染への対処に関しては、関係原子力事業者が一義的な責任を負う」とされているので、除染の第一義的責任が東京電力であることについては、法的に明確である。ここで、一義的責任とは「除染実施、除染物の引き取り、除染費用、避難、労働・営業機会の喪失に関する賠償、等」が含められる。

(3) 同様に「国は、これまで原子力政策を推進してきたことに伴う社会的責任を負っていることから、環境汚染への対処に関しては、国の責任において対策を講ずるとともに、地方公共団体は、当該地域の自然的社会的条件に応じて、国の施策に協力するものとする」とされており、国の責任と県や市町村など地方公共団体の協力の役割も明確である。

■事業者及び関係住民の除染活動への参加
――「特別措置法の基本方針の考え方」と「現実の実施体制」――

(1) 基本方針によると「関係原子力事業者以外の原子力事業者も、国又は地方公共団体が実施する施策に協力するよう努めなければならない」とされている。

＊現実には、除染の基本モデルは「原子力研究開発機構」によって構築されている。しかし、その除染方法には圧力洗浄の実施など問題点が多い。

(2) 基本方針によると「土壌等の除染の措置の対象に住民が所有する土地等

には、除染に対して熟練することも必要である。さらに、機械を導入することにより時間を短縮することが可能になる。非常に高線量の汚染源が発見された場合、市販されている鉛板で汚染源の一部を囲い、隙間から除染作業を行う方法も考えられる。

(3) 内部被曝を防ぐ方法

除染作業中に内部被曝を防ぐことは、極めて重要である。なぜなら、放射性セシウムを体内に取り込んでしまうと、心臓、脳、筋肉などに分配され、細胞が至近距離で放射線被曝するからである。内部被曝に関してはここまでなら安全であるとする「しきい値」は存在しない。

内部被曝を防止する基本は、

①肌を露出しない。

②衣服は、作業服（長袖)、作業ズボン（長ズボン)、帽子でよい。

③市販されている防護服を着用してもよいが、夏場は蒸し暑く熱中症に注意を要する。

④呼吸器系からの内部被曝を防ぐため、マスクは必ず着用する。

⑤目からの内部被曝を防止するため、ゴーグルを着用する。

⑥汚染源を除去する作業では、必ずゴム手袋を着用する（少し大きめの、繰り返し使用できるゴム手袋が作業性もよい)。

⑦水で濡れても大丈夫なように長靴などを履く。

⑧低レベル放射線量の除染作業を行った後、作業服などは水洗いで再使用可能である。

⑨除染後は、手などをよく洗う。

［その12］ 放射能除染時の服装と注意点

（1） 放射能による被曝の防止

除染作業をする際には、放射能による内部被曝、外部被曝を極力防止しなければならない。2011年8月現在、福島における放射能汚染物質としての核種は、そのほとんどがセシウム134、セシウム137である。放射性セシウムは、β線及びγ線を放出している。

β線は透過能力が弱く、厚さ数mmのアルミ板で防ぐことができる。一方、γ線は透過能力が強く、透過を防ぐには鉛でも10 cm、コンクリートでは50 cmの厚さが必要である。

（2） 外部被曝の低減と注意点

通常の作業着や市販されている防護服でγ線を遮蔽することはできない。そのため、除染作業に参加し、かつ外部被曝量をゼロにすることはできない。その点について、除染参加者は十分認識しておく必要がある。除染作業には被曝による健康影響を受けやすい、比較的年齢の若い人たちは参加を控えたほうがよい。除染作業に参加する人は積算線量計を身につけ、目標とする積算線量（例えば1 mSv）以内に収まるよう管理しなければならない。集団で除染を行う場合、線量計が足りなくなるので、代表的な作業を行う人が積算線量計をつけて、全員の被曝量を推定する方法をとることが考えられる。一人の人に、ホットスポット除染など高線量被曝作業を集中させない配慮も必要である。

γ線からの外部被曝をある程度防護する（被曝線量を少なくする）には、汚染源である放射性物質から「距離を置く」、「接近時間を短くする」ということが基本的な方法である。

「距離を置く」方法は、例えば除染の道具として「柄の長い物を使用する」、「可能なかぎり機械を使用して遠くから間接的に除去する」などの方法がある。土壌や雑草を除去したり、穴を掘ったりする作業には、積極的に機械を導入した方が被曝量は少なくなる。

「接近時間を短くする」する方法は、「手早く除染」することである。これ

三次元布の引き上げ。菱形の網目が三次元的に編み込まれている

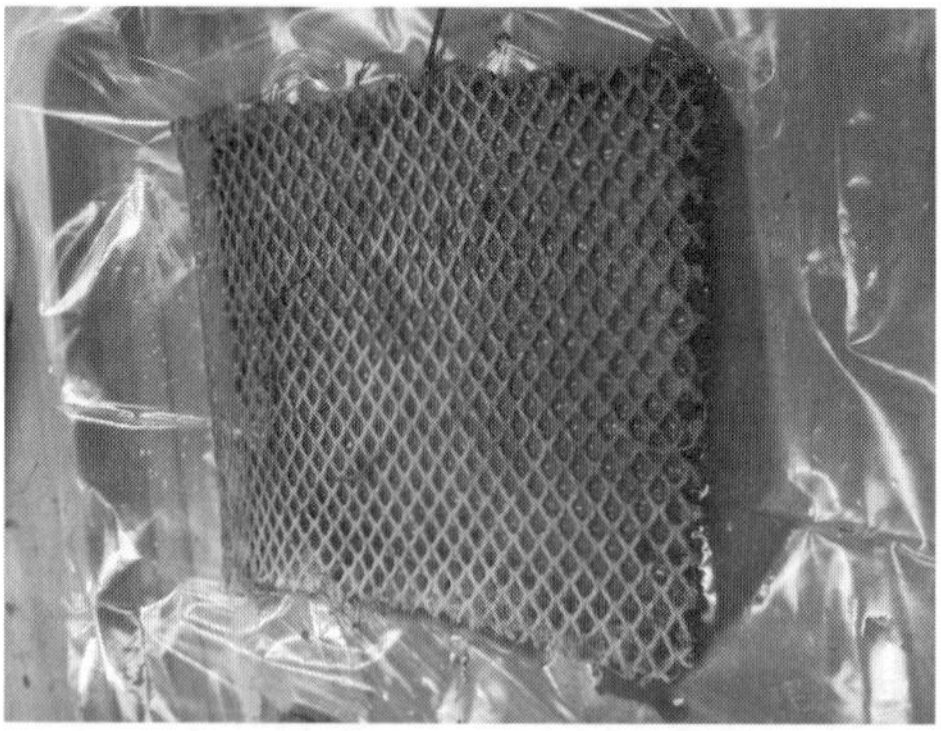

横から見た三次元布。汚泥が菱形の網目の中に入り込んでいる

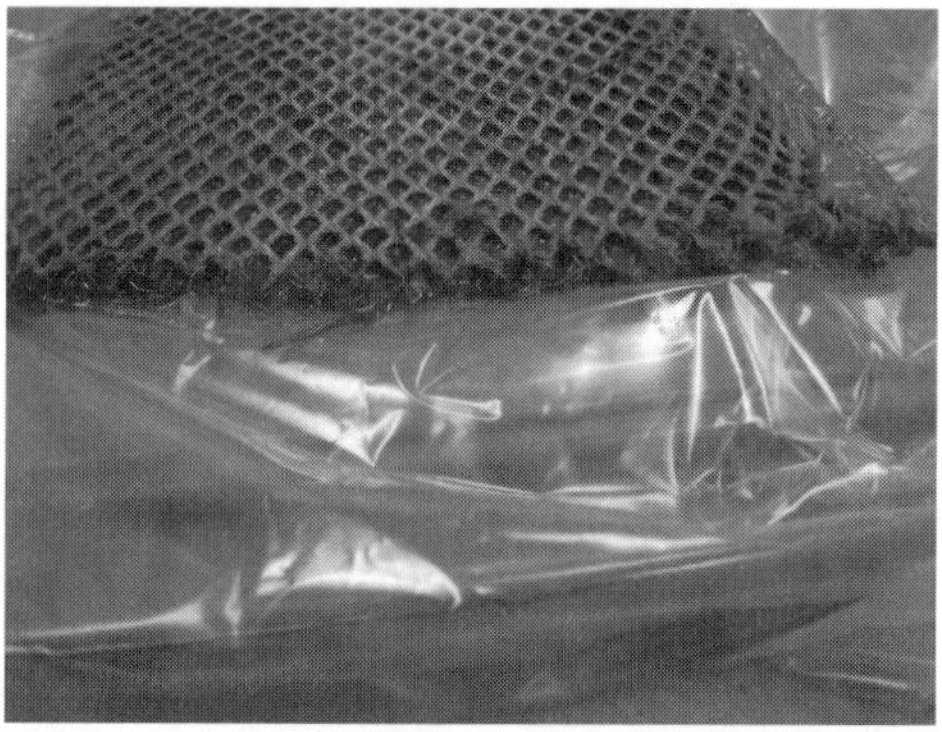

種々の網目の三次元布

プルシアンブルー布の埋め込み法

一定期間埋め込み、その後に布だけを引き上げる。これによって、畑の土壌中の放射性セシウムを吸着除去することができる

［その 11］　三次元布による汚染泥の引き上げ

水田、池、湖、ダム、河川、海に堆積した放射性セシウム汚泥を引き上げる方法

底の方に三次元布が沈んでいる

［その10］ プルシアンブルー布敷きつめ法と埋め込み法

プルシアンブルー付着布の作成法

プルシアンブルーは顔料であるので、繊維を直接染めることはできない。PVAのりに入れて刷毛で塗布して作成する

プルシアンブルー付着布の溶出実験

PVAに溶かしたプルシアンブルーが溶出しない濃度と混合比率を見つける

畑におけるプルシアンブルー布の敷きつめ法

布を敷きつめ、雨が降るのを待って、その後に引き上げる。これによって、土壌中に蓄積した水溶性放射性セシウムと岩石成分および腐植質に付着した放射性セシウムの一部を取り除くことができる

攪乱後に、プルシアンブルー布を水田の土の上に敷きつめる。低濃度の汚染水田の場合は、プルシアンブルーが付着していない普通の綿布でもよい

短時間後に布を引き上げた様子

水溶性の放射性セシウムはプルシアンブルーで吸着させ、微細泥と腐植質に付着した放射性セシウムは布ですくい取る

水が抜けた後、布の上に堆積した微細泥

この布を引き上げて除染を行う

耕運機で耕す

区画の中に水を入れて、土砂を攪乱させる

【浮遊泥の沈降実験】

2日後には沈殿し、沈降微細泥は固まっている。上澄み液は透明度が増し、放射性セシウムはほとんど検出されない

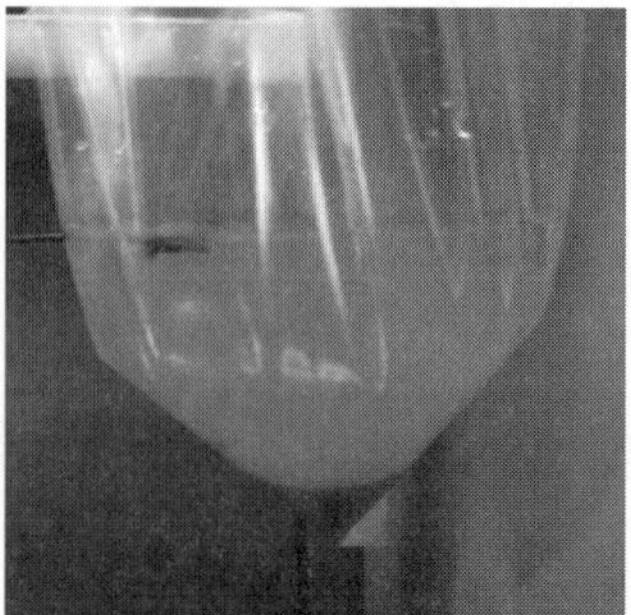

・沈殿した微細泥、腐植質は2日間程度で固まる。必要があれば、凝集沈殿剤を使用して沈殿を速め、よく固める。

【福島市飯野町水田の雑草刈り――2011年10月21日、福島市飯野町の放置水田】

耕されていない水田では、腰までの雑草が繁殖していた。実は、避難地域など、原発事故以来放置されている田畑はどこでも、このような雑草刈りから始めなければならない。そして、雑草の放射性セシウム移行係数は0.08程度と高く、雑草刈りは効果的な除染作業である。

雑草除去後パワーシャベルで土の除去と土手を造り、水を入れる区画を形成する

【カリウム投入法】

(1) 田植えの前に、カリウム肥料を投入しておく。

(2) 水中に1価の陽イオンであるカリウムがあると、稲は放射性セシウムを過剰に吸収しないことが、幾つかの水田において実証されている。

(3) カリウムは、汚染土壌から放射性セシウムを溶出させる効果もあるが、その効果を上回って稲が過剰な放射性セシウムを吸収することを抑制する。

【代かき＋汲み上げ沈殿法】

・沈殿後の上澄み水に放射性セシウムはほとんど残留していない。その理由は、浮遊している微細泥や腐植質が水溶性のセシウムを吸着して沈殿するからである。

・そこで上澄み水をポンプで汲みだし水田へ戻す。このとき、沈殿汚泥が撒きあがらないように注意する必要がある。

・沈殿汚泥には、放射性セシウムが吸着・蓄積しているので、自然乾燥して固めてから、土のうに入れてPVAで固め、仮置き場に収納しておく。

【代かき＋布敷きつめ法】

事故以来、放置されている水田除染の作業手順

・事故以来放置されている水田では、まず雑草刈りから始まる。たいていの水田の雑草は腰の高さまであり、それらの雑草は放射性セシウムを吸収・蓄積しているので、草刈り機で刈りとり、堆肥ボックスへ入れて、乾燥、堆肥化して、堆肥ボックスを仮置き場にしておく。

・パワーシャベルを入れて、稲株の除去と土の整地を行う（すでに耕して刈り入れが終わった水田では、ここから始まる)。

・放射性セシウムが浸透して深さを事前に測定しておき、その深さまで耕運機で耕し、土を掘り起こす。

・その後に、水田へ水を入れて、耕運機でかき回し濁らせる。

・微細泥や腐植質が浮いたところで、全ての濁り水をポンプで汲みだし、プラスチックボックス（衣装箱、大きな収納ボックスなど）へ入れて、2日間程度放置する。

［その9］ 水田の除染方法

【吸着剤入り土のう投入＋引き上げ法】

(1) 水田の代かき後、放射性セシウム吸着材（ゼオライト、バーミキュライト、地元の非汚染土壌など）を紐付きの土のうに入れて投入し、一定期間後に吸着を確認してから引き上げる。

(2) 引き上げた土のうは、森林境界部などの落葉やリターをトラップする土のうとして活用する。

【森林からの放射性物質侵入を防ぐ方法】

水田の山側には側溝があり、その水が汚染されている場合は、側溝に放射性セシウム吸着材（ゼオライト、バーミキュライト等）を入れた土のうを入れ、汚染水は土のうの中を浸透・通過させて吸着する

水の取り入れ口に沈殿槽をつくり、吸着剤入りの土のうを投入して放射性セシウムを吸着・ろ過し、その後に引き上げる

側溝の土は除去してから土のうに入れ、プランターに入れて水きりをしてからPVA 粉で固める。汚染水は自然乾燥させ、底に残った土砂を固めて保管する

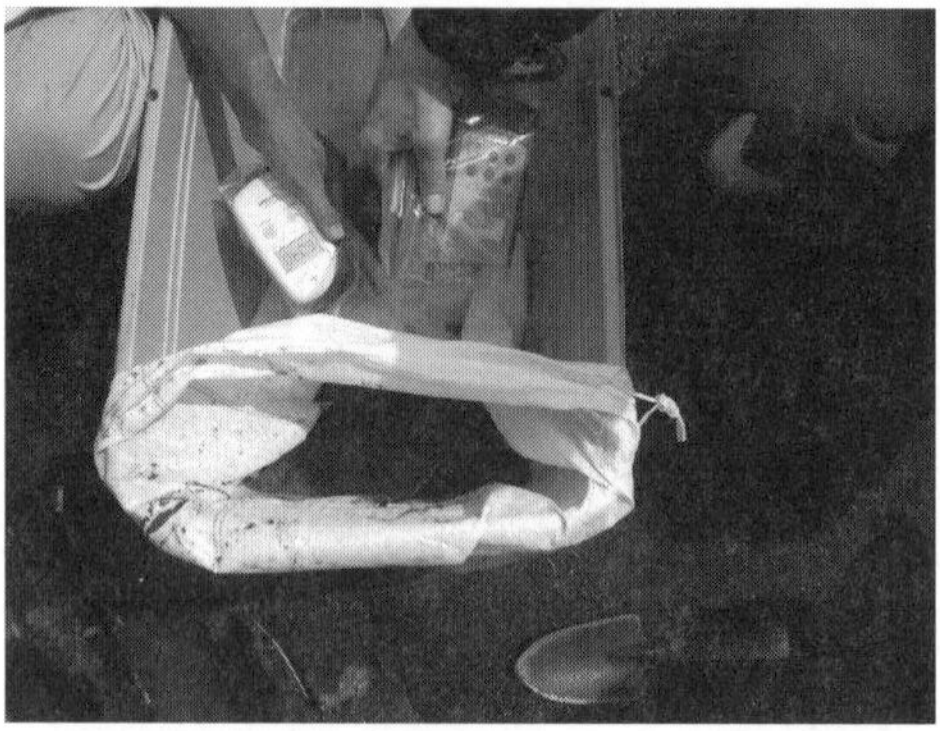

敷地内や地域内で安全な場所に仮置き場を見つけて穴を掘り、整形した土のうを無駄な空間ができないように並べて埋め、20 cm 以上の土を被せて保管する

[その8]　整形し、仮置き場に埋める

◎敷地内や地域内に仮置き場を見つけて埋める。

◎県・市町村における仮置き場、中間貯蔵地建設が遅れているので、「仮・仮置き場」が必要となっている。

(1) 除去した土壌や雑草は、PVAなどで固めて形を直方体に整形する。

(2) このようにすると、普通に土のうに入れた場合に比べて体積が60%くらいに減少する。

(3) 敷地内や地域内に仮置き場を見つけ、穴を掘って、無駄な空間がないように整列して並べ、ブルーシートを被せる。

(4) その上から汚染されていない土壌を20 cmの厚さで被せる。そうすれば、放射線量を1 μSv/h以下に管理することができる。

プランターなどを使用して形を整形する

1 m^3 の堆肥ボックスには 100 m^2 程度の雑草が入る

2 週間後は乾燥と分解によって半分くらいに体積が減少する

堆肥ボックスに生ごみや菌を入れると、より減量が早くなる

［その 7］ 堆肥ボックスによる雑草、落葉の減量・保管

下の写真は、2011 年 10 月の福島市飯野町における、水田の腰近くまで伸びた雑草

側溝に堆積した高濃度の落葉

雑草や落葉は、写真のような簡単な構造の堆肥ボックスに入れて減量する。地下水汚染を防止するため、下には炭やゼオライトなど吸着性の土を敷きつめる

農業用ネットの網目を通して雑草が繁殖している。それを剥がすと、雑草に吸収されたセシウムと根に付いた土が同時に除去できる

農業用ネットを剥がすと根に土がついてくる

イネ科の雑草の根には土が多く付着している

［その 6］農業用ネットを使用した、雑草と根に付いた土の除去

下の写真は、農業用ネット（アニマルネット）を張る前に、雑草を刈っている様子

畑などに農業用ネットを敷きつめておく

雑草が農業用ネットの網目を突き抜けて成長してくる

避難地域のように土壌表面に高濃度で堆積している場合、表面から数 cm を固めて除去する

固めた表土を裏返しても形は崩れない

除去した雑草を土のうに入れてから、アルファデンプン粉と水を散布してから固める

［その５］　土、雑草などを固め剤で固める

(1) 使用するのは市販されているポリビニルアルコール（PVA）の粉
(2) 洗濯のりとして市販されているアルファデンプンの粉

土壌表面に PVA 粉を散布する

ジョウロで水を撒いて、固めたい深さまで混ぜ合わせてから固める
下の写真は、10 cm の深さの土を固めて団子をつくり、1 か月くらい雨ざらしにした様子。1 か月後でも団子は固く球形を保っている

綿布を貼り付け、ブラシで上から叩くと塗料が布に浸透して浮き上がってくる

数分してから綿布を剥がすと表面塗料を剥がすことができるが、剥ぎ残しが出る場合がある

2枚目の綿布を貼り付けて数分後に剥がすと、残りの塗料も取り除ける

塗料が乾燥しないうちにブラシで擦って仕上げをする

［その 4］　剥がし液の使用方法

屋根、壁、板などの素材表面が塗装される場合

以下のような板表面の塗料の剥がし方を説明する

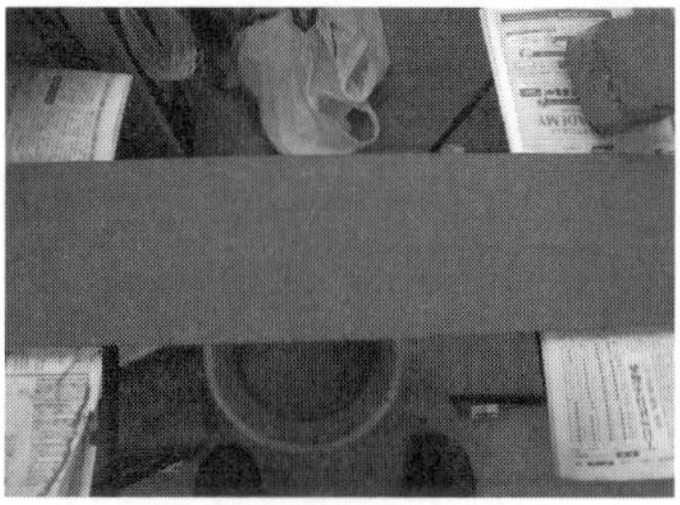

使用する剥がし液

スプレータイプとハケ塗りタイプの 2 種類が市販されている

剥がし液の塗布

表面が泡立ち、1 分程度すると塗料表面が溶けてくる

板とコンクリートブロックに塗布した塗料をワイアブラシで磨いた跡

吸引は業務用の掃除機で十分可能である

掃除機の中は、少しくらいの洗浄水が入っても回収できるようになっている

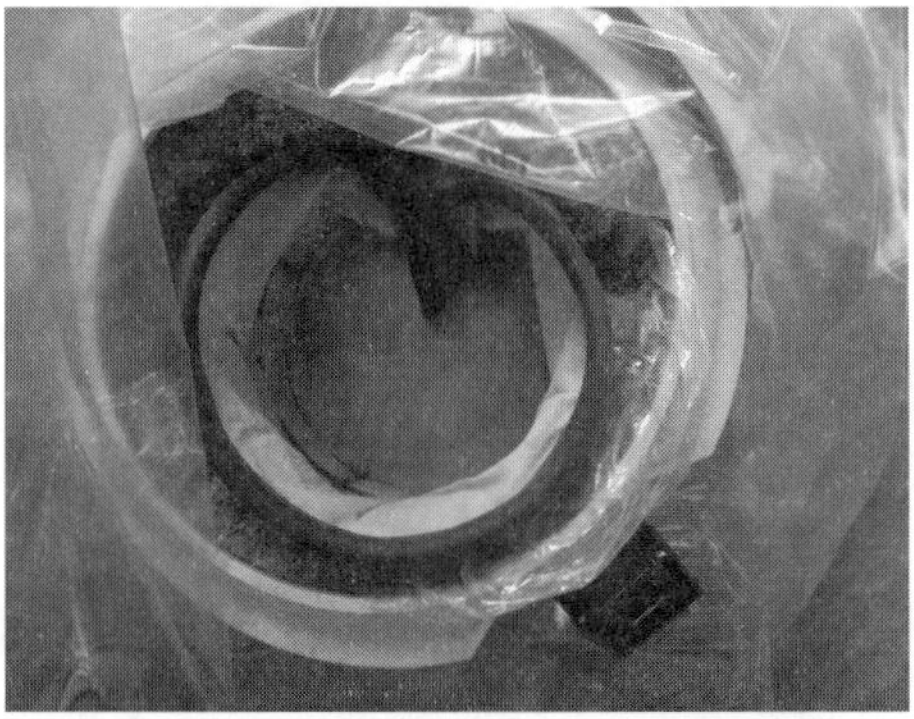

［その3］　ブラシング＋吸引

ワイアブラシ、毛ブラシを使用する

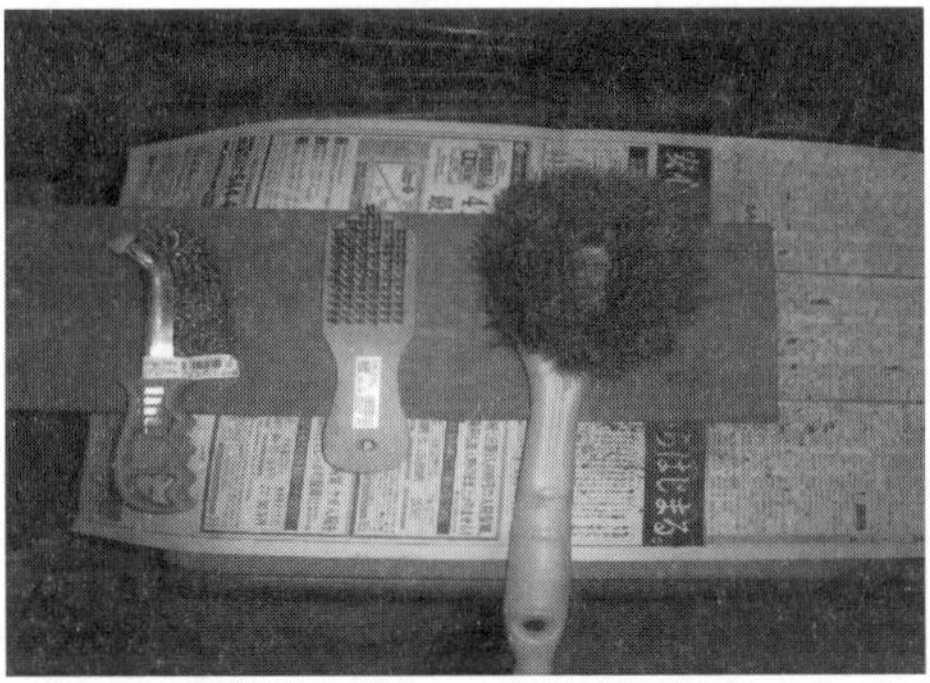

ブラシング＋吸引装置

密閉された容器内に電動ワイアブラシが付いており、ブラシで擦りながら、同時に業務用掃除機に連結したホースから吸引する

除染先端部

超高圧の少量水ビームが４本、円形の密閉容器先端部で回転して洗浄をする

アスファルト道路の除染

多少、凹凸や割れ目がある敷石、駐車場などにも応用できる。除染後は、アスファルト表面がざらざらしており、透水性がよくなり、凹凸面の除染ができていることが分かる

【ダイセイ方式の応用】

(1) ハンディータイプの先端部もあり、屋根、壁などにも応用できる。

(2) 放射性セシウムで汚染されたコンクリート製塗装瓦で除染実験をしたところ、95% の除去率を確認した。

(3) 洗浄後の回収水については、固形物を沈殿分離し、水溶性セシウムはプルシアンブルー布やゼオライトによって放射性セシウムを吸着してから放流する。

［その 2］　超高圧少量水圧力洗浄＋吸引＋ろ過方式

超高圧ポンプ車

4 トントラックに積み込まれ、超高圧水を除染先端部に送り込んでいる

除染先端部、車が 4 つついている

圧力洗浄用と吸引用のホースが丸い円盤に接続されている

■現在課題となっており、今後さらに検討が必要な素材

【凹凸があり、なおかつ細孔や隙間を持つ素材】

対象となる素材……アスファルト、レンガ、コンクリートブロック、瓦屋根

検討すべき事項

［乾燥時間］

他の素材に対する除去手法にも言えることであるが、水系接着剤を用いているため、水を飛ばすだけの乾燥時間がかかる。合成樹脂系の接着剤では皮膜強度が強すぎる為、剥がす作業は人力では行えない。また、以下に記述する剥ぎ残りの除去に関しても課題が残る。

粘着系素材についても検討を進めているが、放射性物質の引き剥がしには上述の通り塗料皮膜を破壊できる程度の粘着性が必要とされる。また放射性物質は細孔や隙間に浸透しているため、粘着剤をいかにして凹凸形状に沿わせるかが課題である。

［接着剤の剥ぎ残り］

凹凸形状に接着剤が充填して乾燥する限り、剥離の際、基本的には接着剤の層間剥離が起こる。

層間剥離により凹凸がなくなること、また剥ぎ残った面に水分（雨等）が付着すると接着剤が溶解するため、材料面に接着剤が染み出すことにより、滑りやすい状態ができ、非常に危険である。

乾燥した接着層を綺麗に剥離することは非常に困難であるので、光や熱等、何らかの条件を利用し、接着剤を解体除去する必要があるが、実作業で利用できる手段が見つけられていないのが現状である。

注）この手順書は、株式会社「大力」によって作成されたものです。

以下は「平滑な素材へ付着している放射性物質の除去」の作業手順と同様です。

手順③　水系接着剤前処理生地を数 cm 重ねながら敷いていく（写真 5）。パテへら（ゴムへらが使いやすい）を使い、生地中にできるかぎり空気が入らないこと（接着不良の原因になり、放射性物質の除去効果が十分に得られないため）。生地に接着剤が浸透しにくい場合は、少量の水をスプレーしながら施工する。

写真 5　生地を敷きつめる

手順④　十分に乾燥させた後、生地を引き剥がす（写真 6）。

写真 6　生地側に乾燥した接着剤が凹凸形状を作っていれば、高い除去効果が望める

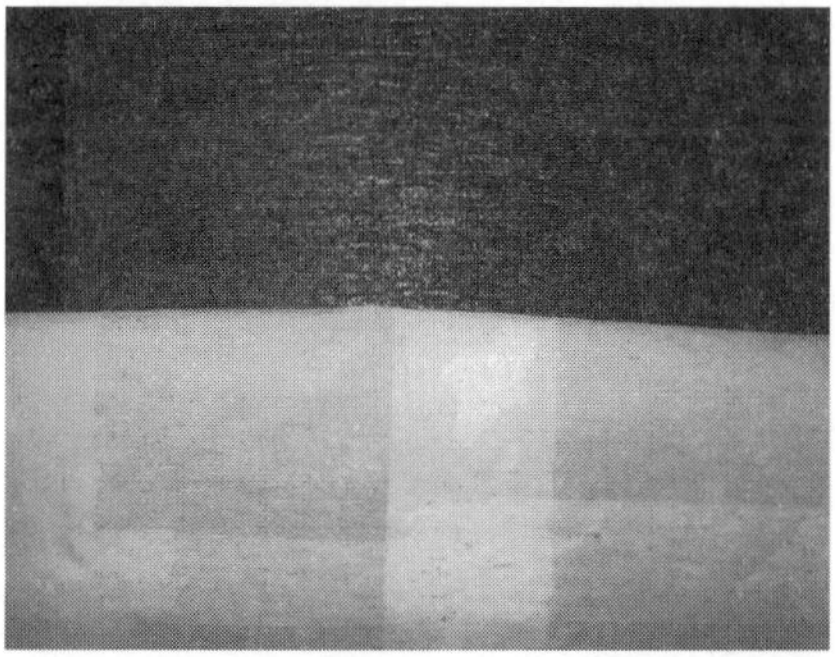

※乾燥時間について……冬の晴れた日で 5 ～ 6 時間、夏の晴れた日で 3 ～ 4 時間を目安にして下さい。ただし気候条件や塗布する面の形状、塗布量によって変動しますので、引き剥がしの際には乾燥しているかどうか事前に確認してから行って下さい。

※乾燥時間について……冬の晴れた日で5～6時間、夏の晴れた日で3～4時間を目安にして下さい。ただし気候条件や塗布量によって変動しますので、引き剥がしの際には乾燥しているかどうか事前に確認してから行って下さい。

【鏡面へ付着している放射性物質の除去】

対象となる素材……太陽光パネル、ガラス等

手順①　除去作業を行う面に付着している汚れ、埃をほうきやブラシ等で取り除く（水は使わない）。

手順②　水系接着剤前処理生地をバケツ等に貯めた水にあらかじめ潜らせ、「平滑面の放射性物質の除去手順」同様に敷きつめていく。屋根の形状等により、バケツを用いての作業が困難な場合は、生地を除去したい面に置いた後、上から水をスプレーして下さい。

手順③　十分に乾燥させた後、生地を引き剥がす。

※乾燥時間について……冬の晴れた日で3～4時間、夏の晴れた日で2～3時間を目安にして下さい。ただし気候条件や塗布量によって変動しますので、引き剥がす際には事前に乾燥状態を確認してから行って下さい。

【凹凸形状を含んだ素材へ付着している放射性物質の除去】

対象となる素材……スレート屋根、壁面等

手順①　除去作業を行う面に付着している汚れ、埃をほうきやブラシ等で取り除く（水は使わない）。

手順②　水系接着剤（高濃度品）を除去する面にパテ処理用の金属へら等で、押し込むように塗布する。この際、凹凸面に接着剤を隙間なく充填させる必要があり、〈写真4〉のように、へらの向きが凹凸形状に対して垂直となる方向に塗布して下さい。

写真4

手順①　除去作業を行う面に付着している汚れ、埃をほうきやブラシ等で取り除く（水は使わない）。

手順②　水系接着剤（低濃度品）を、除去する面にスポンジローラー等で塗布する。塗布量の目安は 150 ～ 200g/m^2（塗布面にスポンジの走った筋がうっすら残る程度）。

手順③　水系接着剤前処理生地を数 cm 重ねながら敷いていく（写真 2）。パテへら（ゴムへらが使いやすい）を使い、生地中にできる限り空気が入らないこと（接着不良の原因になり、放射性物質の除去効果が十分に得られないため）。生地に接着剤が浸透しにくい場合は、少量の水をスプレーしながら施工する。

写真 2　敷きつめた様子（素材はトタンを使用）

手順④　十分に乾燥させた後、生地を引き剥がす（写真 3）。引き剥がした際に塗料が剥がれるが、放射性物質は塗料中に浸透しているものもある為、塗料が剥がれるくらいの接着強度を必要とします。

写真 3　生地を引き剥がした状態

7　手順書

［その１］　壁紙方式による除染方法

東日本大震災による原子力発電所事故から端を発した、福島県を中心とする放射能汚染に関し、拡散した放射性物質（主にセシウム134、セシウム137）をいかにして除去するかという点について、記載します。建築物の除染作業手順について主に記しますが、その建築素材の形状等によって、除去方法はその都度検討する必要があります。

ここでは現段階で有効であると考えられる作業手順、今後さらに検討が必要な作業手順に分け、株式会社「大力《だいりき》」にて作成した水系接着剤（低濃度、高濃度タイプ）、水系接着剤前処理生地（写真1）を用いた手順を以下に記します。

写真1　前処理生地。大きさは約20㎝×30㎝

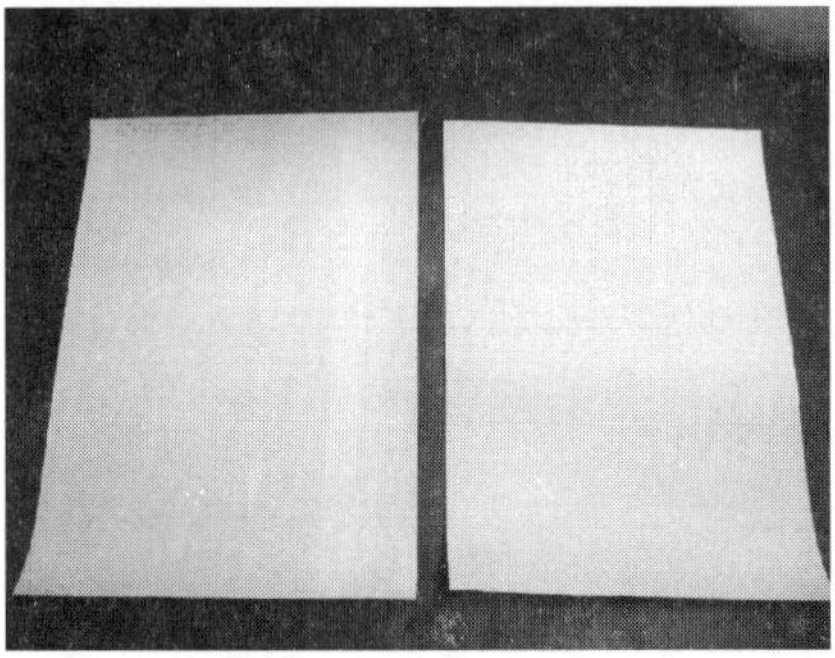

■現段階で有効であると考えられる素材とその除去手順

【平滑な素材へ付着している放射性物質の除去】

対象となる素材……トタン屋根、鉄板、化粧合板等

	放射性セシウムの存在場所	除染方法と組合せ	問題点と今後の課題	除染の優先順位と理由（◎最優先、○優先、△着実）
	④セシウム137の人体に与える総合的な影響は、生命維持に重要な臓器や臓器系統の細胞内の代謝プロセスの抑制であると報告さている	その2：ペクチン投与、または摂取 ペクチンはリンゴ、オレンジ、グレープフルーツ、ライム、レモンなどかんきつ類やサトウダイコン、海藻などに含まれる複雑な分子構造をした多糖類である。アップルペクチンは腸管内の放射性セシウムと結合して再吸収を防止し、便として排出することが論文などで報告されている。チェルノブィリ原発事故の際に南ベラルーシの子供たちにビタミンC配合のペクチンをサプリメントとして16日間摂取させた結果、30％の放射性セシウムを減少させたという報告がなされている		
血液	①福島第一原発から20 km圏内に放置された牛の血液や各臓器の放射性セシウム測定から、血液から筋肉へは20～30倍の濃縮係数であることがわかった ②水に溶けた状態の放射性セシウムのみが血液によって筋肉や各臓器の細胞へ配分されていく	その1：水に溶けた状態の放射性セシウムを摂らないように配慮する	①食品からの摂取を防止する	◎食品汚染を防ぐため、田畑等の除染を急ぐ

	放射性セシウムの存在場所	除染方法と組合せ	問題点と今後の課題	除染の優先順位と理由（◎最優先、○優先、△着実）
■人体				
人体（筋肉、タンパク質、アミノ酸）	①体内に取り込まれた放射性セシウムは血液中から主として全身の筋肉に分配されていく ②生物化学的半減期は平均109日（68～165日）であるので、一時的摂取であれば体内から排出され汚染量は減少していく ③体内からの排出量を上回って、食品などから摂取し続けると、生物濃縮され筋肉や各臓器へ蓄積していく	その1：避難・疎開が最も効果のある除染方法である。一時的にでも疎開すると、体内のセシウム濃度が下がることがチェルノブィリ汚染地域の調査から報告されている その2：汚染食品、水からの摂取をなくし、マスクなどにより大気汚染などからの侵入を防ぐ	①自主的な避難・疎開に対して補償を行うこと ②政府・自治体は学童の集団的避難、疎開などを実施すること	◎避難・疎開は最優先課題である
各臓器	①チェルノブィリ原発事故後の1997～98年にゴメリ地方住民の死体解剖時のセシウム137含有量調査によると、心臓、脳、肝臓、甲状腺、腎臓、脾臓、骨格筋、小腸の全てに青年では200～400 Bq/kgの間、子供では400～1,100 Bq/kgの間で蓄積していた ②平均的蓄積量は、子供が青年の約2倍になっていた ③特に、心臓は一部の組織が損傷を受けると回復しにくいので、種々の心臓病の原因となる	その1：プルシアンブルーの服用 放射性セシウムはカリウムと化学的に似た体内動態をとり、水溶性で食品などから摂取後すみやかに吸収される。腸管内に分泌されたセシウムは再吸収、再分泌という腸肝サイクルが形成されている。プルシアンブルーはコロイド状物質で毒性が低く経口的に服用できる。腸肝サイクルの代謝経路を通り腸管内に分泌されたときに放射性セシウムを補足して、便中へ排出する。わが国では、予防的投与は行わない	①基本的には、食品などからセシウムを体内へ取り込むことを防止する対策が第一であり、プルシアンブルー投与は、間違って大量に放射性セシウムを取り込んだ場合の緊急対策である ② 2010年10月27日に厚生省から認証されている（認証番号22200AMX00966000）。医師に相談して投与を受け、医師はその際は、放射線医学総合研究所に連絡する ③ペクチン投与も、偏って実施しない方がよい。ペクチンはミネラル分も体外へ排出するため、連続的に摂取すると栄養的な偏りが生じる	◎放射性セシウムによる体内汚染が判明した時は速やかに実施する

	放射性セシウムの存在場所	除染方法と組合せ	問題点と今後の課題	除染の優先順位と理由（◎最優先、○優先、△着実）
■食品（消費・流通段階）				
米	①玄米のフィチン酸などに放射性セシウムが蓄積されており、白米にすると65％が除去される	その1：水田の除染を徹底的に実施する その2：汚染米を食べない その3：米の表面を削る（白米にする）	①流通段階の検査体制を徹底させる	◎内部被曝を防ぐ意味から食品からの汚染防止は最優先課題
野菜	①事故後の数か月は放射性降下物が野菜表面に付着していた ②1年近く経過すると根、葉、花などから吸収された放射性セシウムが茎、葉、花に存在している	その1：野菜を洗うと、表面に付着した放射性セシウムは35％程度除去できる その2：野菜を煮ると放射性セシウムは50％から80％除去できる。ただし、煮汁は捨てる必要がある その3：キュウリなどは漬物にすると90％除去できる。漬物汁に汚染が移動している	①流通段階の検査体制を徹底させる	◎内部被曝を防ぐ意味から食品からの汚染防止は最優先課題
肉	①水溶性と、筋肉に入り込んでいる放射性セシウムが混在している	その1：肉を凍結しておき、解凍して4～5時間食塩水で処理すると90％以上の放射性セシウムが除去できる。原理的には、タンパク質に付着していた放射性セシウムがイオン交換で離れたためと考えられる	①流通段階の検査体制を徹底させる	◎内部被曝を防ぐ意味から食品からの汚染防止は最優先課題
バターなど乳製品	①牛乳の放射性セシウムの80％は脱脂乳に移り、バターへの移行は1～4％	その1：脱脂乳のろ過による除去	①流通段階の検査体制を徹底させる	◎内部被曝を防ぐ意味から食品からの汚染防止は最優先課題
水	①周辺土壌の放射性セシウム濃度が高い場合、井戸水などが汚染されている可能性がある	その1：ゼオライトなどでろ過する	①流通段階の検査体制を徹底させる	◎内部被曝を防ぐ意味から食品からの汚染防止は最優先課題

	放射性セシウムの存在場所	除染方法と組合せ	問題点と今後の課題	除染の優先順位と理由（◎最優先、○優先、△着実）
汚染が確認された茶類 ①福島県：茶 ②茨城県：茶（生葉） ③群馬県：茶（生葉）、茶（荒茶、一番茶） ④栃木県：茶（生葉）、茶（荒茶、二番茶） ⑤千葉県：茶（生葉）、茶（荒茶、一番茶）、茶（荒茶、二番茶） ⑥埼玉県：製茶（一番茶）、茶（荒茶、二番茶） ⑦東京都：製茶（一番茶）、茶（生葉、二番茶） ⑧神奈川県：茶（生葉）、茶（荒茶）、茶（荒茶、一番茶） ⑨静岡県：製茶（一番茶）、茶（荒茶、二番茶）、茶（飲用）、茶（生葉、製品） ⑩山梨県：茶（荒茶、二番茶）、茶（生葉） ⑪愛知県：茶（荒茶） ⑫宮城県：茶（生葉）	①茶類の汚染は、福島県に留まらず北は宮城県から南は愛知県まで驚くほど広域に汚染されている。茶どころの静岡県の場合、ほとんどの銘柄茶が 100 Bq/kg を超えている ②これほど広域が汚染された原因としては、茶が山の斜面に栽培されていること、茶の葉の表面で放射性物質を受け止めたこと、古い葉から新たな一番茶、二番茶へと転流汚染が生じたことなどがあげられる ③茶の汚染は、地形などによる物理的濃縮、茶の葉の成分と放射性物質の付着・結合による化学的濃縮、転流汚染という生物濃縮の3つが重ねあわされた結果であると考えられる	その1：転流汚染を防ぐには、古い葉や枝を剪定する その2：幹に付着している放射性物質を、少量の圧力水で洗浄して吸引しろ過する その3：土壌汚染もあり、畑の除染方法にしたがって除染を行う その4：汚染された茶を飲用などに使用した場合（使用すべきでないが）、茶がらにはまだ多くの放射性物質が残留しており、その処理も安全に行う必要がある	①転流汚染防止策については、静岡県などですでに実施され始めている。この方法を、広げていく必要がある ②「茶の汚染ゼロ」を目標とする場合、転流防止策だけでは不安がある。土壌汚染もレベルは低いが検出されており、土壌の除染策や幹の除染についても取り組んでいく必要がある	◎茶製品は、日本文化の一翼を担う重要資源であり、早急に銘柄の信用を回復すべきである

	放射性セシウムの存在場所	除染方法と組合せ	問題点と今後の課題	除染の優先順位と理由（◎最優先、○優先、△着実）
汚染が確認された海底生息魚介類 ①福島県：ムラサキイガイ、ホッキガイ、ウニ、マアナゴ、カレイ、アイナメ、カナガシラ、アワビ、マゴチ、ヒラメ、ケムシカジカ、コモンカスベ、ホウボウ、キナンコウ ②茨城県：アイナメ、ボタンエビ、ヒラメ、スズキ、アワビ、ウニ、イセエビ、イワガキ ③千葉県：アサリ、キンメダイ ④宮城県：ヒラメ、スズキ、アワビ、アサリ	①福島第一原発沿岸地先だけでなく、南向きの沿岸流にそって茨城県、千葉県沿岸までホットスポットが形成されている可能性がある ②北側は、宮城県女川沿岸まで汚染が広がっている	その1：沿岸海底におけるホットスポットの存在形態、範囲などを調査する その2：河口部等に堆積している放射性物質の除染を実施する その3：陸上部から海へ放射性物質が流れださないように、陸における除染を徹底させる その4：海底の除染方法に従う。 その5：漁民が仕事として除染を行い、除染には漁具を活用すること	①沿岸海底のホットスポットについては、固定的である場合、移動する場合が想定されるため、十分な調査が必要である ②食物連鎖の形態、生物濃縮のメカニズムを把握する必要がある ③夏場など、海底が低酸素になり嫌気的状態が生じると有機物が分解され、そこに付着していた放射性セシウムも海底から海水へ溶け出す可能性がある	◎海底生息魚貝類は、重要な食糧資源になっており、早急に除染を行い、商品としても安心できる状態にする必要がある
汚染が確認された回遊魚 ①福島県：イカナゴ、カタクチイワシ、マアジ、マサバ ②茨城県：シラウオ、カタクチイワシ、マアジ、マサバ ③千葉県：カタクチイワシ、ブリ、マサバ、マイワシ ④神奈川県：マアジ、ゴマサバ、マイワシ ⑤宮城県：ゴマサバ	①カタクチイワシ、イカナゴ、サバなどの回遊魚汚染は、福島県沖合だけでなく、南は神奈川県、北は宮城県まで広がっている	その1：福島第一原発構内から汚染水を海へ流さないよう徹底的に防止策を実施する その2：河口部等に堆積している放射性物質の除染を実施する その3：陸上部から海へ放射性物質が流れださないように、陸における除染を徹底させる	①回遊魚の食物連鎖のメカニズムを把握する ②放射性物質が海流に乗って、どのように拡散し、沈降・集積し、生物濃縮していくのかを調査し、監視していく必要がある	◎回遊魚は重要な水産資源であるとともに、海の汚染策は国際的にも重要であり、早急に実施すべきである

	放射性セシウムの存在場所	除染方法と組合せ	問題点と今後の課題	除染の優先順位と理由（◎最優先、○優先、△着実）
野生動物の肉（イノシシ、クマなど）	①福島県内の森林に生息しているイノシシから14,600 Bq/kgが検出されている ②クマ、シカ等の汚染された森林内の大型動物は全て、高濃度に汚染されている可能性が大きい	その1：当面は、森林の除染方法に従う	①汚染された森林の長期的な除染計画をたて、物質循環生態系として回復させる必要がある ②森林の再生計画と合わせて、除染の長期計画を立てる必要がある ③生物濃縮メカニズムのモデルとして、監視・測定を続けていくことが必要	△当面は、野生動物の捕獲、食肉利用を禁止する必要がある
汚染が検出された淡水魚類 ①福島県：アユ、ヤマメ、イワナ、ウグイ、ウチダザリガニ、ニジマス（養殖）、ホンモロコ（養殖）、ドジョウ（養殖）ワカサギ、ウナギ、ギンブナ ②茨城県：アユ、ウナギ、ワカサギ ③栃木県：アユ、ヒメマス ④東京都：アユ ⑤神奈川県：ワカサギ、ヒメマス ⑥宮城県：アユ、ヤマメ ⑦岩手県：ギンザケ ⑧北海道：カラフトマス、シロサケ	①河底、湖、池などに堆積している微細泥、腐植質に放射性セシウムが付着してホットスポットを形成しており、そこが餌場になっていて生物濃縮されている ②東京都の多摩川中流、神奈川県の箱根、北海道など、福島第一原発から数百kmも離れた遠隔地でも汚染魚が捕獲されている	その1：河底、湖沼、ダム、池などの底に堆積しているホットスポットを発見すること その2：堆積微細泥、腐植質を三次元布などでトラップして除去し、安全処理をする その3：河川、湖沼の除染方法に従う その4：漁民が仕事として除染を行い、除染には漁具を活用すること	①湖沼、ダムなどの底に堆積しているホットスポットは場所が固定的であると想定されるので、そこを見つけて除染を行う ②河川の底のホットスポットの場合、大雨などで濁流が流れると、ホットスポットは移動する可能性がある。しかし、流れのゆるい場所、微細泥や落葉が河底に堆積している場所がホットスポットであるので、底を探して除染を行う	◎福島第一原発から遠隔地の淡水魚については、汚染されているという認識がない場合が多く、知らずに食べて内部被曝している可能性が大きい。早急に、調査・測定を行い、除染を実施すべきである

	放射性セシウムの存在場所	除染方法と組合せ	問題点と今後の課題	除染の優先順位と理由（◎最優先、○優先、△着実）
福島県において3月から6月にかけて一定レベルの汚染が検出されたキノコ・山菜 （ナメコ、フキノトウ、シイタケ、ワラビ、クサソテル、タラノメ、ネマガイリダケ、タケノコ、エノキダケ）	①3月から6月段階では、直接汚染、転流汚染、間接汚染の可能性がある ②キノコ類では、菌類による転流汚染が考えられる ③タケノコのような場合は地下茎から親だけの栄養が供給されており、親だけの葉の汚染による転流汚染も考えられる	その1：転流汚染を防ぐには、汚染葉の除去などが必要になる その2：土壌に関する除染については、畑、果樹園の除染方法に従う	①キノコ類の菌類の役割、タケノコの転流汚染については、詳細な調査が必要である	○キノコ、山菜など地元の人たちが知らずに食べているケースがあり、緊急課題である
牛肉	①稲わらなど餌の汚染が原因であり、牛肉汚染が一定レベルで検出される地域は、放射性物質汚染地域にとどまらず全国に広がっている ②福島県において10月に測定された事例で、検出されても数十Bq/kg程度であり、餌汚染が改善され事故後の初期段階レベルよりは低下していると判断される	その1：稲わらなど汚染されている餌を他の飼料などに変更する その2：餌となる牧草地などの除染を行う。方法は、畑、果樹園の除染方法に従う	①牧草地など野外で飼育する際、餌となる牧草などに汚染がないことを確認する必要がある ②消費段階の食品検査を徹底させることが大切	◎牛肉は重要食品であり、消費者の安心感を得るためには「汚染ゼロ」を目標とする必要があり最優先課題
原乳・乳製品	①原乳汚染は、事故後の初期段階において放射性ヨウ素の汚染が報告されている。放射性セシウムの汚染も、牛肉ほど高くないが検出されている ②乳製品の汚染検出の報告例は少ない	その1：餌となる牧草地などの除染を行う。方法は、畑、果樹園の除染方法に従う	①牧草地など野外で飼育する際、餌となる牧草などに汚染がないことを確認する必要がある ②消費段階の食品検査を徹底させることが大切	◎乳製品は重要食品であり、消費者の安心感を得るためには「汚染ゼロ」を目標とする必要があり、最優先課題

	放射性セシウムの存在場所	除染方法と組合せ	問題点と今後の課題	除染の優先順位と理由（◎最優先、○優先、△着実）
オータムポエム、ムカゴ、カリフラワー、食用キク、シュンギク、ハクサイ、タマネギ、ショウガ、ハヤトウリ、ササゲマメ、レタス、ナス、サヤインゲン、サツマイモ、ニンジン、ナガイモ、赤カブ、バレイショ、ジネンジョ、サトイモ、アピオス、ダイコン、コンニャクイモ）			③汚染地域において植えられた野菜の中で、食物に移行していない例を見つけ、「なぜ汚染されなかったのか」というメカニズムを確認して、今後の植え付け種類選択に活かしていくことが重要である	
福島県内で2011年8月、10月に調査された段階で一定レベルの汚染が検出された果実、果物類（リンゴ、日本ナシ、ブドウ、イチジク、モモ、プルーン、カキ、ギンナン、キウイフルーツ、ザクロ、ユズ、カボス）	①8月、10月段階に収穫された果実、果樹は、直接汚染、転流汚染、間接汚染の影響を受けている可能性がある	その1：転流汚染の影響が明らかな果実、果樹については、汚染されている葉、枝等の剪定を行う必要がある その2：土壌などの間接汚染の除染については、果樹園の除染方法に従う	①果樹、果実の汚染場所、汚染形態に関しては、葉、幹からの吸収など転流汚染が影響している可能性があり、この点に関する詳細な調査が必要である	◎果樹、果実は重要食品であり、消費者の安心感を得るためには「汚染ゼロ」を目標とする必要があり、最優先課題

	放射性セシウムの存在場所	除染方法と組合せ	問題点と今後の課題	除染の優先順位と理由（◎最優先、○優先、△着実）
（ブロッコリー、山東菜、コマツナ、クキタチナ、チジレナ、紅彩苔、ワサビ、アラメ、ナバナ、ホウレンソウ、ミズナ、キャベツ、オオバ、ニラ、カブ、アサツキ、ビタミンナ、ネギ、フユナ、セリ、モミジガサ、トマト、ミニトマト、ウド、サヤエンドウ、ソラマメ、オウトウ、ウメ、グリーンピース、エリンギ、ニンニク、キュウリ、ラッキョウ、レンコン）	②6月以後に汚染が検出された場合は、土壌からの吸収である間接汚染と転流汚染の影響が考えられる		③レンコンは、水汚染によって次年度以後の転流汚染が起こす可能性がある ④ウメについても、次年度以後も間接汚染だけでなく転流汚染の影響が考えられる	
福島県内で2011年10月に調査された段階で検出限界以下であった野菜（ブロッコリー、コマツナ、ホウレンソウ、カブ、ネギ、アスパラガス、インゲンマメ、チンゲンサイ、ラッカセイ、	① 10月段階に収穫された野菜は、直接汚染、転流汚染を受けていない野菜である ② 10月においても、汚染レベルが検出限界以下であることは、土壌からの汚染、すなわち間接汚染の影響も受けていないわけで、ここにあげた野菜類は「汚染されにくい野菜」ということになる	その1：2012年以後の野菜の植え付けについて、「汚染されにくい野菜を選択」する際には、このような実績を参考にすることができる	①農林水産省から公表されている「移行係数」を参考にして、植え付け野菜の選択をしようとしても、現状の移行係数は「土壌から野菜へ」という間接汚染の情報しか入っていない ②移行係数は、土壌の影響、気候の違いなど種々の変動要因があり、信用できる精度を有していない	◎野菜は重要食品であり、消費者の安心感を得るためには「汚染ゼロ」を目標とする必要があり、最優先課題

	放射性セシウムの存在場所	除染方法と組合せ	問題点と今後の課題	除染の優先順位と理由（◎最優先、○優先、△着実）
■食品（生産段階）				
米（福島県二本松市、伊達市、福島市において500 Bq/kgを超える検出例が報告されているが、より低レベルであれば他の地域においても検出例があると想定されるが、データとしては公表されていない）	①稲の根からだけではなく葉、茎、鞘、花からも吸収されるので、転流汚染を防ぐ必要がある	その1：森林から水田に流入する汚染水を、森林の境界、水田横の側溝、水田入り口で放射性セシウム吸着剤入りの土のうに浸透させる その2：間接汚染を防ぐには、水田の除染方法に従う その3：農家が仕事として除染を行い、農機具などを活用すること	①森林からの汚染水侵入を防ぐには、水の侵入経路、汚染濃度の時間変化などを調査・測定を要する ②放射性セシウム吸着土のうの設置場所、吸着効果などを調査する	◎米は主食であり、消費者の安心感を得るためには「汚染ゼロ」を目標とする必要があり、最優先課題
福島県、茨城県、群馬県、栃木県、千葉県から放射性物質が一定レベル以上で検出された米以外の穀物類（小麦、六条大麦、二条小麦、はだか麦、そば）	①稲の根からだけではなく葉、茎、鞘、花からも吸収されるので、転流汚染を防ぐ必要がある	その1：間接汚染防止については、畑の除染方法に従う	①麦類の転流汚染などについて、汚染経路のメカニズムを調査検討する必要がある	◎麦類は准主食であり、消費者の安心感を得るためには「汚染ゼロ」を目標とする必要があり、最優先課題
福島県内において早い段階（3、4、5、6月）で一定レベルの汚染が確認された野菜	①3月、4月段階で放射性物質が直接野菜に降りそそぎ汚染された葉菜が多い。それらの野菜は直接汚染だけでなく転流汚染の影響も受けている可能性がある	その1：2012年度については、土壌からの間接汚染対策が中心となる その2：具体的な除染方法は畑、果樹園の除染方法に従う	①早い段階での汚染であるため、2012年度以後は、直接汚染、転流汚染が少なくなる ②しかし、土壌汚染があるため、間接汚染の影響を調べる必要がある	◎野菜は重要食品であり、消費者の安心感を得るためには「汚染ゼロ」を目標とする必要があり最優先課題

	放射性セシウムの存在場所	除染方法と組合せ	問題点と今後の課題	除染の優先順位と理由（◎最優先、○優先、△着実）
	④ホットスポット海底部の少し上部の海水層にも水溶性の放射性セシウムが溶けだして蓄積している可能性がある	その3：①ホットスポット地点の範囲を確認する＋②三次元布の敷きつめ（プルシアンブルー布入り）＋カプセル入りの陽イオン（アンモニウム、非放射性セシウム）を海底に投入＋③一定期間後の引き上げ＋④乾燥後安全管理 その4：①ホットスポット地点の範囲を確認する＋②小型底引き網へプルシアンブルー不織布を入れてホットスポット範囲で底引きを実施＋③底引き網を引き上げ除去物を安全管理	④今後の重要課題としては、河川等を通じて流入する陸上からの放射性物質の流入を少なくしていくことが大切である	
河口部	①河口部の凹部には微細泥、落葉など有機物、ゴミなどに付着し放射性セシウムが堆積している	その1:①ホットスポット地点の範囲を確認する＋②放射性セシウム吸着能力の高い岩石成分（バーミキュライト、モンモリナイト、ゼオライトなど）を入れた土のうをホットスポット範囲に適量を投入する＋③一定期間後に引き上げて安全管理する その2：①ホットスポット地点の範囲を確認する＋②三次元布の敷きつめ（プルシアンブルー布入り）＋③一定期間後の引き上げ＋④乾燥後安全管理	①河口部へは、内陸部で排出された放射性物質が堆積しており、まずはその実態（存在量、場所、形態など）について、早急に調査・測定を行い、適切な除染方法を見つけていく必要がある ②潮の干満を利用して除染方法を見出せる可能性がある ③今後の重要課題としては、河川等を通じて流入する陸上からの放射性物質の流入を少なくしていくことが大切である	○海への汚染防止策としては、河口部で侵入を防止する策は有効であり、優先的に実施すべきである

	放射性セシウムの存在場所	除染方法と組合せ	問題点と今後の課題	除染の優先順位と理由（◎最優先、○優先、△着実）
		その2：リター除去後は、窪地にプルシアンブルー布を敷きつめる＋一定期間、リター堆積を待ち受ける＋堆積後は布を剥がしリターとともにPVAで固めて保管		
河川、池などからの地下水浸透	①河川、池底のホットスポットから水溶性のセシウムが地下水流に流れだす恐れがある	その1:①ホットスポット地点の範囲を確認する＋②三次元布の敷きつめ③底の掻きあげ攪乱＋④一定期間後の引き上げ＋⑤乾燥後安全管理	①河川近くの伏流水、池の近くの井戸水等に影響が及んでいないかどうか調査を行い、影響があれば汚染源を優先的に取り除く	◎地下水への汚染影響が明確な場合は最優先除染を行う △その他の場合は、着実な除染
除去物仮置き場からの地下水浸透	①除染による放射性除去物が大量に仮置きされる場合は、雨水が定常的に地下へ侵入して地下水汚染を引き起こす恐れがある	その1：仮置き場の基盤として、モンモリナイト、バーミキュライトなど吸着能力のある岩石成分を敷きつけておく	①仮置き場の土壌水を定期的に監視・測定する	◎地下水への汚染影響が明確な場合は最優先除染を行う △その他の場合は、着実な除染
井戸水への浸透	①山の近く、川の近くの、除去物仮置き場近くの井戸水の場合、パイプ流になっていると井戸水汚染が生じる可能性がある	その1：汚染源を見つけて除去する その2：モンモリナイト、ゼオライトなどでのろ過	①井戸水の監視測定と、汚染が見つかった場合は、汚染源ルートを解明して汚染源を取り除く	◎地下水への汚染影響が明確な場合は最優先除染を行う △その他の場合は、着実な除染
■海（内湾、海岸沿い、河口部）				
海底の堆積土砂	①原発からの放射性物質直接降下、汚染水放流、陸上からの汚染が河川を通じて流れ込む ②沿岸流（地球の自転により沿岸沿いに南へ流れる）によって南へ運ばれ流れのゆるい場所へ堆積する ③内湾、沿岸など海底ホットスポットには、微細泥、プランクトン死骸、微細ゴミなどに付着し放射性セシウムが堆積している	その1:①ホットスポット地点の範囲を確認する＋②放射性セシウム吸着能力の高い岩石成分（バーミキュライト、モンモリナイト、ゼオライトなど）を入れた土のうをホットスポット範囲に適量を投入する③一定期間後に引き上げて安全管理する その2：①ホットスポット地点の範囲を確認する＋②三次元布の敷きつめ（プルシアンブルー布入り）③一定期間後の引き上げ＋④乾燥後安全管理	①海底のどこにホットスポットがあるのか早急に実態調査を実施する必要がある ②ホットスポットに堆積している放射性物質の存在形態、詳細な場所（範囲、深さ）について特定する必要がある ③海底の土の除染には多様な方法が考えられ、除染効果、作業性、コストなどの点から評価して最適な方法を見つけ出す必要がある	△ホットスポットが存在する漁場から汚染魚が見つかった場合、その周辺海域の魚が「汚染魚」として市場に出せない可能性があり、着実にホットスポット除染を実施する必要がある

	放射性セシウムの存在場所	除染方法と組合せ	問題点と今後の課題	除染の優先順位と理由（◎最優先、○優先、△着実）
		その2：①ホットスポット地点の範囲を確認する＋②三次元布の敷きつめ③底の掻きあげ攪乱＋④一定期間後の引き上げ＋⑤乾燥後安全管理		
池、ダムの底と水	①池の底には落葉、腐植質、微細泥などに付着した放射性セシウムが堆積している ②底部の汚染から溶けだして底上部の水質に堆積している場合がある ③高レベル汚染地域では池の水全域に水溶性の放射性セシウムが残っている場合もある ④環境省の福島県内の池、ダムの調査結果によると、大熊町の坂下ダムには37,000 Bq/kgが、70 km離れた白河市の農業溜め池では11,000 Bq/kgが堆積していた	その1:①ホットスポット地点の範囲を確認する＋②放射性セシウム吸着能力の高い岩石成分（バーミキュライト、モンモリナイト、ゼオライトなど）を入れた土のうをホットスポット範囲に適量を投入する③一定期間後に引き上げて安全管理する その2：①ホットスポット地点の範囲を確認する＋②三次元布の敷きつめ③底の掻きあげ攪乱＋④一定期間後の引き上げ＋⑤乾燥後安全管理	①溜め池、ダム、堰等に堆積している放射性物質の実態について、存在場所、範囲、形態を明確にして除染実施を行うべきである	○ダム、溜め池などの水は、農業用水、生活用水に利用している場合が多い。地下水汚染の可能性もあり、優先的に除染を行うべきである
■地下水				
森林から地下水への浸透	①土壌中をゆっくりと浸透していく場合は、岩石成分や腐植質は放射性セシウムを吸着する能力が高いので、地下水汚染として浸透していく恐れは少ない ②リターに蓄積している水溶性セシウムが根や土壌空隙間を通じてパイプ流として定常的に流れ続けると地下水汚染になる	その1：山裾の境界に沿って、吸着能力のある土壌（周辺の非汚染土壌に炭の粉をいれたもの、場合によってはバーミキュライト、モンモリナイトなどの岩石成分）を入れた土のうをリター層下まで埋め込んで、土のうによる堤防を築く＋土のう山側に布を敷きつめ、落葉、微細泥などを捕捉する＋一定期間後に布を除去＋除去物の安全管理	①森林から根を通じたパイプ流など、地下水汚染経路が存在するかどうか早急に調査を行い、パイプ流が見つかった場合は、汚染源を優先的に除去する	◎地下水への汚染影響が明確な場合は最優先除染を行う △その他の場合は、着実な除染

	放射性セシウムの存在場所	除染方法と組合せ	問題点と今後の課題	除染の優先順位と理由（◎最優先、○優先、△着実）
■河川・池				
河川敷、池の周囲の雑草	①河川敷の雑草は腰の高さにまで繁殖している ②雑草の表面、根、茎、花など全ての場所に堆積している ③根に付いた土にも付着している	その1：草刈り機で刈り取り＋根の除去＋土のうに収納してPVA粉の散布＋直方体に整形＋堆肥ボックスへ収納して乾燥・体積圧縮 その2：農業用ネットを被せる＋雑草が繁殖したらネットを剥がし、雑草と根に付いた汚染土を固めて保管	①堆肥ボックス仮置き場を見つける ②堆肥ボックスで体積圧縮された雑草の後処理（埋め立てか焼却？）	△住民が散歩などに利用している。河川や池への放射性物質汚染源にもなっている。雑草などが枯れると、空中へ飛散する恐れもある
河底	①河底の流れがゆるい箇所には、落葉、腐植質、微細泥などに付着した放射性セシウムが堆積している ②環境省の福島県内の河川調査によると原発近くの南相馬市（増田橋）で40,000 Bq/kg、浪江町の請戸川で43,000 Bq/kg、60 km離れた阿武隈川、二本松市（上関下橋）でも30,000 Bq/kgであった ③河底のホットスポットは、大雨などで場所を変える可能性があり、監視・測定が必要	その1:①ホットスポット地点の範囲を確認する＋②三次元布の敷きつめ③底の掻きあげ攪乱＋④一定期間後の引き上げ＋⑤乾燥後安全管理	①河底のホットスポットの存在場所、規模、放射性セシウムの存在形態、大雨による移動等の実態を調査する必要がある	△アユなど川魚は河底のコケを食べる。河底の水生昆虫を食べる魚もいる。食物連鎖を通じて、魚へ蓄積していく実態について早急に調査する必要がある △河底から、雨水によって海へ流れだす経路になっており、着実に除染する必要がある
河川敷の内湖	①内湖の底には落葉、腐植質、微細泥などに付着した放射性セシウムが堆積している	その1:①ホットスポット地点の範囲を確認する＋②放射性セシウム吸着能力の高い岩石成分（バーミキュライト、モンモリナイト、ゼオライトなど）を入れた土のうをホットスポット範囲に適量を投入する＋③一定期間後に引き上げて安全管理する	①河川式内湖はホットスポットを形成している可能性が高い。早急に監視測定して、除染実施に結び付けていく必要がある	○内湖のポットスポット除染は、実行可能性が高く、優先的に実施すべきである

	放射性セシウムの存在場所	除染方法と組合せ	問題点と今後の課題	除染の優先順位と理由（◎最優先、○優先、△着実）
林内雨と樹幹流	①林内雨は降り始めに高く、雨量が多くなるとともに低下する ②林内雨は樹幹流の2倍程度の濃度になる ③リター層の下の土壌面に沿って下流へ流れ、田畑などへ放射性物質が侵入していく	その1：山裾の20m幅以内の境界に沿って、吸着能力のある土壌（周辺の非汚染土壌に炭の粉をいれたもの、場合によってはバーミキュライト、モンモリナイトなどの岩石成分）を入れた土のうをリター層下まで埋め込んで、土のうによる堤防を築く＋土のう山側に布を敷きつめ、落葉、微細泥などを捕捉する＋一定期間後に布を除去＋除去物の安全管理	①地元の非汚染土壌の放射性セシウム吸着能力について測定・調査をし、それをもとに山裾に敷きつめる土のうの数などを決める	○民家や田畑に影響を及ぼしている森林については、優先的に除染を行う △その他の森林については、着実に除染を実施していく
山裾の雑草	①山裾の雑草は腰の高さにまで繁殖している ②雑草の表面、根、茎、花など全ての場所に堆積している ③根に付いた土にも付着している	その1：草刈り機で刈り取り＋根の除去＋土のうに収納してPVA粉の散布＋直方体に整形＋堆肥ボックスへ収納して乾燥・体積圧縮 その2：農業用ネットを被せる＋雑草が繁殖したらネットを剥がし、雑草と根に付いた汚染土を固めて保管	①リターや落葉除去物の仮置き場は、山間部の適切な場所に設置した堆肥ボックス型が考えられる	○民家や田畑に影響を及ぼしている雑草については、優先的に除染を行う
山林内の側溝	①山道の側溝の境の段差部分に土砂や雑草が堆積しそこに蓄積している ②側溝の堆積物に付着している。側溝内の溜まり水には高濃度で滞留している ③側溝材質の表面下部まで浸透している可能性がある	その1：堆積物の除去＋固め剤を入れて土のう収納＋直方体形のプランターへ入れて汚染水を自然落下させる その2：汚染溜まり水はプランターなどに入れてから自然乾燥＋残渣をPVA粉で固めて土のう収納	①リターや落葉除去物の仮置き場は、山間部の適切な場所に設置した堆肥ボックス型が考えられる	○民家や田畑に影響を及ぼしている側溝落葉などについては、優先的に除染を行う

	放射性セシウムの存在場所	除染方法と組合せ	問題点と今後の課題	除染の優先順位と理由（◎最優先、○優先、△着実）
地上より上部の樹木（スギ若齢林）	①地上に堆積した落葉に142,000 Bq/kg、樹木に残っている枯葉、生葉に120,000 Bq/kgから200,000 Bq/kgの放射性セシウムがほぼ均等に付着している	その1：山裾から20m幅では、落葉が大量に堆積している場所（窪地など）も見つけ、落葉を土のうに回収する＋PVAで固めて安全保管 その2：山裾から20m幅に存在する樹木については、セシウム吸着能力のある土壌成分を詰めた土のうで樹木を取り囲み、落葉、リター、微細泥の流出を防止するとともに、土壌成分で放射性セシウムを吸着させる。土のうの内側には布を敷きつめ、落葉、リター、微細泥を堆積させて取り除く	①リターや落葉除去物の仮置き場は、山間部の適切な場所に設置した堆肥ボックス型が考えられる ②山林内の放射性セシウムは動的に存在形態を変化させるので、その動態を調査測定する必要がある。とくに、雨水によって流し出される放射性セシウムのメカニズムを詳細に把握し除染に役立てる ③樹木のバイオマス利用を計画する	○民家や田畑に影響を及ぼしている森林については、優先的に除染を行う △その他の森林については、着実に除染を実施していく
地上より上部の樹木（スギ壮齢林）	①地上に堆積した落葉に185,000 Bq/kg、樹木上部に残っている枯葉、生葉に420,000 Bq/kgの放射性セシウムが多く付着している ②生葉表面にも付着しているが、落葉や枯葉に比べて少ない。	その1：山裾から20m幅では、落葉が大量に堆積している場所（窪地など）も見つけ、落葉を土のうに回収する＋PVAで固めて安全保管 その2：山裾から20m幅に存在する樹木については、セシウム吸着能力のある土壌成分を詰めた土のうで樹木を取り囲み、落葉、リター、微細泥の流出を防止するとともに、土壌成分で放射性セシウムを吸着させる	①リターや落葉除去物の仮置き場は、山間部の適切な場所に設置した堆肥ボックス型が考えられる ②山林内の放射性セシウムは動的に存在形態を変化させるので、その動態を調査測定する必要がある。とくに、雨水によって流し出される放射性セシウムのメカニズムを詳細に把握し除染に役立てる ③樹木のバイオマス利用を計画する	○民家や田畑に影響を及ぼしている森林については、優先的に除染を行う △その他の森林については、着実に除染を実施していく

	放射性セシウムの存在場所	除染方法と組合せ	問題点と今後の課題	除染の優先順位と理由（◎最優先、○優先、△着実）
	②放射性セシウムは土壌表面から 2cm まで浸透している			
森林内土壌（スギ壮齢林）	①伊達郡川俣町森林における文部科学省測定例 ②土壌表面の 5 mm 以内のリター（枝、葉、樹皮などが分解されずに堆積している層）に森林放射性物質の約 49 % が堆積し、面積当たりで 905,000 Bq/m^2、重量当たりでは約 195,000 Bq/kg の放射性セシウム 134、137 合計が堆積している。それらが、雨水の表面流に溶けだし下流の田畑などへ流れていく ②放射性セシウムは土壌表面から 5 cm まで浸透している	その 1：山裾から 20m 幅については、リターが大量に堆積している窪地、沢の窪地、堰のリター除去＋PVA で固める＋堆肥ボックスで安全保管 その 2：リター除去後は、窪地にプルシアンブルー布を敷きつめる＋一定期間、リター堆積を待ち受ける＋堆積後は布を剥がしリターとともに PVA で固めて保管	①リターや落葉除去物の仮置き場は、山間部の適切な場所に設置した堆肥ボックス型が考えられる ②山林内の放射性セシウムは動的に存在形態を変化させるので、その動態を調査測定する必要がある。とくに、雨水によって流し出される放射性セシウムのメカニズムを詳細に把握し除染に役立てる ③樹木のバイオマス利用を計画する	○民家や田畑に影響を及ぼしている森林については、優先的に除染を行う △その他の森林については、着実に除染を実施していく
地上より上部の樹木（広葉樹）	①地上に堆積した落葉に 762,000 Bq/kg もの大量の放射性セシウムが付着している ②生葉表面にも 7,000 Bq/kg から 40,000 Bq/kg の間で付着している	その 1：山裾から 20m 幅では、落葉が大量に堆積している場所（窪地など）も見つけ、落葉を土のうに回収する＋ PVA で固めて安全保管 その 2：山裾から 20m 幅に存在する樹木については、セシウム吸着能力のある土壌成分を詰めた土のうで樹木を取り囲み、落葉、リター、微細泥の流出を防止するとともに、土壌成分で放射性セシウムを吸着させる。土のうの内側には布を敷きつめ、落葉、リター、微細泥を堆積させて取り除く	①リターや落葉除去物の仮置き場は、山間部の適切な場所に設置した堆肥ボックス型が考えられる ②山林内の放射性セシウムは動的に存在形態を変化させるので、その動態を調査測定する必要がある。とくに、雨水によって流し出される放射性セシウムのメカニズムを詳細に把握し除染に役立てる ③樹木のバイオマス利用を計画する	○民家や田畑に影響を及ぼしている森林については、優先的に除染を行う △その他の森林については、着実に除染を実施していく

	放射性セシウムの存在場所	除染方法と組合せ	問題点と今後の課題	除染の優先順位と理由（◎最優先、○優先、△着実）
■森林				
森林内土壌（広葉樹混合林）	①伊達郡川俣町森林における文部科学省測定例 ②土壌表面の5 mm以内のリター（枝、葉、樹皮などが分解されずに堆積している層）に森林放射性物質の約91 %が堆積し、面積当たりで711,000 Bq/m²、重量当たりでは約240,000 Bq/kgの放射性セシウム134、137合計が堆積している。それらが、雨水の表面流に溶けだし下流の田畑などへ流れていく ②放射性セシウムは土壌表面から3cmまでに浸透している	その1：山裾から20m幅については、リターが大量に堆積している窪地、沢の窪地、堰のリター除去＋PVAで固める＋堆肥ボックスで安全保管 その2：リター除去後は、窪地にプルシアンブルー布を敷きつめる＋一定期間、リター堆積を待ち受ける＋堆積後は布を剥がしリターとともにPVAで固めて保管	①リターや落葉除去物の仮置き場は、山間部の適切な場所に設置した堆肥ボックス型が考えられる ②山林内の放射性セシウムは動的に存在形態を変化させるので、その動態を調査測定する必要がある。とくに、雨水によって流し出される放射性セシウムのメカニズムを詳細に把握し除染に役立てる	○民家や田畑に影響を及ぼしている森林については、優先的に除染を行う △その他の森林については、着実に除染を実施していく
森林内土壌（スギ若齢林）	①伊達郡川俣町森林における文部科学省測定例 ②土壌表面の5 mm以内のリター（枝、葉、樹皮などが分解されずに堆積している層）に森林放射性物質の約90 %が堆積し、面積当たりで472,000Bq/m²、重量当たりでは約85,000 Bq/kgの放射性セシウム134、137合計が堆積している。それらが、雨水の表面流に溶けだし下流の田畑などへ流れていく	その1：山裾から20m幅については、リターが大量に堆積している窪地、沢の窪地、堰のリター除去＋PVAで固める＋堆肥ボックスで安全保管 その2：リター除去後は、窪地にプルシアンブルー布を敷きつめる＋一定期間、リター堆積を待ち受ける＋堆積後は布を剥がしリターとともにPVAで固めて保管	①リターや落葉除去物の仮置き場は、山間部の適切な場所に設置した堆肥ボックス型が考えられる ②山林内の放射性セシウムは動的に存在形態を変化させるので、その動態を調査測定する必要がある。とくに、雨水によって流し出される放射性セシウムのメカニズムを詳細に把握し除染に役立てる	○民家や田畑に影響を及ぼしている森林については、優先的に除染を行う △その他の森林については、着実に除染を実施していく

	放射性セシウムの存在場所	除染方法と組合せ	問題点と今後の課題	除染の優先順位と理由（◎最優先、○優先、△着実）
		その3：土壌表面には農業用ネットを被せておく＋マメ科牧草の種などを撒いて繁殖させる＋繁殖後はネットを剥いで雑草と雑草の根に付いた汚染土を除去する＋除去後の雑草と土はPVAで固めて保管		
あぜ道	①雑草に放射性セシウムが吸収されている ②あぜ道の土壌表面に放射性セシウムが堆積しているだけでなく、枯れた雑草が腐植して堆積している	その1：草刈り機で刈り取り＋根の除去＋土のうに収納してPVA粉の散布＋直方体に整形＋堆肥ボックスへ収納して乾燥・体積圧縮 その2：農業用ネットを被せる＋雑草が繁殖したらネットを剥がし、雑草と根に付いた汚染土を固めて保管	①刈り取った雑草の仮置き場としては、敷地内に堆肥ボックスを置き、安全管理する	○作業被曝問題があり、優先的に実施すべきである
■大気中への飛散				
微細泥の飛散	①乾いた土、土の道路、道路と側溝の境界に堆積した微細泥などが強い風で撒きあがり空中に飛散する	その1：微細泥存在場所を見つけて、あらかじめPVA粉を散布して固めておく＋その後に微細泥を除去して安全保管	①通学路、住居空間など住民が多く住んでいる大気中空間に放射性物質が侵入する経路、実態について観測、測定を行い、汚染源を見つけて飛散防止対策をしなければならない	◎冬場に向かい、道路が乾燥して微細泥が飛散する可能性がある。通学路周辺、住宅周辺については最優先課題である
雑草、落葉の微細枯葉の飛散	①庭の雑草、樹木の落葉、田畑、森林の雑草や落葉が枯れて微細化し、風によって巻き上げられて空中に飛散する	その1：雑草、落葉が枯れて堆積した場所を見つけ、回収してPVAで固め安全保管する	①落葉が堆積する場所は、ホットスポットを形成している場所と重なっており、監視して飛散する前に集めて固めてしまう必要がある	◎冬場に向かい、落葉や雑草が枯れて飛散する可能性がある。通学路周辺、住宅周辺については最優先課題である

	放射性セシウムの存在場所	除染方法と組合せ	問題点と今後の課題	除染の優先順位と理由（◎最優先、○優先、△着実）
■畑、果樹園				
雑草	①放置されている畑では、腰の高さにまで雑草が繁殖している ②雑草の表面、根、茎、花など全ての場所に堆積している ③根に付いた土にも付着している	その1：草刈り機で刈り取り＋根の除去＋土のうに収納してPVA粉の散布＋直方体に整形＋堆肥ボックスへ収納して乾燥・体積圧縮 その2：農業用ネットを被せる＋雑草が繁殖したらネットを剥がし、雑草と根に付いた汚染土を固めて保管	①堆肥ボックス仮置き場を見つける ②堆肥ボックスで体積圧縮された雑草の後処理（埋め立てか焼却？）	○作業被曝問題があり、優先的に実施すべきである
畝と溝の土壌	①畝には、水に溶けたイオンの状態、腐植質などにゆるく結合している状態、岩石成分に固く結合している状態で放射性セシウムが存在している ②溝には、雨によって流し出された微細な腐植質、岩石成分に付着した放射性セシウムが堆積している	その1：溝に堆積した微細泥表面をスコップで除去＋除去後の土はPVAで固めて保管 その2：プルシアンブルー付着布を溝に敷く＋雨が降って微細泥が堆積したら布を剥ぐ＋PVAで固めて保管 その3：休耕中の畝には農業用ネットを被せておく＋マメ科牧草の種などを撒いて繁殖させる＋繁殖後はネットを剥いで雑草と雑草の根に付いた汚染土を除去する＋除去後の雑草と土はPVAで固めて保管	①土壌の岩石成分の種類などを調査して、放射性セシウムの吸着能力について知っておくと、除染方法に活かすことができる ②除去した汚染土壌や繊維製品は、仮置き場として堆肥ボックスへ入れておくことが考えられる ③中間貯蔵地が決まれば、そこへ運ぶ	◎食品汚染と作業被曝を防ぐ意味から最優先課題である
果樹園	①果樹園には、水に溶けたイオンの状態、腐植質などにゆるく結合している状態、岩石成分に固く結合している状態で放射性セシウムが存在している ②果樹園には果物樹木の根がはっており、根の周辺の土壌、雑草に放射性セシウムが蓄積している	その1：草刈り機で刈り取り＋根の除去＋土のうに収納してPVA粉の散布＋直方体に整形＋堆肥ボックスへ収納して乾燥・体積圧縮 その2：根をいためないように溝を掘る＋プルシアンブルー付着布を溝に敷く＋雨が降って微細泥が堆積をしたら布を剥ぐ＋PVAで固めて保管	①土壌の岩石成分の種類などを調査して、放射性セシウムの吸着能力について知っておくと、除染方法に活かすことができる ②除去した汚染土壌や繊維製品は、仮置き場として堆肥ボックスへ入れておくことが考えられる ③中間貯蔵地が決まれば、そこへ運ぶ	◎食品汚染と作業被曝を防ぐ意味から最優先課題である

	放射性セシウムの存在場所	除染方法と組合せ	問題点と今後の課題	除染の優先順位と理由（◎最優先、○優先、△着実）
水田の水取り入れ口	①山水、河川水、都市下水放流水などが流れ込む ②落葉、雑草の枯葉などが流れ込む ③腐植質や微細泥に付着した放射性セシウムが流れ込む	その1：水田入口に沈殿槽を設置して、落葉、浮遊泥、腐植質を沈殿させてから、水田へ水を入れる＋沈殿物は布の上に堆積させてとりあげる その2：沈殿槽設置場所がない場合、水田内に蛇行水路をつくり、セシウム吸着能力の高いバーミキュライト、モンモリナイトを詰めた土のうを並べてろ過する＋プルシアンブルー塗布布による吸着	①水がどこから来るのか、上流部の汚染源はどこなのかを、早急に調査測定して、水の入り口で放射性セシウムの侵入を防ぐ必要がある	○水田近くに山林など放射性物質の蓄積場所がある場合、緊急性がある
水田の水放流口	①水に溶けたイオンの状態で流れだす ②腐植質などにゆるく結合している状態で流れだす ③岩石成分に固く結合している状態のうち微細泥が水に乗って流れだす	その1：水田出口に沈殿槽を設置して、落葉、浮遊泥、腐植質を沈殿させてから、水田へ水を入れる＋沈殿物は布の上に堆積させてとりあげる	①下流の田畑へ放射性物質が流れだすので、放流についても可能な範囲で除染を行うことが必要	△下流への放射性物質侵入防止
水田横の側溝、水路	①落葉、雑草枯葉、微細泥等に付着した放射性セシウムが堆積している ②水に溶けた放射性セシウムが滞留している	その1：堆積物の除去＋固め剤を入れて土のう収納＋直方体形のプランターへ入れて汚染水を自然落下させる その2：汚染溜まり水はプランターなどに入れてから自然乾燥＋残渣をPVA粉で固めて土のう収納	①水田横の側溝から、田畑や河川等に放射性物質がどのように移動、侵入しているかを早急に調査測定して除染対策をたてること	○水田横、側溝には放射性物質が堆積しているホットスポットが存在している可能性が多く、優先的除染が必要
あぜ道	①雑草に放射性セシウムが吸収されている ②あぜ道の土壌表面に放射性セシウムが堆積しているだけでなく、枯れた雑草が腐植して堆積している	その1：草刈り機で刈り取り＋根の除去＋土のうに収納してPVA粉の散布＋直方体に整形＋堆肥ボックスへ収納して乾燥・体積圧縮 その2：農業用ネットを被せる＋雑草が繁殖したらネットを剥がし、雑草と根に付いた汚染土を固めて保管	①刈り取った雑草の仮置き場としては、敷地内に堆肥ボックスを置き、安全管理する	○作業被曝問題があり、優先的に実施すべきである

	放射性セシウムの存在場所	除染方法と組合せ	問題点と今後の課題	除染の優先順位と理由（◎最優先、○優先、△着実）
	③根に付いた土にも付着している			
水田土壌	①水に溶けたイオンの状態で ②腐植質などにゆるく結合している状態 ③岩石成分に固く結合している状態	その1：代かき＋浮遊泥自然沈降＋布によるすくい取り＋引き上げ＋乾燥＋汚染土をPVAで固めて保管 その2：代かき＋浮遊泥自然沈降＋布によるすくい取り＋プルシアンブルー付着布による吸着＋引き上げ＋乾燥＋汚染土をPVAで固めて保管 その3：陽イオン（アンモニウム、カリウムイオンなど）を投入＋代かき＋浮遊泥自然沈降＋布によるすくい取り＋プルシアンブルー付着布による吸着＋引き上げ＋乾燥＋汚染土をPVAで固めて保管 その4：代かき＋浮遊泥自然沈降＋ポンプによる浮遊泥水のろ過容器へのくみ上げ＋自然沈降＋上澄み水を水田へ返送＋堆積土の乾燥＋汚染土をPVAで固めて保管	①水田の除染には多様な方法が考えられるが、土壌を大量に剥ぐことなく、除去土砂量を可能な限り少なくすることが求められる ②代かき後の、浮遊泥濁水を水田の中ですくい取る方法と、ポンプでくみ出してろ過する方法があるが、費用、除去効率の面で一長一短であり、実証しながら検討していく ③陽イオン投入法については、どの陽イオン投入が一番除去効率がいいのかを検証する。カリウムイオンは水溶性の放射性セシウムを吸収抑制することが分かっている。アンモニウムイオンは、吸収抑制効果もあるがそれを上回って、有機物に付着している放射性セシウムの溶けだし効果が大きく、この二つの効果のバランスの結果、吸収効果が大きくなることが指摘されており、アンモニウムイオンを投入する場合は、吸着剤を入れることが必要である	○米は日本人の主食であり、汚染米の根本原因を断つためには、土壌汚染を失くすることが求められる ◎とくに、山林から放射性セシウムが水田へ流れ込む対策が急務である

	放射性セシウムの存在場所	除染方法と組合せ	問題点と今後の課題	除染の優先順位と理由（◎最優先、○優先、△着実）
道路わき側溝	①道路と側溝の境の段差部分に土砂や雑草が堆積しそこに蓄積している ②側溝の堆積物に付着している。側溝内の溜まり水には高濃度で滞留している ③側溝材質の表面下部まで浸透している可能性がある	その１：境界部の土砂及び雑草の除去＋固め剤を入れて土のう収納 その２：①少量水超高圧洗浄＋②洗浄水吸引＋③洗浄水ろ過	①業務用の重装備（少量水超高圧洗浄＋洗浄水吸引＋洗浄水ろ過）を、市町村単位で常備して、レンタル体制を確立する	◎通学路や公共的な通路の側にあるため、多くの人が内部、外部被曝する可能性がある
街路樹および街路樹下	①針葉樹、常緑樹の場合、葉の表面、幹に付着している ②根、幹、葉、実の中にも吸収されている ③根に付着している土、周辺の土壌にも蓄積されている ④樹木下の雑草にも蓄積されている	その１：針葉樹の場合は枝葉を剪定＋裁断＋PVA で固める＋土のう収納後直方体に整形 その２：2m より低い幹はブラシング＋吸引 その３：樹木下の落葉、雑草、土壌の除去＋PVA で固めて土のう収納後直方体整形 その４：除去後は農業用ネット被覆＋雑草繁殖後ネットを剥がす＋ PVA で固めて土のう収納後直方体整形	①樹木の凹凸がある幹表面には放射性セシウムが付着しているが、ブラシングで可能な範囲で落とす ②樹木下の土壌のどの深さまで浸透しているか確認する ③落葉は風で飛散する前に集めて固めてから土のう収納する	◎街路樹の近くにバス停などがあると、そこに多くの人が一定時間留まっている間に被曝する。通学路になっている場合も多い。住宅などに影響を及ぼしている。落葉が飛散して、側溝や道路端に堆積してホットスポットを形成している
業務用駐車場（コンクリート、アスファルト）	①駐車場と側溝の境の段差部分に土砂や雑草が堆積しそこに蓄積している ②駐車場素材の表面下部にまで浸透している ③凹凸のある表面では、凹部に埃や汚れが入り込みそこに付着している	その１：境界部の土砂及び雑草の除去＋固め剤を入れて土のう収納 その２：①少量水超高圧洗浄＋②洗浄水吸引＋③洗浄水ろ過	①業務用の重装備（少量水超高圧洗浄＋洗浄水吸引＋洗浄水ろ過）を、市町村単位で常備して、レンタル体制を確立する	◎通学路や公共的な通路側であり、車利用者の乗り降りのため、多くの人が内部、外部被曝する可能性がある
■水田				
雑草	①放置されている水田では、腰の高さにまで雑草が繁殖している ②雑草の表面、根、茎、花など全ての場所に堆積している	その１：草刈り機で刈り取り＋根の除去＋土のうに収納して PVA 粉の散布＋直方体に整形＋堆肥ボックスへ収納して乾燥・体積圧縮	①堆肥ボックス仮置き場を見つける ②堆肥ボックスで体積圧縮された雑草の後処理（埋め立てか焼却？）	○雑草が枯れると、再び土壌へ汚染が戻るし、風で飛散するので着実に雑草除去を実施する

	放射性セシウムの存在場所	除染方法と組合せ	問題点と今後の課題	除染の優先順位と理由（◎最優先、○優先、△着実）
敷石、通路	①敷石の間の隙間にあるコケや砂などに付着している ②通路の割れ目などに入り込んでいる。 ③敷石素材の表面下まで浸透している	その1：①敷石間及び敷石上部のブラシング＋吸引＋② PVA 下塗り＋③壁紙方式 その2：①敷石間及び敷石上部のブラシング＋吸引＋② PVA 下塗り（プルシアンブルー入り）＋③壁紙方式 その3：①少量水超高圧洗浄＋②洗浄水吸引＋③洗浄水ろ過	①敷石のどこまで浸透しているか確認してブラシング、下塗り方法を決める ②敷石間、通路の割れ目に入り込んでいるコケ、砂などの状態を見てブラシングを工夫する	◎住人が立ち入る機会が多く、外部被曝の恐れが高い
側溝、雨水桝	①道路と側溝の境の段差部分に土砂や雑草が堆積しそこに蓄積している ②側溝、雨水桝の堆積物に付着している。側溝内の溜まり水には高濃度で滞留している ③側溝、雨水桝の材質の表面下部まで浸透している可能性がある	その1：堆積物の除去＋固め剤を入れて土のう収納＋直方体形のプランターへ入れて汚染水を自然落下させる その2：汚染溜まり水はプランターなどに入れてから自然乾燥＋残渣を PVA 粉で固めて土のう収納 その3：①少量水超高圧洗浄＋②洗浄水吸引＋③洗浄水ろ過	①側溝の蓋があかない場合が多く、その場合はホースで吸引などを行う ②堆積物の仮置き場の保管に注意する	◎ホットスポットを形成している場合が多く、住人が内部、外部被曝する可能性がある
■公共用道路、側溝、業務用駐車場				
コンクリート（高速道路の橋脚、側壁など道路関係構造物を含む）	①コンクリート表面の少し下まで浸透している ②表面凹凸部の小さな穴に、埃、汚れなどが入り込みそこに付着している	その1：①少量水超高圧洗浄＋②洗浄水吸引＋③洗浄水ろ過	①業務用の重装備（少量水超高圧洗浄＋洗浄水吸引＋洗浄水ろ過）を、市町村単位で常備して、レンタル体制を確立する	◎通学路や公共的な通路であるため、多くの人が内部、外部被曝する可能性がある
アスファルト	①アスファルト成分の中にまで浸透している。 ②表面凹凸部には、埃、汚れなどが入り込みそこに付着している	その1：①少量水超高圧洗浄＋②洗浄水吸引＋③洗浄水ろ過	①業務用の重装備（少量水超高圧洗浄＋洗浄水吸引＋洗浄水ろ過）を、市町村単位で常備して、レンタル体制を確立する	◎通学路や公共的な通路であるため、多くの人が内部、外部被曝する可能性がある

	放射性セシウムの存在場所	除染方法と組合せ	問題点と今後の課題	除染の優先順位と理由（◎最優先、○優先、△着実）
芝生	①芝生葉の表面に付着している ②根や茎にも吸収されている ③根に付着している土にも蓄積されている	その1：①芝生を根ごとスコップですくい取る＋②土のうに入れてPVA粉で固めて直方体に整形する＋除去後は新たな汚染されていない芝の植栽	①芝生の下の土のどこまで汚染が浸透しているかを確認する ②仮置き場の確保が課題	◎敷地内で人の立ち入りが頻繁な場所にあり、外部被曝と、枯れた芝の場合は内部被曝の恐れがある
雑草、植栽（草花）	①雑草、草花の葉、茎、花の表面に付着している ②根、茎、葉の中にも吸収されている ③根に付着している土にも蓄積されている	その1：①敷地内で一定レベルの汚染が確認された場合、草花を全て除去する＋②土のうに入れてPVA粉で固めて直方体に整形する＋除去後は新たな汚染されていない草花の植栽	①雑草、草花の下の土のどこまで汚染が浸透しているかを確認する ②仮置き場の確保が課題	◎敷地内で人の立ち入りが頻繁な場所にあり、外部被曝と、枯れた芝の場合は内部被曝の恐れがある
樹木	①針葉樹、常緑樹の場合、葉の表面、幹に付着している ②根、幹、葉、実の中にも吸収されている ③根に付着している土、周辺の土壌にも蓄積されている ④樹木下の雑草にも蓄積されている	その1：針葉樹の場合は枝葉を剪定＋裁断＋PVAで固める＋土のう収納後直方体に整形 その2：2mより低い幹はブラシング＋吸引 その3：樹木下の落葉、雑草、土壌の除去＋PVAで固めて土のう収納後直方体整形 その4：除去後は農業用ネット被覆＋雑草繁殖後ネットを剥がす＋PVAで固めて土のう収納後直方体整形	①樹木の凹凸がある幹表面には放射性セシウムが付着しているが、ブラシングで可能な範囲で落とす ②樹木下の土壌のどの深さまで浸透しているか確認する ③落葉は風で飛散する前に集めて固めてから土のう収納する	◎2階の窓など接近している場合が多く、住宅内へγ線が侵入している。樹木下の土壌がホットスポットになっている。隣の家の窓や壁に近く、汚染の原因になっている場合も多い。住宅から道路へはみ出して通学路などにも影響を及ぼしている
屋根なし駐車場（コンクリート、アスファルト）	①コンクリート、アスファルト表面下まで浸透している ②表面の穴の中の埃や汚れに付着している ③雨垂れ跡などにも蓄積している	その1：①蓄積部分のブラシング＋吸引＋②PVA下塗り＋③壁紙方式 その2：①蓄積部分のブラシング＋吸引＋②PVA下塗り（プルシアンブルー入り）＋③壁紙方式	①コンクリート、アスファルトのどこまで浸透しているか確認してブラシング、下塗り方法を決める	◎住人が立ち入る機会が多く、外部被曝の恐れが高い

	放射性セシウムの存在場所	除染方法と組合せ	問題点と今後の課題	除染の優先順位と理由（◎最優先、○優先、△着実）
		その2：①蓄積部分のブラシング＋② PVA 下塗り（プルシアンブルー入り）＋③壁紙方式		
クッションフロア・ベランダ	①クッションフロアの表面下部に浸透している	その1：①蓄積部分のブラシング＋吸引＋② PVA 下塗り＋③壁紙方式 その2：①蓄積部分のブラシング＋② PVA 下塗り（プルシアンブルー入り）＋③壁紙方式	①クッションフロアのどこまで浸透しているか確認してブラシング、下塗り方法を決める	◎住人が立ち入る機会が多く、外部被曝の恐れが高い
コンクリート	①コンクリート表面下まで浸透している ②表面の穴の中の埃や汚れに付着している ③雨垂れ跡などにも蓄積している	その1：①蓄積部分のブラシング＋吸引＋② PVA 下塗り＋③壁紙方式 その2：①蓄積部分のブラシング＋② PVA 下塗り（プルシアンブルー入り）＋③壁紙方式 その3：①少量水超高圧洗浄＋②洗浄水吸引＋③洗浄水ろ過	①コンクリートのどこまで浸透しているか確認してブラシング、下塗り方法を決める	◎住人が立ち入る機会が多く、外部被曝の恐れが高い
■庭、植栽、駐車場				
土壌	①少し固い土、粘土質の場合は数 cm の深さまでに留まっている ②柔らかい土、砂地のような場合は、10cm 以下にまで達していることがある ③雨樋など放出水が多量に流れだしている土壌には 1m 以下にまで達している場合がある	その1、土壌が乾いている場合：① PVA 粉、デンプン粉を除去する土壌に混ぜ合わせて少し水をまき固める②スコップで汚染範囲土壌をすくい取り、土のうに入れて形を直方体に整形する その2、土壌が湿っている場合：PVA 粉、デンプン粉を湿っている土壌に散布して汚染範囲内で混ぜ合わせて固める②スコップで土のうにすくい取り直方体に整形する	①土壌の汚染深さ、表面面積を綿密に測定しておく必要がある ②除去した土のう入りの汚染土壌は、仮置き場に穴を掘り、ブルーシートの上に無駄な空間がないように並べ、上部には 20cm 程度の非汚染土壌を被せておく必要がある ③仮置き場の確保が課題	◎住宅地内の土壌は、人が立ち寄る場所にあり、ホットスポットを形成している場合もあり最優先で除去すべきである。外部被曝の恐れだけでなく、乾燥時には土埃として空気中に舞い上がるため内部被曝の恐れもある

	放射性セシウムの存在場所	除染方法と組合せ	問題点と今後の課題	除染の優先順位と理由（◎最優先、○優先、△着実）
板張り（表面塗装）	①板張り塗装の表面下部に浸透している	その1：①蓄積部分のブラシング＋吸引＋②PVA 下塗り＋③壁紙方式 その2：①少量水超高圧洗浄＋②洗浄水吸引＋③洗浄水ろ過	①板張り塗装のどこまで浸透しているか確認する必要がある ②高所作業については足場を組む必要があり専門業者に依頼する	○高さが 2m より低い場所（建物外での外部被曝） △高さが 2m より高い場所（高所作業で困難、放射線量はそれほど高くない）
ガラス窓	①ガラス表面の埃、汚れに付着している	その1：①下塗り（水）＋②壁紙方式	①雑巾などでは細部までが拭きとれない	◎室内への γ 線の侵入
■住宅の室内				
玄関回りのコンクリート	①コンクリート表面に靴についてきた土砂などが堆積している可能性がある ②表面の穴の中の埃や汚れに付着している	その1：コンクリート表面の土砂を粘着ローラーでとる その2：表面の小さな穴に入っている埃や汚れについては、ブラシング＋吸引＋ PVA 下塗り＋壁紙方式による剥離	①靴などの土砂を玄関に入れないように配慮する	◎玄関内は、住人が頻繁に通過するポイントであり、外部、内部被曝の両面からも早急に除染する必要がある
内壁	①内壁の汚染レベルはそれほど高くないと想定される	その1：粘着ローラーにより剥離 その2：下塗り（水）＋壁紙方式で剥がす	①内壁の汚染があるような場合、その侵入経路をつきとめて、汚染防止をしなければならない	◎汚染がある場合は、最優先
窓	①窓の開いている機会が多い場合、窓ガラスの埃などに付着している	その1：下塗り（水）＋壁紙方式で剥がす	①窓からの侵入を防ぐ必要がある	◎汚染がある場合は最優先
カーテン	①窓の開閉が多い場合、カーテンの埃に付着している	その1：カーテンの洗濯	①窓からの侵入を防ぐ必要がある	◎汚染がある場合は最優先
床	①窓の開閉が多い場合、カーテンの埃に付着している外からの埃などが堆積している	その1：下塗り（水）＋壁紙方式で剥がす	①窓や玄関からの侵入を防ぐ	◎汚染がある場合は最優先
■ベランダ				
板張りベランダ	①板の表面下部に浸透している	その1：①蓄積部分のブラシング＋吸引＋②PVA 下塗り＋③壁紙方式	①板張り塗装のどこまで浸透しているか確認してブラシング、下塗り方法を決める	◎住人が立ち入る機会が多く、外部被曝の恐れが高い

	放射性セシウムの存在場所	除染方法と組合せ	問題点と今後の課題	除染の優先順位と理由（◎最優先、○優先、△着実）
		その3：①剥がし液＋②壁紙方式＋補修用塗料上塗り その4：①少量水超高圧洗浄＋②洗浄水吸引＋③洗浄水ろ過 その5：天井裏に鉛板を敷く		
樋	①雨樋端の部分に堆積した埃、汚れ、落葉などに付着している ②樋の材質塗装表面、プラスチック材質表面にも浸透している可能性がある	その1：①蓄積部分のブラシング＋吸引＋②PVA 下塗り＋③壁紙方式	①高所作業の安全確保（ハウジングメーカー、土木・工務店などの専門業の協力が必要） ②瓦と瓦の重なり部分などのブラシング方法の選択	◎ γ 線が屋根を突き抜けて侵入するため、住宅2階の放射線量が高い原因になっており、最優先的除染対象
天窓、太陽電池パネル	①ガラスやシリコン板表面に堆積した埃や汚れに付着している	その1：①下塗り（水）＋②壁紙方式	①高所作業の安全確保（ハウジングメーカー、土木・工務店などの専門業の協力が必要） ②材質のどこまで浸透しているか確認してからブラシング方法の選択	◎ γ 線が屋根を突き抜けて侵入するため、住宅2階の放射線量が高い原因になっており、最優先的除染対象
モルタル塗り	①モルタル表面下まで浸透している。雨垂れ跡などにも蓄積している	その1：①蓄積部分のブラシング＋吸引＋②PVA 下塗り＋③壁紙方式 その2：①少量水超高圧洗浄＋②洗浄水吸引＋③洗浄水ろ過	①モルタルのどこまで浸透しているか確認する必要がある ②高所作業については足場を組む必要があり、専門業者に依頼する	○高さが 2m より低い場所（建物外での外部被曝） △高さが 2m より高い場所（高所作業で困難、放射線量はそれほど高くない）
コンクリート	①コンクリート表面下まで浸透している。雨垂れ跡などにも蓄積している	その1：①蓄積部分のブラシング＋吸引＋②PVA 下塗り＋③壁紙方式 その2：①少量水超高圧洗浄＋②洗浄水吸引＋③洗浄水ろ過	①コンクリートのどこまで浸透しているか確認する必要がある ②高所作業については足場を組む必要があり、専門業者に依頼する	○高さが 2m より低い場所（建物外での外部被曝） △高さが 2m より高い場所（高所作業で困難、放射線量はそれほど高くない）
板張り	①板の表面下部に浸透している	その1：①蓄積部分のブラシング＋吸引＋②PVA 下塗り＋③壁紙方式 その2：①少量水超高圧洗浄＋②洗浄水吸引＋③洗浄水ろ過	①板のどこまで浸透しているか確認する必要がある ②高所作業については足場を組む必要があり専門業者に依頼する	○高さが 2m より低い場所（建物外での外部被曝） △高さが 2m より高い場所（高所作業で困難、放射線量はそれほど高くない）

■ 2 場所・材質別の放射性セシウム存在形態と除染方法の組合せ

	放射性セシウムの存在場所	除染方法と組合せ	問題点と今後の課題	除染の優先順位と理由（◎最優先、○優先、△着実）
■住宅の屋根				
和風瓦葺き	①瓦表面の少し下の粘土成分にまで浸透している ②瓦形状凹部の水垢跡や、瓦と瓦が重なった部分には蓄積している。瓦表面に堆積した埃や汚れコケなどにも付着している	その 1：①蓄積部分のブラシング＋吸引＋②PVA 下塗り＋③壁紙方式による剥離＋補修用塗料上塗り その 2：①蓄積部分のブラシング＋吸引＋②PVA 下塗り（プルシアンブルー入り）＋③壁紙方式による剥離＋補修の塗料上塗り その 3：①少量水超高圧洗浄＋②洗浄水吸引＋③洗浄水ろ過 その 4：天井裏に鉛板を敷く	①高所作業の安全確保（ハウジングメーカー、土木・工務店などの専門業の協力が必要） ②瓦と瓦の重なり部分などのブラシング方法の確立	◎γ線が屋根を突き抜けて侵入するため、住宅 2 階の放射線量が高い原因になっており、最優先的除染対象
スレート葺き（表面防水塗装） コンクリート瓦（表面塗装）	①防水材が健全であれば表面より少し下の部分までの浸透で留まっており、スレート材にまでは浸透していない ②防水材が劣化している場合は、スレート材、コンクリートにまで浸透している可能性がある。 ③表面凹部の穴に堆積している埃、汚れに付着している	その 1：①蓄積部分のブラシング＋吸引＋②PVA 下塗り＋③壁紙方式による剥離＋補修用塗料上塗り その 2：①蓄積部分のブラシング＋② PVA 下塗り（プルシアンブルー入り）＋③壁紙方式による剥離＋補修用塗料上塗り その 3：①剥がし液＋②壁紙方式＋補修用塗料上塗り その 4：①少量水超高圧洗浄＋②洗浄水吸引＋③洗浄水ろ過 その 5：天井裏に鉛板を敷く	①高所作業の安全確保（ハウジングメーカー、土木・工務店などの専門業の協力が必要） ②塗装表面のどこまで浸透しているか確認してから方法を選択する	◎γ線が屋根を突き抜けて侵入するため、住宅 2 階の放射線量が高い原因になっており、最優先的除染対象
トタン葺き（表面防水塗装）	①防水塗料が健全であれば、表面より少し下の部分の浸透で留まっている ②塗料が劣化していたりひび割れがある場合は、塗装下部にまで浸透している	その 1：①蓄積部分のブラシング＋吸引＋②PVA 下塗り＋③壁紙方式による剥離＋補修用塗料上塗り その 2：①蓄積部分のブラシング＋② PVA 下塗り（プルシアンブルー入り）＋③壁紙方式による剥離＋補修用塗料上塗り	①高所作業の安全確保（ハウジングメーカー、土木・工務店などの専門業の協力が必要） ②塗装表面のどこまで浸透しているか確認してから方法を選択する	◎γ線が屋根を突き抜けて侵入するため、住宅 2 階の放射線量が高い原因になっており、最優先的除染対象

除染方法と場所	除染原理の説明	製品の入手・制作法
三次元布	①水に浮遊する微細泥、腐食質などを三次元布に自然落下させて水から引き上げると、こぼれ落ちる量が少なくて捕集効率が高い ②汚濁水を容器にポンプアップしてから、ろ過布として三次元布を使用する	①三次元布は現在、ある繊維メーカーと開発中である。通常の布よりコストは高いが、再利用可能である
〈土のう取り囲み＋布敷きつめ〉法	①森林の場合、樹木の周囲や山裾と田畑の境界ラインに、放射性セシウム吸着能力の高い岩石成分を詰めた土のうを並べる ②土のうの内側に布を敷きつめ、微細泥、腐植質、落葉などを堆積させてから布ごと除去する	①使用するのは、土のう、岩石成分、布だけである ②岩石成分は、地元の土の吸着能力が高い場合、非汚染土壌を土のうに詰めて使用してもよい
植物の転流汚染防止法	①米、茶、タケノコ、果樹、野菜などの葉、枝、幹などに直接付着した放射性セシウムは、吸収されて米の実、新しく出てくる茶の葉、タケノコ、果樹の実、野菜の組織内に吸収される	①少量水使用ブラシング＋吸引 ②汚染された葉・枝の剪定 ③剪定された葉、枝の、堆肥ボックスにおける安全管理
汚染可燃物のダイオキシン除去焼却炉による焼却法	①雑草、剪定枝、落葉、除染で使用した布、衣服などの可燃物を、ダイオキシン除去が可能なバグフィルター、電気集塵機等の除去設備付きの焼却炉で高温燃焼させる。そうすると集塵機やバグフィルターには、ごみに含まれる塩素成分と放射性セシウムがガス状になって入り込み、圧倒的に少ない質量のセシウムが多量に存在する塩素と結合して安定的に塩化セシウムになる。生成された塩化セシウムは常温で結晶となりダストに付着したり炉材に付着して飛灰に高濃度で濃縮され、除去される ②除染で生じた可燃物は、安全保管処理をした後、焼却炉による燃焼処理を行う	①市町村等ですでにダイオキシン除去仕様で設置されている既存の焼却炉で、放射性セシウム高濃度汚染可燃物でも十分除去できる ②森林等の除染で生じた、樹木、下草、落葉などについては、バイオマスエネルギーとして燃焼させ、ごみ発電を行うことができる

除染方法と場所	除染原理の説明	製品の入手・制作法
陽イオン(アンモニウム、非放射性セシウム、など)投入・置換法	①汚染土壌に陽イオンを投入すると、腐植質、岩石成分に付着している放射性セシウムと置換され、水に溶けだすことがわかっている ②陽イオン投入後は土壌の「代かき」や「かき混ぜ」を行い、イオン交換を促進させる ③溶けだした放射性セシウムを、プルシアンブルーや岩石成分で吸着させて除去する	①陽イオンとして、非放射性セシウムの置換能力が優れているが、アンモニウムイオンの効果も確認されている ②水田、池、海等の底に堆積した有機物は酸素が少ない嫌気的（還元）状態では、嫌気バクテリアの作用で有機物が分解してアンモニアイオンとして溶けだすことが分かっている。そのため、有機物に付着していた放射性セシウムも水に溶けだしてくる可能性がある。この場合、水に溶けた放射性セシウムも吸着する除染を行う必要がある ③陽イオンは、塩化セシウム溶液（非放射性セシウムの毒性は食塩程度であることがわかっている）、硫酸アンモニウム、酢酸アンモニウム溶液として投入することが考えられる ④陽イオン投入法は水田などにおける「究極の除染方法」であり、種々の実証実験を行い、効果や安全性について十分確認する必要がある
〈畝と溝の落差利用＋布敷きつめ待ち受け〉法 ＊注　この方法は、畑だけでなく、果樹園、水田（休耕田）でも応用できる	①畝を耕し、雨水で微細泥、腐植質が溶けだしやすいようにしておく ②溝に平織り布（水に溶けたセシウムも吸着するにはプルシアンブルー付着布を使用する）を敷きつけておく ③雨が降ると、畝から微細泥、腐植質が自然に流れだし布の上に堆積する ④自然乾燥してから布に堆積した微細泥、腐植質を取り除き PVA で固めて安全管理する ⑤畝については、「農業用ネットによる雑草除去法」を併用する	①使用するのは平織りの綿布 ②水に溶けたセシウムも吸着する場合はプルシアンブルー付着布 ③「農業用ネットによる雑草除去法」を併用する場合は、農業用ネットが必要

除染方法と場所	除染原理の説明	製品の入手・制作法
〈代かき＋汚濁水ポンプアップ＋三次元布ろ過＋ろ過水放流＋乾燥処理〉法	上記の方法を、より時間短縮するため、ポンプアップ後に三次元布でろ過をする	三次元布は現在、あるメーカーと開発中。コストは高いが、再利用可能
〈代かき＋プルシアンブルー付着布敷きつめ＋回収処理〉法	①代かき後、プルシアンブルー付着不織布を底に敷きつめ、一定時間後に引き上げ、水に溶けた放射性セシウムをプルシアンブルーに吸着させて除去する ②使用後の、プルシアンブルー付着布はPVAで固めて安全処理後、保管する ③〈プルシアンブルー敷きつめ＋回収〉法は、畑、果樹園、池、河底、海底などにも応用可能	①プルシアンブルー付着布は、ダイオー化成で制作されている ②プルシアンブルーを使用するためコストが高くなる
岩石成分（モンモリナイト、バーミキュライト、ゼオライト、地元で入手可能な岩石成分など）による吸着法	①上記の方法において、プルシアンブルー付着布の代わりに、代かき後に袋に入れた岩石成分を投入して、一定時間後に引き上げる ②ゼオライト、バーミキュライトなど市販されている岩石製品に代わって、地元の非汚染土壌から岩石成分を取り出して使用すれば、入手が簡単でコスト的に安くつく。地元の岩石成分が何かを調べる必要がある	①上記に比べてコストは安いが、除去した岩石成分の体積が大きく、仮置き場の確保に問題がある ②水田、畑、森林、河川、池、海等で水溶性の放射性セシウムを吸着・除去する有力な方法であり、除去物の仮置き場を、例えば地域内森林として、除去した土のうを、森林から腐植落葉や微細泥が田畑へ侵入することを防ぐトラップ土のう材として使用することが考えられる
水田におけるカリウム肥料投入法	①水田においてカリウムイオンが不足していると、放射性セシウムの吸収量が増えることが実証されている ②これは、稲にカリウムが不足していると過剰に放射性セシウムを吸収してしまうためである ③あらかじめ、水田にカリウム肥料を投入しておくと、放射性セシウムの過剰吸収を避けることができる ④高濃度汚染水田に多量のカリウムを投入すると、土壌の塩基のバランスを変えて悪影響を及ぼすことが指摘されている	①市販されているカリウム肥料を使用すればよい ②カリウムもセシウムもアルカリ金属第1族の同じ仲間で1価の陽イオンである。1価の陽イオンを水田に投入すると、稲にカリウムが吸収され、後からセシウムが過剰吸収されることを防ぐ効果と、水田中の腐植質などに付着した放射性セシウムを溶けださせる効果もある。後者は、吸収量を増やす効果があるが、この二つの効果が拮抗する。カリウムの場合は、溶けだしの効果が弱く、過剰吸収抑制効果の方が大きいと考えられる

除染方法と場所	除染原理の説明	製品の入手・制作法
	③仮置きは当面の措置であって、県や市町村は中間貯蔵地を設置してそこへ引き取るか、東電が直接引き取ることを保証すること	
〈代かき＋布敷きつめ＋自然沈降＋布回収＋乾燥処理〉法	①水田などが放射性セシウムに汚染された場合、水を入れて土壌をかき混ぜ「代かき」をすると汚濁水ができる ②この汚濁水を2日間位放置すると、少し大きな粒子だけでなく、汚濁水を形成していた約30μ以下の微細泥（岩石成分、シルト）も沈殿して、透明な上澄み水が残る ③この上澄み水に放射性セシウムはほとんど残っていないことが多くの文献で報告されている。このメカニズムは、水田の除染方法にとって大切である ④水田土壌には、水に溶けた状態、腐植質にゆるく結合した状態、岩石成分に固く結合した状態のセシウムが混在している。「代かき」をすると、腐食質にゆるく結合していたセシウムが離れて水に溶けた状態へ移行する。同時に、「代かき」によって汚染されていない岩石成分も巻きあげられ、それが水に溶けたセシウムを吸着し、2日間くらいで自然沈降する。その結果として「上澄み水には放射性セシウムは残らない」というメカニズムが生じる ⑤「代かき」後、水田の底に綿布などを敷きつめ、自然沈降を待って、沈降汚泥を拡散させないように下受け板の上に斜めにして容器に引き上げ、放射性セシウムを吸着した汚泥を除去して乾燥処理し、布は乾燥させて再利用する	①「代かき」に使用すべき機械は、トラクター、耕運機である ②あとは、布（大量に使用するため綿布など比較的安価なもの）、回収容器（衣装箱。大きな道具箱のようなもの）があれば実施可能
〈代かき＋汚濁水ポンプアップ＋自然沈降＋上澄み水放流＋沈降汚泥自然乾燥処理〉法	①代かき後、ポンプアップして容器（衣装箱、大きな道具箱など）へ回収する ②2日位放置して汚濁成分の自然沈降を確認してから、上澄み液を水田へ返す ③容器の底に堆積した汚泥は自然乾燥させて底から除去し、PVAで固めて土のうに入れて安全保管する	①この方法は、水田の汚濁水をポンプアップするため、被曝量も少なくすむ。ただし、大量の容器、容器を置く場所が必要であるが、安価でシンプルな方法

除染方法と場所	除染原理の説明	製品の入手・制作法
雑草吸収法	雑草は、庭、道路端、田畑、山裾など放っておいても勝手に生えてくる。雑草は、土壌の放射性セシウムを吸収しており、有力なバイオメディレーション除染材である。雑草を除染材として評価し積極的に刈り取り、堆肥ボックスなどで乾燥、堆肥化、安全保管を行う	ホームセンターで雑草刈り取り機は販売されている
農業用ネットによる雑草除去法	雑草を刈り根を取った後、農業用ネットを被せその上からマメ科、イネ科牧草の種など移行係数の大きな雑草をまいておくと、セシウムを吸収して成長し、その後にネットを剥がせば、雑草吸収と根に付いた土に付着しているセシウムの両方を取り除くことができる	ホームセンターで農業用ネットは販売されている。雑草の葉の大きさに合わせて、葉がネットをすり抜けるように網目の大きさを選ぶ必要がある
堆肥ボックス仮置き法	①田畑、果樹園、森林、河川敷などにおいて刈り取った雑草や、除染に使用した土壌付着繊維などを一時保管しておく。木製立方体形で底はなく側面は隙間を開けて平板をはりつけただけの簡単な構造である。底の部分に炭やバーミキュライトなどを敷きつめておくと汚染水の土壌浸透を防ぐことができる。生ゴミなどを入れると堆肥化を促進できる ②堆肥ボックスで十分に体積減少された除去物が満杯になった際には、PVAで固めて「埋め立て仮置き法」を行う	堆肥ボックスは1m × 1m × 1mくらいの木製で、1辺が10cm程度の4本の角材と1.5cmくらいの厚さの板があれば、だれでもすぐに作れる。$1m^3$の堆肥ボックスで$100m^2$くらいの刈り取った雑草を詰め込むことができる
敷地、地域内埋め立て仮置き法	①民家敷地内の除染によって生じた土壌、雑草、繊維などの汚染除去物は、PVA等で固めて土のうに入れて直方体に整形し、敷地内に仮置き場をみつけて穴を掘り、ブルーシートを敷き、無駄な空間がないように並べて、ブルーシートの被いの上から非汚染土壌を20cm程度被せておけば、空間放射線量は1 μSv/h以下にすることができる ②庭などの仮置き空間がない住宅の場合、町内会単位で「地域内仮置き場」をみつけ、そこへ同様の処理をして仮置きをする。この際に、仮置き場をどこにするのかについては、町内会で十分な意見合意形成を行う必要がある	①使用する除染製品は、土のう、PVA、ブルーシート、スコップなどで、全て市販されている ②敷地内に穴を掘る作業は被曝リスクが大きいし人力では作業効率に限界があり、ミニパワーシャベルなど土木機械の導入を積極的に行う必要がある

除染方法と場所	除染原理の説明	製品の入手・制作法
〈少量水超高圧洗浄＋洗浄水吸引＋洗浄水ろ過〉方式	屋根材、コンクリート、アスファルト、敷石、壁などに浸透している放射性セシウムを効果的に除去する汎用除染法である。除染先端部は円筒形の密閉容器でできており、超高圧少量水ビーム４本を回転させて表面汚染を除去し、すぐに吸引してから汚染水をろ過するすぐれもの。通常の高圧洗浄機のように環境中の放射性物質が拡散されることはない。円筒形容器の先端に毛あしがついているため凹凸素材にも対応できる。超高圧ポンプ機、吸引車はそれぞれ４トン車に積み込まれており重装備である。屋根や壁や天井などを除染するハンディータイプもある	名古屋の株式会社「ダイセイ」がシステム配備している。ただし、ろ過装置については製品化中
〈ブラシング＋吸引〉法	①屋根材、アスファルト、コンクリートなどの素材には表面より少し下に放射性セシウムが浸透しており、ワイヤブラシ、洗車ブラシなどで少量の水を使用して擦るとかなりの削減効果があることが実験でわかっている ②少量の洗浄水は業務用の掃除機で吸引する。回収された汚染水の放射性セシウムは、プルシアンブルー付着布で吸着させてから、水を放流する ③その後の、とり残しの放射性物質については壁紙方式で吸着する	①ホームセンターで既製品のブラシが販売されている。汚染素材の固さに応じて、ブラシの素材を選ぶ ②少量水でブラシングした汚染水は、市販の業務用掃除機で吸引して回収し、回収水はプルシアンブルー布を投入して吸着後に放流する ③〈ブラシング＋吸引〉装置は株式会社「ライナックス」の試作品を使用している
剥がし液＋吸着	①スレート、トタン葺き屋根などの塗料が劣化している場合、放射性セシウムは素材下にまで浸透している可能性があり、塗料を剥いでから素材の除染をしなければならない。その際の、塗料剥がし液は綿布で吸着させて除去する ②剥がし液で剥がされた汚染塗料は、壁紙方式で吸着回収する	ホームセンターで既製品の剥がし液が販売されている
土壌・雑草固め法	放射線量の高い汚染土壌を飛散させずに除去したり、乾燥土壌の飛散を防止する目的に PVA の粉を使用する。粉状態で散布して土壌と混ぜ合わせて固め、土のうに収納して直方体に整形し、体積圧縮を実現する。刈り取った雑草なども同様に固める	株式会社「日本合成化学」で製造販売している

6　放射能除染プログラム

(1)「プログラム」とは、除染実施責任者が「どこを、どの方法で、いつまで（優先順位）に除染するか」計画をたてることである。

(2) 除染方法は、放射性のセシウムの①存在形態、②存在場所、③除染方法の原理から系統的に導きだされたものである。

(3) 除染方法は①文献による知見、②原理による構想、③基礎実験、④実証実験という段階を経て実用化されるが、ここで紹介する方法の中で、特に森林、河川、海、池などの除染方法は、実証実験を行っていない段階であることに留意してください。

(4) 可能な限り、関係住民が実施できる除染方法を取り入れているが、高所作業など一部については専門業者に委託する。

(5) 田畑、森林は、高濃度汚染地域を除き土壌を剥ぐことのない「微細泥の選択的捕捉」「放射性セシウムの吸着法」が採用されている。

(6) 除染作業で生じた汚染除去物のうち、可燃物についてはダイオキシンが除去できる焼却炉で焼却処理を行う。

(7) 可能な限り①シンプル、②ローコストな方法を取り入れている。

■1　除染方法と原理

除染方法と場所	除染原理の説明	製品の入手・制作法
壁紙方式	屋根材、コンクリート、アスファルト、敷石、壁、ガラスなどに浸透・付着している放射性セシウムを除去するための汎用除染法である、ポリエステルなどの平織り布に PVA 膜を塗布しておく壁紙のような製品がある。これを汚染素材に張り付け、セシウムを PVA に吸着させて剥ぎ取る方法。セシウムが材質に浸透している場合は、下塗りに濃度の濃い PVA を塗る。埃のように素材上に乗っているだけの場合は、水を下塗りに使う。下塗りの PVA にプルシアンブルーを混入させて吸着力を強化する場合もある	京都の株式会社「大力」が製品化している。下塗り用の PVA 液、プルシアンブルー入り下塗り液とともに購入する必要がある

16,000 km^2 に及ぶ。

(4) 年間 1 mSv の地域では、平均土壌汚染は 1,500 Bq/kg、雑草汚染は 120 Bq/kg である。

(5) 1 mSv を超える市町村名は、文部科学省のモニタリングデータから読み取ることができるので、当該市町村は認識しておく必要がある。

■文部科学省のモニタリングデータから読み取れる影響

文部科学省ではセシウム 134、137 の合計量が 10,000 Bq/m^2 を超える地域を、「福島第一原発の影響があった地域」としている。この面積は 30,000km^2 にも及ぶ。

	空間放射線量（μSv/h）	土壌汚染（Bq/kg）	雑草汚染（Bq/kg）
1万 Bq/m^2	0.0362	239	20
3万 Bq/m^2	0.109	717	59
6万 Bq/m^2	0.217	1435	118
10万 Bq/m^2	0.362	2390	197
30万 Bq/m^2	1.086	7170	591
60万 Bq/m^2	2.172	14340	1183
100万 Bq/m^2	3.623	23900	1971
300万 Bq/m^2	10.87	71700	5915

〈初期状態を1とした場合の減衰率〉

経過年数	セシウム134	セシウム137	セシウム134、137が同程度存在している場合
1年	0.719	0.976	0.848
2年	0.5	0.954	0.727
5年	0.192	0.891	0.542
10年	0.036	0.794	0.415
20年	0.002	0.631	0.317
30年	0.0	0.5	0.25

■空間放射線量（μSv/h）、土壌汚染（Bq/m²）、土壌汚染（Bq/kg）、雑草汚染（Bq/kg）の換算表

	1m高さの空間放射線量（μSv／h）	土壌汚染（Bq/m²）	土壌汚染（Bq/kg）	雑草汚染（Bq/kg）
1m高さの空間放射線量（μSv/h）	1	0.00000362	0.000153	0.00186
土壌汚染（Bq/m²）	276,000	1	48.8	592
土壌汚染（Bq/kg）	6,530	0.0205	1	12.1
雑草汚染（Bq/kg）	538	0.00169	0.0825	1

■除染すべき範囲の基準、年間1 mSv以上の範囲はどこか

(1) 環境省の技術基準によると、年間1mSvは、空間放射線量に換算すると0.23 μSv/hである。

(2) この範囲は換算表から計算すると63,500 Bq/m²である。

(3) 文部科学省のモニタリング調査結果によると、その範囲は北から宮城、福島、茨城、栃木、群馬、埼玉、千葉、東京の8都県におよび、面積は約

5　環境影響評価

環境影響評価は、環境側面（原因）から判断して、良い影響、悪い影響を評価することである。

(1)　放射性セシウムによる外部被曝と内部被曝の影響

(2)　放射性セシウムの半減期による放射線の減衰

(3)　除染すべき影響範囲の特定など

■放射性セシウムによる外部被曝と内部被曝

(1)　セシウム134、137はβ線、γ線を放出する。

(2)　β線は高速で放出された電子（粒子）であり、薄いアルミ板で遮蔽することができる。

(3)　γ線は電磁波であり、透過力が強く、10cm程度の鉛板でないと遮蔽できない。そのため、防護服程度で外部被曝を防げないし、屋根や壁板なども透過してしまう。

(4)　β線は体内に放射性セシウムを取り込んだ時の内部被曝の影響が大きく、γ線は外部被曝だけでなく内部被曝の影響も問題となる。

(5)　放射性セシウムは体内に取り込まれると、主として筋肉に蓄積されるためあらゆる臓器に配分される。体内からは約3か月（生物的半減期）で排出されるが、摂取し続ければ蓄積量も増えていき、その間に細胞や遺伝子に悪影響を与える。

■放射性セシウムの半減期による放射線の減衰

◎原発事故から半年までであれば、ヨウ素、テルルなど他の核種も残っていたが、2011年12月現在では、ほとんどがセシウム134、137であり、ほぼ同量が存在している。

がし液＋壁紙方式〉のように組合せで使用するときに、ブラシング除去物を吸着したり、剥がし液除去物を吸着して効果を発揮する。

(Bq/kg はセシウム 134 と 137 の合計量)

	サンプル3(Bq/kg) カッコ内は除去率	サンプル4(Bq/kg) カッコ内は除去率	サンプル5(Bq/kg) カッコ内は除去率
初期状態	3100　(0%)	4840　(0%)	3680　(0%)
壁紙方式による除染	2570　(17%)	4320　(10.7%)	2970　(19.3%)

■屋根における放射性セシウム存在形態と除染方法のまとめ

(1) 塗料上塗り屋根材の放射性セシウムは、塗料表面下部に侵入している。塗料が劣化して剥がれていたり割れがある場合は、塗料の下のコンクリート材、スレート材にまで侵入している。

(2) このように屋根の汚染状況において、圧力洗浄方式では、あまり除去効果はないし、除去できた放射性物質も周辺へ移動するだけで新たな汚染をもたらす。

(3) 〈少量水超高圧洗浄＋吸引＋ろ過〉方式は、屋根の除染について効果がある。

(4) 屋根の除染について、ブラシングの効果は 60% 近く認められる。ブラシングの後で、〈PVA 下塗り＋壁紙方式〉を組み合わせると、より除去効果があがる。

(5) 塗料全体に放射性セシウムが侵入している場合、剥がし液を使用する必要があるが、その場合の除去物の吸着については壁紙方式が有効である。

■汚染瓦のブラシング効果

スポンジで強く擦り、前後でどれくらい除去されたかを測定した結果。スポンジによる強いブラシングで除去率が58.4%の効果があるので、塗料上塗り屋根材の除染でブラシングは大きな効果があることがわかる。さらに、塗料表面のごく薄い下部に多く付着しているものと想定される。

(Bq/kgはセシウム134と137の合計量)

ブラシングの状態	サンプル瓦の放射性セシウムの量(Bq/kg) カッコ内は除去率(%)
初期状態	1133　(0%)
スポンジで強く擦った状態	470　(58.4%)

■汚染瓦の除染実験（その1）

〈少量水超高圧洗浄＋吸引＋ろ過〉方式の測定結果。除去率はサンプル1、サンプル2とも95%あり、ほとんどの放射性セシウムが除去されている。

(Bq/kgはセシウム134と137の合計量)

	汚染瓦サンプル1(Bq/kg) カッコ内は除去率(%)	汚染瓦サンプル2(Bq/kg) カッコ内は除去率(%)
初期状態	4480　(0%)	1470　(0%)
除染後の測定値	211.9　(95.3%)	69.9　(95.2%)

■汚染瓦の除染実験（その2）

◎壁紙方式の測定結果。除去率はサンプル1、サンプル2とも95%あり、ほとんどの放射性セシウムが除去されている。サンプル3、4、5の除去率は10%から20%の間で、除去率はあまりよくない。

◎サンプル瓦は塗料だけでなくコンクリートにまでセシウムが浸透しているので、塗料の表面一部を除去してもこの程度の除去率になるのは当然の結果であり、このような場合は、壁紙方式だけでなく他の方法と組み合わせる必要がある。

◎壁紙方式は、単独で用いるのではなく、〈ブラシング＋壁紙方式〉や〈剥てセシウム、ヨウ素など核種ごとの Bq/kg を測定した。

汚染瓦の断面（塗料厚さは約 1 mm）

汚染瓦の表面

塗料が劣化して剥げ落ちている箇所があり、その部分は放射性セシウムがコンクリートまで浸透している。

■研磨機による汚染瓦表面の削り取り実験

塗料が一様の厚さで残っている瓦は、塗料を削り取ると放射性セシウムはほとんど除去される。塗料が剥げ落ちた瓦は、コンクリートの表面下部にも浸透している。　　　　　　　　(Bq/kg はセシウム 134 と 137 の合計量)

サンプル瓦表面の削り状態	塗料が一様な厚さで付着しているサンプル(Bq/kg) カッコ内数値は除去率(%)	一部の塗料が剥げ落ちているサンプル(Bq/kg) カッコ内数値は除去率
初期状態	2970　(0%)	6010　(0%)
表面から約1 mmを削り取った状態(塗料が削り取れた状態)	43.1　(98.5%)	3470　(42.3%)
表面から約2 mmを削り取った状態 (コンクリートの表面を少し削り取った状態)	8.4　(99.7%)	1437　(76%)

4　環境側面の抽出（その2）

屋根（コンクリート瓦、スレート、トタンの表面塗装有）における放射性セシウムの存在場所

日本の住宅屋根の素材は、①和風瓦、②コンクリート瓦（表面塗装有）、③スレート葺《ぶ》き瓦（表面塗装有）、④トタン葺き（表面塗装有）、などがある。ここではとくに②コンクリート瓦について詳細に基礎実験を実施した結果を報告する。その他の屋根素材についても環境側面を補足的に説明する。

⇓福島市御山にあるFさん宅の屋根（平屋コンクリート瓦、一部トタン葺き）
コンクリート瓦、トタンの上面に赤い塗料が塗られている。塗料表面に汚れやコケ状のものが付着してマイクロ・ホットスポットを形成している。
(2011年8月23日測定の屋根表面における空間放射線量は平均で1.74 μSv/h)

■汚染瓦による基礎実験

Fさん宅のコンクリート瓦を送付していただいて、小さく分割して種々の基礎的実験を行い、大阪大学理学部においてゲルマニウム半導体分析を用い

ブラシング後の遮蔽用鉛筒使用による放射線測定（0.31 μSv/h）

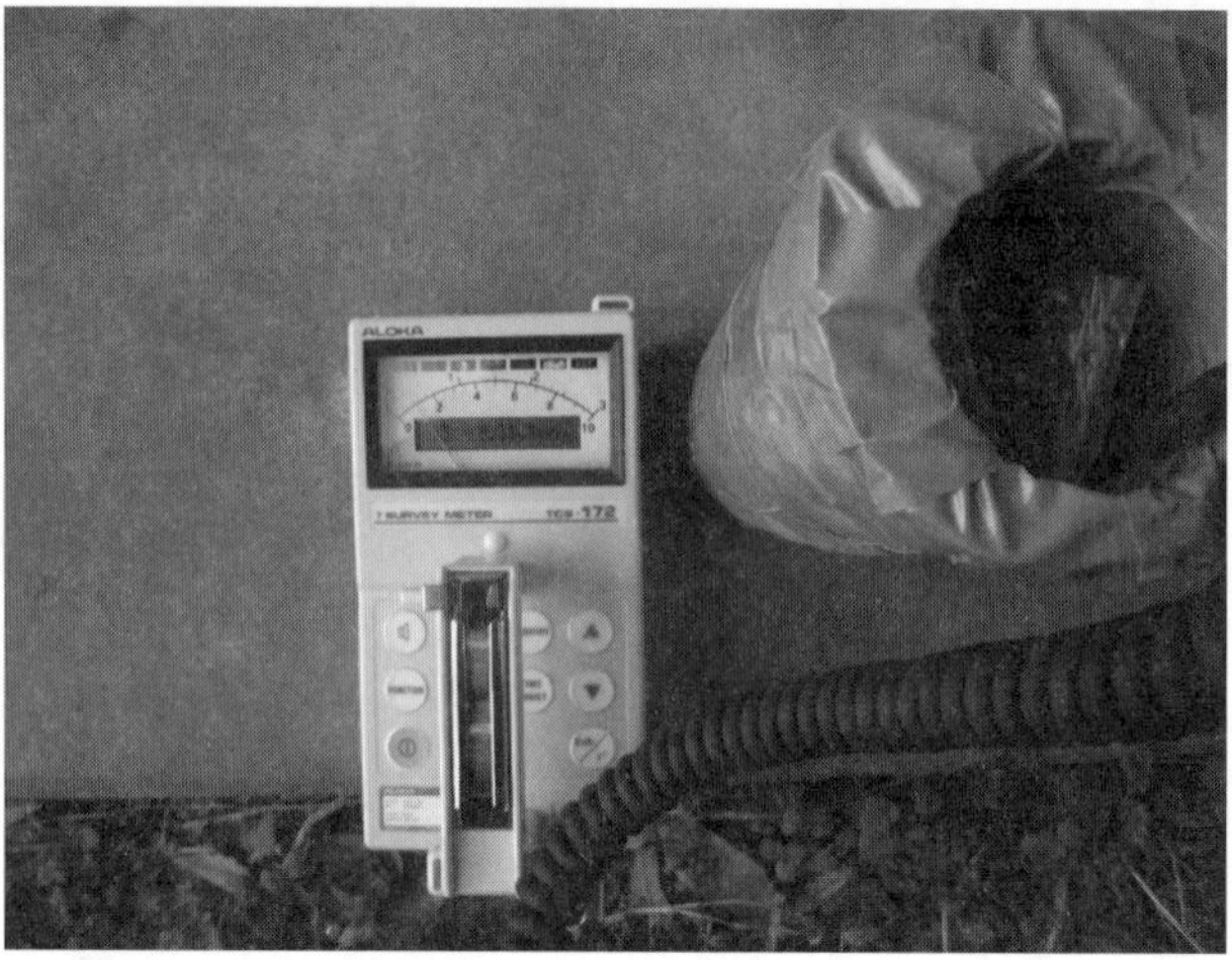

放射性セシウムやヨウ素のようなガンマ線核種の測定には
ゲルマニウム半導体検出器を使用する

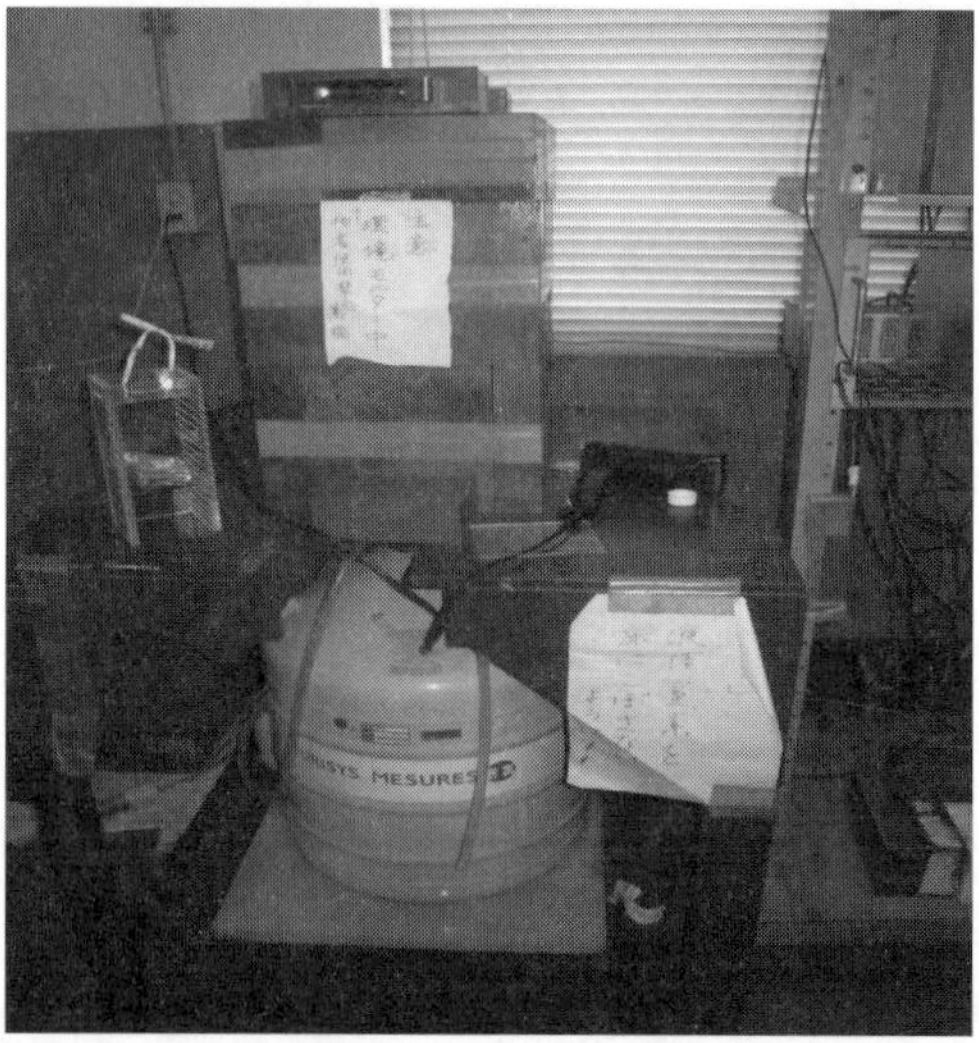

汚染コンクリートのブラシング＋吸引

放射線測定用の鉛筒

（塩ビ筒の上から 1 mm の厚さの鉛板を 7 枚巻きつけている）

3　環境側面の抽出（その 1）

垂直方向の表面放射線量の測定

除染を適切に実施するためには、汚染された材質に放射性セシウムが「どの深さまで侵入しているか」を知ることが極めて大切である。

コンクリート、屋根、壁などの材質　深さ方向の放射線量測定法

汚染されたコンクリート表面をシンチレーション・サーベイメーターで測定

(0.985 μSv/h)

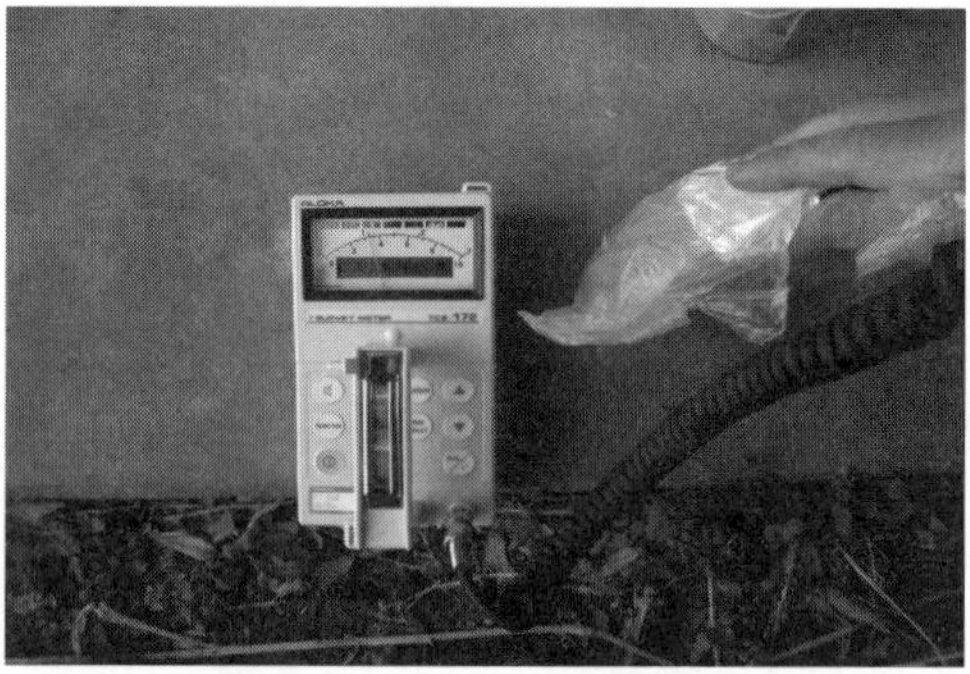

「ブラシング＋吸引」装置の先端部

（ライナックス社の試作品）

(3) 主要な除染方法として「圧力洗浄」に依存している。この方法では、放射性物質は10％から20％程度しか除去できないし、除去できたものも近くに移動するだけで、拡散であって除染ではない。「圧力洗浄」に依存している限り、より適切な除染方法が採用されない。
(4)「田畑、森林等の汚染土壌を除去する」としている。しかし、田畑はすでに耕している場合がある。放置されている田畑も雑草だらけで根が深い。森林の面積は膨大である。汚染土壌を除去しても、膨大な量の汚染物を安全管理する中間貯蔵地が確保できない。以上の理由より、一部の高濃度汚染地域やホットスポットを除いて「汚染土壌は剥げない」ことを前提に除染策を実施する必要がある。
(5) 仮置き場、中間貯蔵地が確保できない自治体が多い。除染を進めるためには、東電の福島第二原発、第一原発を貯蔵地として活用すべきである。

■原子力事故の損害賠償等に関わる法律

福島第一原発事故によって生じたあらゆる形態の損害、現状復帰（元へ戻せ）要求、除染物の引き取りなどを要求する訴訟の根拠となる法律
(1) 原子力損害の賠償に関する法律
(2) 憲法第13条（人格権）、第25条（生存権）
(3) 民法の物権的請求権（返却請求権、妨害排除請求権、妨害予防請求権）
(4) その他の原子力関連法

2　放射能除染に関係する法令

■放射性物質特別対策措置法

(1) **法律**（平成 23 年 3 月 11 日に発生した東北地方太平洋沖地震に伴う原子力発電所の事故により放出された放射性物質による環境の汚染への対処に関する特別措置法、平成 23 年 8 月 30 日法律第 110 号）

(2) **省令**（調査報告、廃棄物保管、立ち入り検査、除染意見書などの届出、申請など）

(3) **基本方針**（除染の目標などを定めた方針）

(4) **除染関係ガイドライン**

①汚染状況重点調査地域における環境の汚染の状況の調査測定方法のガイドライン

②除染等の措置に関わるガイドライン

③除去土壌の収集・運搬に関わるガイドライン

④除去土壌の保管に関わるガイドライン

(5) **厚生省省令**（除染等業務に従事する労働者の放射線障害防止のためのガイドライン）

■放射性物質特別対策措置法の主要な問題点

(1) 特別措置法には、福島第一原発事故の第一義的責任を有する東京電力が、除染の実施者として登場してこない。

(2) 方針に示されている「2 年間で汚染を半減する」という目標設定は、数字のごまかしである。半減期だけでも 2 年間で 30 % 近く低下し、あとは風雨による拡散で 10 % 近く低下すれば、50 % のうち 40 % は「何もしなくても低下する」わけで、正味の除染低減率は 10 % 程度ということになる。除染で正味の 50 % を低減させなければならない。

地域にばらまかれた。除染の基本方針は「放射能の総量を減らす」ことである。そのため開放系圧力洗浄などのような放射能を拡散させる方法は採用しない。

(2) 汚染者負担原則に基づき、放射能除染を実施し、費用負担すべきは東京電力および原発を推進してきた政府になる。住民が自主的に除染したとしても、除去された放射能汚染物は東電が引き取り、費用も東電が負担する。

■物理的、化学的、生物的除染方法も必要とされる

(1) 屋根やコンクリートなどの素材に付着している放射性セシウムを、接着剤で物理的に剥がしたり、土壌を固めて除去したり、飛散防止をするような物理的除染方法も併用する必要がある。

(2) 岩石成分、プルシアンブルーなどで吸着したり、陽イオン置換法など化学的除染方法も取り入れる。

(3) 雑草や樹木などに放射性セシウムは吸収、蓄積されるので、これらの除去も、ともに積極的に除染方法として取り入れることも必要となる。

■除染の目的と目標

〈目的（広・中域的中期的到達目的）の例〉

(1) 年間 20 mSv を超える地域は、着実な除染システムを 1 年以内に確立し実施していく。

(2) 年間 5 mSv を超える地域は、2 年以内に 1 mSv 以下に低減させる。

(3) 年間 1 mSv を超える地域は、2012 年中に 1 mSv 以下に低減させる。

〈目標（局所的短期的到達目標）の例〉

(1) 住居区域内にあるマイクロ・ホットスポットを優先的に除去し、0.1 μSv/h 以下にする。

(2) 子供たちの生活空間である学校、通学路、児童公園、家庭などを優先的に除染し、年間 1 mSv 以下にする。

(3) 食品に放射能が移行しないよう、田畑、森林の除染を工夫して実施する。

(4) 1 年以内で帰宅可能な状態に低減する。

染物質であるセシウム 134、137 について取り扱う。

■除染マネジメント・システムの構築

計画（Plan）→実施（Do）→監視・測定（Check）→見直し（Action）という PDCA サイクルを構築する。

①**計画**：方針・目的・目標を明確にし、環境側面を抽出し影響評価をする。さらに、誰が、いつ、どこで、どのような方法で、どの資金で除染を行うのかというプログラムを作成する。

②**実施**：除染道具を揃え、人的資源、資金を確保して除染を具体的に実施する。詳細な実施方法については、作業手順書を作成する。

③**監視・測定**：除染効果など計測を行い、記録を残し、内部及び外部評価を行う。

④**見直し**：次回の除染に向けて見直しを行う。

■マネジメント・システムのフロー図

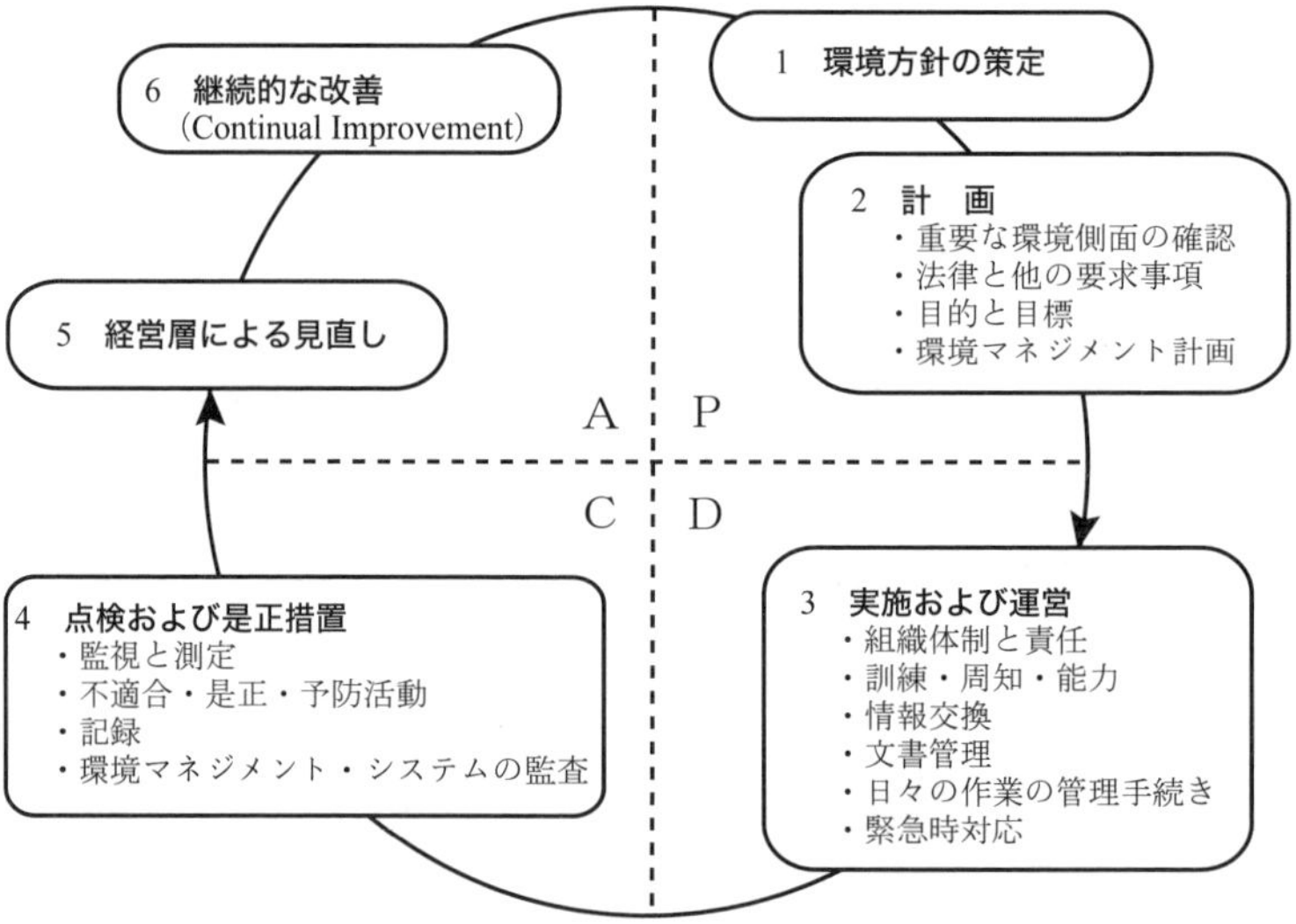

■除染の方針と原則

(1) 福島第一原発事故による「大量の放射能」は、福島県だけでなく広範な

1 放射能除染マネジメント・システムと方針・目的・目標

写真は、2011年5月、福島市御山《おやま》の民家において私が初めて行った除染の様子である。素手でスコップを使用して56.35 μSv/hの土壌を取り除き、3袋に収納して、庭の穴を掘って埋めた。私が実施した除染の原点である。

■本マニュアルの特色と方向づけ

(1) 本マニュアルは2011年8月1日に作成された第2版をもとに発展的に改善するとともに、簡潔な表現をし、写真や図を入れて、わかりやすくした。
(2)「除染の原理」を理解し、具体的に現場で実施できるよう工夫している。
(3) 最適な除染方法は、実施しながら改善して見つけていくべきもので、現時点で完璧なものはない。本マニュアルでは、改善途中や、アイデア段階であっても、提案している。
(4) 市民自らが実施できる方法について取り扱っているが、一部については専門業者に任せる部分もある。
(5) 住宅1軒、町内単位、田畑、森林など総合的な除染をする場合、除染マネジメント・システムを構築する必要がある。
(6) 原発事故以来10か月が経過したので、環境中における主要な放射性汚

Ⅱ　放射能除染マニュアル

［最新版］

引用および参考文献

1　単行本・雑誌など

1.1　高木仁三郎『**高木仁三郎著作集　脱原発へ歩み出す１　２　３**』七つ森書館、２００２年１月発行

◎コメント――２０１１年５月から、除染のために福島入りをする際に、この３冊を基本教科書にして勉強をしました。放射能の影響について、具体的なシミュレーションや基本的データがあり、たいへん参考になりました。

1.2　広河隆一『**写真記録　チェルノブイリ**――消えた458の村』日本図書センター、１９９９年６月発行

◎コメント――「除染できるのか」という視点で、この写真集を見ました。チェルノブイリの除染は、農地、食品、人体の除染が中心で、広大な土地の中にある住宅や周辺環境にまで手が回らなかった様子がよくわかります。

1.3　エントロピー学会編『**原発廃炉に向けて**――福島原発同時多発事故の原因と影響を総合的

に考える』日本評論社、2011年8月発行

◎コメント――この本の中で、山田國廣は「原発事故による土壌汚染を考える」を書いています。この原稿は4月23日、24日のエントロピー学会研究集会で発表したものですが、「I―8 なぜ『除染』をはじめたのか」の種原稿です。

1.4 『**環**――歴史・環境・文明 特集・原発と放射能除染』藤原書店、2011年秋号（47号）

◎コメント――2011年8月段階までの「放射能除染・回復プロジェクト」の活動について、山田國廣が「総力戦で除染をはじめよう」を書いています。

1.5 井野博満編『**福島原発事故はなぜ起きたか**』藤原書店、2011年6月発行

◎コメント――専門的立場から「事故原因の真相」に迫ろうとしています。

1.6 小出裕章『**原発はいらない**』幻冬舎ルネッサンス新書、2011年7月発行

◎コメント――「なぜ原発はいらないのか」がたいへんよくわかります。

1.7 ニュートンムック別冊『**原発のしくみと放射能**』ニュートンプレス、2011年8月発行

◎コメント――放射性物質と放射線の区別を明確にするための図を、104ページの図を参考にして作成しました。

1.8 桜井弘『**元素111の新知識**――引いて重宝、読んでおもしろい』講談社ブルーバックス、1997年10月発行

◎コメント――「セシウムとは何か？」という情報を探していたとき、もっともわかりやすく簡潔に説明してくれたのがこの本の「セシウム」の章です。「I―2 セシウムとは何か？」で図を引用させていただきました。

1.9 伊東広、岩村秀、齊藤太郎、渡辺範夫『**化学物質の小事典**』岩波ジュニア新書、２０００年12月発行

◎コメント――セシウムは元素の中で「原子の第一イオン化エネルギーが最も小さい」すなわち「反応性が強い」という図を、「I―2」で引用させていただきました。

1.10 ニュートンムック別冊『**完全図解　周期表**』ニュートンプレス、２００７年1月発行

◎コメント――セシウムは原子半径が最も大きい（反応性が強い）ということが、39ページに図解で出ています。

1.11 福崎智司、兼松秀行、伊藤日出生『**化学洗浄の理論と実際**』米田出版、２０１１年5月発行

◎コメント――化学的洗浄とはどのような原理なのかを理解できます。

1.12 浅見輝男『**福島原発大事故**――土壌と農作物の放射線核種汚染』アグネ技術センター、２０１１年8月発行

◎コメント――農作物の移行係数について、データが豊富です。

1.13 J.W.MOORE、E.A.MOORE『**環境理解のための基礎科学**』東京化学同人、１９８０年7月発行

◎コメント――岩石成分の情報、土壌成分の化学的動態などたいへんくわしい名著です。

1.14 岩田進午『**土のはなし**』大月書店、科学全書17、１９８５年5月発行

◎コメント――土壌とは何か、その中でイオンがどのように変化するのかが分かりやすく

説明されています。とくに「イオン交換は確率的である」という表現は大変参考になりました。

1.15 高橋英一『**ケイ酸植物と石灰植物**』農文協、1987年4月発行

◎コメント——稲を代表とするイネ科の植物がなぜ放射性セシウムを吸着しやすいのか？その原因は「代表的なケイ酸植物であること」にありそうです。

1.16 児玉龍彦『**内部被曝の真実**』幻冬舎新書、2011年9月発行

◎コメント——放射性物質の県経影響に関する内部被曝の重要性、「閾値がない」「確率的影響」という意味を明確に指摘した衝撃の書です。学ぶところ大でした。「I—3 放射能の低レベル長期被曝の健康影響をどう考えるか」において、詳細に引用、解説をさせていただきました。

1.17 D・サダヴァ『**アメリカ版　大学生物学の教科書　第3巻　分子生物学**』講談社ブルーバックス、2010年8月発行

◎コメント——発がんのメカニズムについて、最新の分子生物学の知識をもとにして、わかりやすく説明されています。

1.18 ジェイ・マーティン・グールド『**低線量内部被曝の脅威**——原子炉周辺の健康破壊と疫学的立証の記録』緑風出版、2011年4月発行

◎コメント——アメリカの原発周辺の低線量被曝とがん発生の関係について、長期かつ広範にわたる疫学的調査結果の力作です。

1.19 河田昌東・藤井絢子編著『**チェルノブイリの菜の花畑から**——放射能汚染下の地域復興』

創森社、２０１１年9月7日

◎コメント——日本のチェルノブィリ救援が、ウクライナのナロジチで菜の花栽培により復興を目指す活動支援を行ってきた活動報告で、日本における可能性についても説明を加えています。

2 論文・報告書など

2.1 津村昭人、駒村美佐子、小林宏信『**土壌及び土讓**——植物系におけるストロンチウムとセシウムの挙動に関する研究』農技研報 B, 36, 757-113、１９８４年

◎コメント——放射性セシウムの土壌、植物中の挙動について詳細な基礎実験データが紹介されています。土壌、岩石中のセシウムイオンの動態、放射性セシウムの三つの存在状態など、「I—6」で引用・紹介しています。

2.2 日本農学会『**東日本大震災からの農林水産業の復興に向けて**——被害の認識と理解、復興へのテクニカル・リコメンデーション』２０１１年11月公表

◎コメント——土壌、農地の除染について提言、評価されています。

2.3 日本放射線安全管理学会『**放射性ヨウ素・セシウム安全対策に関する研究成果報告5**』２００１年10月公表

◎コメント——土壌、道路などの除染方法について、基礎実験、実証実験など貴重なデータが紹介されています。

2.4 大迫政浩『**震災による災害廃棄物処理の現状と課題**』日本分析化学会第60回年会、

２０１１年９月

◎コメント――放射能汚染廃棄物の焼却灰汚染などの現状把握と処理方法が紹介されています。

2.5 Alexey V. Yablokov, Vassily B. Nesterenko, Alexey V. Nesterenko " ANNUALS OF THE NEW YORK ACADEMY OF SCIENCES ", Volume 1181, Chernobyl Consequences of the Catastrophe for People and the Environment

◎コメント――「ニューヨーク科学アカデミー年報　第１１８１巻、チェルノブイリ人間と環境に対する大惨事の結果」です。この報告書は、327ページに及ぶ膨大な内容であり、チェルノブイリ大惨事による汚染、環境影響、健康影響、防護策等に関する論文、文献を網羅的にまとめたもので、目次は以下のようになっています。主要部分を「Ⅰ―４」で引用・紹介しています。

第１章　チェルノブイリ汚染の全体像

第２章　住民の健康に対するチェルノブイリ大惨事の結果

第３章　環境に対するチェルノブイリ大惨事の結果

第４章　チェルノブイリ大惨事以後の放射能防護策

2.6 S Bandazbevskaya 他 " Relationship between Caesium（Cs137）load, cardiovascular symptoms of food in "Chernobyl" children―preliminary observations after intake of oral apple pectin." SWISS MED WKRY 2004; 134: 725-729

◎コメント――放射性セシウムに内部被曝した子どもたちにアップルペクチンを投与した

場合の人体除染効果についての研究結果が紹介されています。「I—4」で引用・紹介しています。

2.7　Alina Romanenko, Anna Kakehashi, Keiichirou Morimura, Hideki Wanibuchi, Min Wei, Alexander Vozianov and Shoji Fukushima "Urinary bladder carcinogenesis induced by chronic exposure to persistent low-dose ionizing radiation after Chernobyl accident"; Carcinogenesis, 009; 3-: 1821-1831

◎コメント——チェルノブイリにおいて放射性セシウムによる長期低レベル被曝と泌尿器系がん発生の関係を、メカニズムを含めて研究した論文です。東大の児玉教授が国会証言で紹介した、注目の内容です。本書でも「I—3」で詳細に引用・紹介しています。

2.8　Yuri Bandashevsky "Non-cancer illnesses and condition in areas of Belarus contaminated by radioactivity from the Chernobyl Accident", Proceedings of 2009 ECRR Conference Lesvos Greece

◎コメント——チェルノブイリにおける放射性セシウムの健康影響としてがん以外の臓器疾患について総括的に紹介しています。とくに、心臓に対する影響が重大だと警告しています。

2.9　United Nations Scientific Committee on the Effects of Atomic Radiation "Exposures and effects of the Chernobyl accident", ANNEXJ, p453-566

◎コメント——チェルノブイリ周辺の放射能汚染分布や人体影響に関する詳細な報告書。

口絵に汚染マップを引用しました。

2.10 Report of the Chernobyl Forum Expert Group, Environment, "Environmental Consequences of the Chernobyl Accident and their Remediation: Twenty Years of Experience", IAEA 2006

◎コメント——屋根など都市部の除染の困難性について説明があります。農地や食品などの除染についても説明されています。除染効果を「Reduction Factor（減少係数）」という数値で評価するのですが、方法などについての具体的説明はありません。

2.12 Tondel M et al, "Increase of regional total cancer incidence in North Sweden due to the Chernobyl Accident", J Epidemiol Community Health 58:1011-1016,2004.（京都大学原子炉実験所の今中哲二さんの訳文が「科学・人間・社会」（２００６年１月号）に掲載されています。

◎コメント——チェルノブイリ事故以後のスウェーデン住民の被曝とがん発生率の関係を、疫学的手法により調査して、被曝地域で対象地域に比べてがん発生率が増えていることを証明しています。

2.13 千葉県柏市「一般廃棄物焼却施設等における焼却灰の放射能量の測定結果及び今後の対応について」、２０１１年7月11日報道資料

◎コメント——柏市におけるごみ焼却炉の本灰、飛灰、排ガス用煙突などの放射性セシウムの測定値が紹介されており、二つの焼却炉の煙突からは放射性セシウムが検出されていないことの報告です。

2.14 小山真人（静岡大学防災総合センター教授）「静岡県内の地上放射線量分布（とくに伊豆半島を中心として）http://sk01.ed.shizuoka.ac.jp/koyama/public_html/etc/Dosemap.html

◎コメント――静岡県における放射線量の時間経過データ、伊豆半島周辺の汚染分布が掲載されており、お茶汚染地帯の情報として参考になります。

3 政府、地方自治体関係のホームページに掲載されている測定結果、報告書など

3.1 厚生労働省、「食品中の放射性物質の検査結果について」http://www.mhlw.go.jp/stf/houdou/2r9852000001zedw.html

◎コメント――福島第一原発事故以後から現在に至るまで、全国において検査された、食品名、ヨウ素131、セシウム134、137の測定値、場所、日時が掲載されているデータベース。本書では「I―付表1」でこのデータベースから、全国の汚染状況をピックアップしました。

3.2 文部科学省「土壌モニタリングの測定結果（平成23年6月1日～平成24年1月27日までの測定結果）http://radioactivity.mext.go.jp/ja/monitorring_around_FukushimaNPP_dust_sampling/ 内

◎コメント――土壌のBq／kgと空間線量率を同時に測定しているので、その相関関係を計算しました。雑草（Bq／kg）についても同じ場所のデータがあるので土壌および空間線量率との相関関係を計算しました。

3.3 文部科学省「文部科学省（米国エネルギー省との共同を含む）による航空機モニタリング

結果（平成23年5月6日より平成24年1月27日）」　http://radioactivity.mext.go.jp/ja/monitorring_around_FukushimaNPP_MEXT_DOE_airborne_monitoring/ 内

◎コメント――航空機モニタリングによるセシウム134、137合計量の土壌汚染分布を口絵に引用しています。この汚染マップが、避難地域や除染地域の範囲を定める基本データになっています。

3.4　環境省「16都府県の一般廃棄物焼却施設における焼却灰の放射性セシウム濃度測定結果について」http://www.env.go.jp/jishin/rmp.html 内

◎コメント――16都府県では、放射性セシウムで汚染された草木などを焼却しているため、焼却灰の汚染が進んでいますが、一方でそれは除染実績でもあります。

3.5　環境省　法律「平成23年3月11日に発生した東北地方太平洋沖地震に伴う原子力発電事故により放出された放射性物質による環境の汚染への対処に関する特別措置法（平成23年8月30日法律第110号）」、「除染関係ガイドライン」http://www.env.go.jp/jishin/rmp.html 内

◎コメント――政府の除染に関する法律および方法です。問題点が多く見受けられ、「Ⅱ―付録」で指摘しています。

あとがき

「子どもたちの被曝をなくそう」という目的で除染のモデルを構築するため「放射能除染・回復プロジェクト」を結成して、はじめて福島市に入ったのは２０１１年5月17日でした。ネット販売で購入したドイツ製のガイガーカウンターを持って、福島市御山《おやま》の通学路の放射線測定からはじめました。量販店の駐車場端から20 μSv／hが出てきました。御山小学校近くの遊園地のすべり台下も８ μSv／hという高い放射線が測定されました。そして、御山のSさん宅の雨樋下からは55 μSv／hという数値が出てきました。とりいそぎ買い物袋を持ってきていただいてスコップで袋に入れ庭先に埋めたのが、私のはじめての除染でした。

２０１１年5月、６月、７月と毎月、福島に入り主として民家の庭の除染活動を行いました。この頃は、まだ政府や自治体の「除染活動」が具体化されておらず、私たちの活動はマスコミのテレビ取材を結構受けました。８月除染は、福島市大波という放射線量の高い地域の屋根の除染を行いました。屋根は除染の難敵で、２０１２年3月段階においても、その状況は変わっていません。

8月に入り、福島第一原発の収束にある程度の目途が立ったと判断した政府は「除染が大切である」と言いはじめました。政府の除染計画や特別措置法の立法化が始まったのはこの頃です。これ以後、マスコミも「除染、除染」と報道をはじめました。

しかし、政府や自治体が進める除染の中心的方法は放射性物質を拡散させるだけの圧力洗浄であり、「除染の原理」を理解していません。そのため「泥縄式除染」に陥っており、その効果はあまりあがっていません。被曝している住民は一刻も早く効果的な除染実施を望んでいるのに、待っていてもなかなか除染の順番が回ってこないのです。被曝している子どもたちを救うため緊急避難や疎開が必要なのですが、行政側は「除染するから避難しなくてもよい」という説明をはじめました。

２０１２年2月に7回目の福島入りをしました。24日には、福島市渡利における第１号除染事例を見に行きました。中山間地の山の中腹に散在する民家を、地元業者が請け負ってやはり圧力洗浄、雑草除去、近場の樹木の剪定などの除染を行っていました。圧力洗浄では屋根などの放射線はほとんど落ちないし、「標高の高い山間地からはじめる」という意味もほとんどありません。何しろ、住宅地の回りは、私たちが測定すると3～4μSv／ｈくらいある雑草地や樹木に囲まれているのです。除染してもすぐに、枯れた樹木や雑草や微細泥が住宅地に侵入してきます。放射線量が高い、子どもたちが住んでいるなど緊急性の高い住宅から始めるべきです。そこで展開されている除染は「泥縄式」としか言いようがありません。

地元住民の方々と、除染や避難についてどう思うかという話し合いをしました。そこで聞いた話は、政府や自治体が実施している「除染」に対する強い不信感でした。

このような状況の中で私は「原理を理解すれば、除染は少しずつでも効果をあげることができる」と言い続けてきました。本書の前半は、「除染の原理」の説明をしています。放射性セシウムとは何か、それは環境中にどのように存在しているのか、どのような除染方法が最適なのか、ということを原理的に理解して、除染を実施していく必要があるのです。しかし、「原理的な除染方法」と、住民が希望している「一定期間内に安心できる環境になる除染」の間には、まだまだ多くの作業が必要であり「距離」があります。本書でも、「原理」だけでなく「課題」という表現でその「距離」について詳細に説明しました。効果的な除染方法を見つけるには、実施しながら課題を見つけて改善していくしかないのです。私たちにできることは、除染をあきらめることではなく、原理を理解して粘り強く「距離」を縮めていくことしかありません。そうしないと「安心して住める」、「故郷へ帰れる」という希望がなくなるからです。本書の役割はまさに、その「第一歩」となることです。

「放射能除染・回復プロジェクト」の活動については、本当に多くの方々や企業や組織の協力があって実施されてきました。その一端については、本書のインタビューにおいて、勝手ながら名前や会社名をあげて紹介させていただきました。それ以外にも、住宅や田畑や果樹園をモデル除染の場所として提供していただいた方々、モデル除染に主体的に参加されてこられた方々、名前を挙げれば100名を超える方々のご協力があって、何とか「除染の原理」らしきものが見えてきたのだと感謝いたしております。

『ゴルフ場亡国論』の出版以来、長年の付き合いがあった藤原書店の藤原良雄さんからはいちはやく出版の呼びかけをいただき、ありがとうございました。本書の編集を担当していただいた山﨑優子さんには、遅れがちになる原稿作成について親切丁寧な激励をいただき、心から感謝いたします。

私が心おきなく除染活動に入り本の原稿を書くことができたのは妻、八重子さんの心底からの協力があったからです。私の健康管理、除染道具の購入や作成、原稿チェックに至る隅々までお世話になりました。また、二人の息子や娘夫婦にも、除染方法の相談や除染関係の英文翻訳などの協力をいただきました。

本書が完成したのは、ほんとうに色々な方の協力の賜物です。「原理的に可能な除染」から、「住民が真に望む除染」へ少しでも近づけるための「第一歩」になることを願うとともに、私自身もその歩みを粘り強く続けていく覚悟です。

2012年3月3日　桃の節句　自宅にて

山田國廣

著者紹介

山田國廣（やまだ・くにひろ）

1943年生れ。京都工芸繊維大学工芸学部大学院修了。1969年より大阪大学工学部助手。1990年より大阪大学を辞職して循環科学研究室主宰。1997年より京都精華大学人文学部教授。エントロピー学会代表世話人。工学博士。

1970年頃から瀬戸内海や琵琶湖の水環境汚染の調査研究を始める。1980年代前半から水道水中のトリハロメタン問題や地下水汚染に取り組み、後半からはリゾート開発としてのゴルフ場乱造成に対し、里山を守る活動として『ゴルフ場亡国論』を出版する。以後、環境問題を総合的に把握し解決する環境学の立場から研究活動を続ける。

著書に『シリーズ・21世紀の環境読本』（1995～）、『下水道革命』（石井勲との共著、1988、改訂2版、1995）、『ゴルフ場亡国論』（編著、1989、1990）、『環境革命Ⅰ〔入門篇〕』（1994）、『1億人の環境家計簿』（1996、以上藤原書店）、『フロンガスが地球を破壊する』（1989、岩波ブックレット）他多数。

放射能除染《ほうしゃのうじょせん》の原理《げんり》とマニュアル

2012年3月30日　初版第1刷発行©

著　者　山　田　國　廣

発行者　藤　原　良　雄

発行所　株式会社　藤　原　書　店

〒162-0041　東京都新宿区早稲田鶴巻町523

電　話　03（5272）0301

FAX　03（5272）0450

振　替　00160-4-17013

info@fujiwara-shoten.co.jp

印刷・製本　音羽印刷

落丁本・乱丁本はお取替えいたします
定価はカバーに表示してあります

Printed in Japan

ISBN978-4-89434-826-4

ゴルフ場問題の〝古典〟

新装版
ゴルフ場亡国論
山田國廣編

リゾート法を背景にした、ゴルフ場の造成ラッシュに警鐘をならす、「ゴルフ場問題」火付けの書。現地で反対運動に携わる人々のレポートを中心に構成したベストセラー。自然・地域財政・汚職……といった「総合的環境破壊としてのゴルフ場問題」を詳説。

カラー口絵
A5並製　二七六頁　**二〇〇〇円**
（一九九〇年三月／二〇〇三年三月刊）
◇978-4-89434-331-3

環境への配慮は節約につながる

1億人の環境家計簿
（リサイクル時代の生活革命）
山田國廣

標準家庭（四人家族）で月3万円の節約が可能。月一回の記入から自分のペースで取り組める、手軽にできる環境への取り組みを、イラスト・図版約二百点でわかりやすく紹介。経済と切り離すことのできない環境問題の全貌を、〈理論〉と〈実践〉から理解できる、全家庭必携の書。

本間都・絵
A5並製　二二四頁　**一九〇〇円**
（一九九六年九月刊）
◇978-4-89434-047-3

「環境学」提唱者による21世紀の「環境学」

新・環境学（全三巻）
（現代の科学技術批判）
市川定夫

Ⅰ生物の進化と適応の過程を忘れた科学技術
Ⅱ地球環境／第一次産業／バイオテクノロジー
Ⅲ有害人工化合物／原子力

環境問題を初めて総合的に捉えた名著『環境学』の著者が、初版から一五年の成果を盛り込み、二一世紀の環境問題を考えるために世に問う最新シリーズ！

四六並製
Ⅰ二〇〇頁　**一八〇〇円**（二〇〇八年三月刊）
Ⅱ三〇四頁　**二六〇〇円**（二〇〇八年五月刊）
Ⅲ二八八頁　**二六〇〇円**（二〇〇八年七月刊）
◇978-4-89434-615-4／627-7／640-6

今、現場で何が起きているか!?

徹底検証
21世紀の全技術
現代技術史研究会編
責任編集＝井野博満・佐伯康治

住居・食・水・家電・クルマ・医療など〝生活圏の技術〟、材料・エネルギー・輸送・コンピュータ・大量生産システム・軍事など〝産業社会の技術〟といった〝全技術〟をトータルに展開。

A5並製　四四八頁　**三八〇〇円**
（二〇一〇年一〇月刊）
◇978-4-89434-763-2